北京市教育委员会共建项目专项资助

高等学校计算机教育“十二五”规划教材

数据结构

（C语言版）

陈　明　编著

中国铁道出版社
CHINA RAILWAY PUBLISHING HOUSE

内 容 简 介

本书系统介绍了各种典型的数据结构，主要包括线性表、栈和队列、串、数组、树、图、查找、排序和递归等。为了加强对算法的理解，还介绍了算法分析方面的内容。

本书选材精练、概念清楚、注重实用、逻辑性强，各章中所涉及的数据结构与算法都给出了C语言描述，并都附有丰富的习题，便于学生理解与掌握。

本书既可作为高等院校计算机专业及相关专业的教材，也可作为计算机应用技术人员的参考用书。

图书在版编目（CIP）数据

数据结构：C语言版 / 陈明编著. —北京：中国铁道出版社，2012.11

北京市教育委员会共建项目专项资助　高等学校计算机教育“十二五”规划教材

ISBN 978-7-113-15621-3

Ⅰ. ①数…　Ⅱ. ①陈…　Ⅲ. ①数据结构－高等学校－教材②C语言－程序设计－高等学校－教材　Ⅳ. ①TP311.12②TP312

中国版本图书馆CIP数据核字（2012）第259050号

书　　名：数据结构（C语言版）
作　　者：陈明　编著

策　　划：秦绪好　　　　**读者热线**：400-668-0820
责任编辑：赵　鑫
编辑助理：赵　迎
封面设计：刘　颖
封面制作：白　雪
责任印制：李　佳

出版发行：中国铁道出版社（100054，北京市西城区右安门西街8号）
网　　址：http://www.51eds.com
印　　刷：航远印刷有限公司
版　　次：2012年11月第1版　　2012年11月第1次印刷
开　　本：787 mm×1 092 mm　1/16　**印张**：12.75　**字数**：300千
印　　数：1～3 000册
书　　号：ISBN 978-7-113-15621-3
定　　价：25.00元

序言

PREFACE

随着计算机科学与技术的飞速发展，现代计算机系统的功能越来越强大，应用也越来越广泛。尤其是快速发展的计算机网络，它不仅是连接计算机的桥梁，而且已成为扩展计算能力、提供公共计算服务的平台。计算机科学对人类社会的发展做出了卓越的贡献。

计算机科学与技术的广泛应用是推动计算机学科发展的原动力。计算机科学是一门应用科学。因此,计算机学科的优秀创新人才不仅应具有坚实的理论基础,还应具有将理论与实践相结合来解决实际问题的能力。培养计算机学科的创新人才是社会的需要，是国民经济发展的需要。

计算机学科的发展呈现出学科内涵宽泛化、分支相对独立化、社会需求多样化、专业规模巨大化和计算教育大众化等特点。一方面，使得计算机企业成为朝阳企业，软件公司、网络公司等 IT 企业的数量和规模越来越大；另一方面，对计算机人才的需求规格也发生了巨大变化。在大学中，单一计算机精英型教育培养的人才已不能满足实际需要，社会需要大量的具有职业特征的计算机应用型人才。

计算机应用型教育的培养目标可以用“知识、能力和素质”这三个基本要素来描述。

知识是基础、载体和表现形式，从根本上影响着能力和素质。学习知识的目的是获得能力和不断地提升能力。能力和素质的培养必须通过知识传授来实现，能力和素质也必须通过知识来表现。

能力是核心，是人才特征的最突出的表现。计算机学科人才应具备计算思维能力、算法设计与分析能力、程序设计能力和系统能力（系统的认知、设计、开发和应用）。计算机应用型教育对人才培养的能力要求主要包括应用能力和通用能力。应用能力主要是指用所学知识解决专业实际问题的能力；通用能力表现为跨职业能力，并不是具体的专业能力和职业技能，而是对不同职业的适应能力。计算机应用型教育培养的人才所应具备的三种通用能力是学习能力、工作能力、创新能力。

素质是指具有良好的公民道德和职业道德，具有合格的政治思想素养，遵守计算机法规和法律，具有人文、科学素养和良好的职业素质等。计算机应用型人才素质主要是指工作的基本素质，且要求在从业中必须具备责任意识，能够将自己职责范围内的工作认真负责地完成。

计算机应用型教育课程类型分为通用课程、专业基础课程、专业核心课程、专业选修课程、应用课程、实验课程、实践课程。课程是载体，是实现培养目标的重要手段。教育理念的实现必须借助于课程来完成。本系列规划教材的特点是重点突出，理论够用，注重应用，内容先进实用。

本系列教材恐有不足之处，敬请各位专家、老师和广大同学指正。

陈明

2012年3月

前言

FOREWORD

“数据结构”是计算机类专业的一门必修的、重要的核心基础课。数据是用来说明人类活动的事实观念或事物的一些文字、数字或符号。常用的数据类型分数值数据和非数值数据两大类，数值数据包括整数、定点数、浮点数等，非数值数据主要有逻辑数据、内码和交换码等。数据的级别由低向高依次为位、字节、字、数据项、数据字段、记录、文件、数据库等。

计算机科学是算法和算法变换的科学。数据结构主要是研究数据元素之间的关联方式，通常分为逻辑结构和物理结构两大类，同一逻辑结构可以对应不同的物理结构。程序存储是冯·诺依曼机的重要特征之一，构建计算机系统、利用计算机解决问题都是通过程序来实现。算法是求解问题的计算步骤的描述，算法是程序的核心和灵魂。算法的设计取决于数据的逻辑结构，而算法的实现依赖于指定的存储结构。在程序设计中，要从数据结构和算法两个方面考虑，才能得到高效而准确的结果。

在非数值计算中，处理对象已从简单数值发展到具有一定结构的数据，这就需要讨论如何有效地组织计算机的存储，并在此基础上有效地实现对象间的运算。数据结构就是研究与解决这些问题的重要基础。

数据结构是计算机程序设计的重要理论技术基础。通过数据结构课的学习，学生不仅可以掌握数据结构的基本内容、典型算法和使用方法，而且能够训练应用数据结构和算法进行具体应用问题的程序设计。

本书分为10章，介绍最常用的数据结构、各种数据结构的逻辑关系、在计算机中的存储表示，以及在数据结构上的运算等。主要内容包括线性表、栈和队列、串、数组、树、图、查找、排序和递归等内容。

本书在结构上呈积木式，注重实践应用，各种常用数据结构的介绍从实际出发，避免抽象的理论论述和复杂的公式推导，典型的算法介绍深入浅出、简洁明了。每章都设有小结和习题。通过这些习题的练习，不仅能加深学生对基本概念和定义的理解，还能通过上机提高编程能力和程序调试能力。

由于编者水平有限，书中不足之处在所难免，敬请读者批评指正。

陈　明

2012年10月

目　录
CONTENTS

第 1 章　概论 1
1.1　基本概念与术语 1
1.2　数据结构的概念 3
1.3　数据的逻辑结构 5
1.3.1　数据结构的形式化定义 5
1.3.2　数据的逻辑结构类型 5
1.4　数据的存储结构 6
1.4.1　顺序存储方法 6
1.4.2　链式存储方法 6
1.4.3　索引存储方法 7
1.4.4　散列存储方法 7
1.5　数据的运算 7
1.6　算法与算法特性 8
1.6.1　算法及其特性 8
1.6.2　算法的描述方法 8
1.6.3　算法与程序及数据结构 10
1.7　算法性能分析 10
1.8　算法度量 11
1.8.1　算法时间复杂度 11
1.8.2　复杂度函数的增长率 13
小结 15
习题 1 15
第 2 章　线性表 16
2.1　线性表定义及其运算 16
2.1.1　线性表 16
2.1.2　线性表的运算 17
2.2　线性表的顺序存储 19
2.2.1　顺序存储结构 19
2.2.2　顺序结构线性表的运算 20
2.2.3　顺序存储结构的特点 22
2.3　线性表的链式存储 23
2.3.1　线性链表 23
2.3.2　线性链表的运算 26
2.3.3　循环链表 29
2.3.4　循环链表的运算 29
2.3.5　双向链表 30
2.3.6　双向链表的运算 31

2.3.7 链式存储结构的特点 32
2.4 链式存储结构的应用 33
小结 36
习题 2 36
第 3 章 栈和队列 38
3.1 栈 38
3.1.1 栈的定义及其运算 38
3.1.2 栈的顺序存储结构及其运算的实现 39
3.1.3 栈的链式存储结构 43
3.2 栈的应用 44
3.2.1 子程序的调用问题 44
3.2.2 算术表达式求值 44
3.3 队列 47
3.3.1 队列的定义 47
3.3.2 队列的顺序存储 47
3.3.3 队列的链式存储 52
3.4 队列的应用 55
小结 56
习题 3 56
第 4 章 串 58
4.1 串的基本概念 58
4.2 串的存储结构 59
4.2.1 串的静态存储结构 59
4.2.2 串的动态存储结构 61
4.3 串的基本运算 62
4.3.1 常见的基本运算 62
4.3.2 实现串的基本运算的算法 63
4.4 模式匹配 65
4.5 串在文本编辑中的应用 67
小结 68
习题 4 68
第 5 章 数组 70
5.1 数组及其基本操作 70
5.1.1 数组的概念 70
5.1.2 数组的基本操作 72
5.2 数组的存储结构 72
5.3 数组在矩阵运算中的应用 75
5.3.1 特殊矩阵的压缩存储 75
5.3.2 稀疏矩阵的压缩存储 77
小结 83
习题 5 83

第 6 章 树 85
6.1 树 85
6.1.1 树的定义 85
6.1.2 树的常用术语 86
6.1.3 树的基本操作 87
6.2 二叉树 87
6.2.1 二叉树的定义 87
6.2.2 二叉树的存储结构 89
6.2.3 二叉树的遍历 91
6.2.4 二叉树遍历的应用 93
6.3 线索二叉树 94
6.4 树、森林和二叉树的关系 97
6.4.1 树的存储结构 97
6.4.2 森林与二叉树的转换 100
6.4.3 树和森林的遍历 102
6.5 哈夫曼树 103
6.5.1 哈夫曼树的定义 103
6.5.2 哈夫曼树的构造 104
小结 105
习题 6 105
第 7 章 图 108
7.1 图的概念及其操作 109
7.1.1 图的概念 109
7.1.2 图的基本操作 113
7.2 图的存储结构 113
7.2.1 邻接矩阵 113
7.2.2 邻接表 115
7.2.3 十字链表 118
7.2.4 邻接多重表 119
7.3 图的遍历 121
7.3.1 深度优先搜索 121
7.3.2 广度优先搜索 123
7.4 图的应用 124
7.4.1 生成树 124
7.4.2 最短路径 128
7.4.3 拓扑排序 131
7.5 关键路径法 133
小结 139
习题 7 139

第8章 查找 142
8.1 基本概念 142
8.2 线性表的查找 143
8.2.1 顺序查找 143
8.2.2 折半查找 145
8.2.3 分块查找 147
8.3 二叉查找树 148
8.4 哈希表的查找 152
8.4.1 哈希表 152
8.4.2 构造哈希表的基本方法 153
8.4.3 解决冲突的方法 154
8.5 各种查找方法的比较 156
小结 157
习题8 157
第9章 排序 159
9.1 基本概念 159
9.2 内部排序 161
9.2.1 插入排序 161
9.2.2 冒泡排序 164
9.2.3 快速排序 166
9.2.4 选择排序 168
9.2.5 归并排序 173
9.3 内部排序方法比较 176
小结 177
习题9 177
第10章 递归 179
10.1 递归的定义与类型 179
10.1.1 递归的定义 179
10.1.2 递归的类型 179
10.2 递归应用举例 180
10.2.1 汉诺塔问题 180
10.2.2 八皇后问题 182
10.3 递归的实现 183
10.4 递归到非递归的转换过程 187
10.5 递归的时间和空间复杂度 190
小结 191
习题10 191
参考文献 192

第1章 概论

在深入学习数据结构之前，首先了解一下学习数据结构的意义、数据结构的定义及数据结构的相关概念等。这对深刻理解后面章节的内容会有很大帮助。

计算机发展初期，人们使用计算机的目的主要是处理数值的计算问题，程序设计人员也主要把精力集中在程序设计的技巧上，但随着计算机应用领域的扩大和软硬件的发展，计算机对信息的处理加工已从单一的数值计算发展到大量地解决非数值问题，其加工处理的信息也由简单的数值发展到字符、图像、声音等具有复杂结构的数据。随着计算机数据的复杂化，数据结构这门学科产生并发展起来。

非数值问题的数据之间的相互关系一般无法完全用数学方程式加以描述，并且数据的表示方法和组织形式直接关系到程序对数据的处理效率，而系统程序和许多应用程序的规模很大，结构复杂，这时人们考虑问题的关键已不再是分析数学和计算方法，而是研究是否能设计出合适的数据结构，有效地解决问题。

计算机科学是一门研究用计算机进行信息表示和处理的科学。这里涉及两个问题：信息的表示和信息的处理。而信息的表示和组成又直接关系到处理信息程序的效率。随着计算机的普及、信息量的增加、信息范围的拓宽，许多系统程序和应用程序的规模越来越大，结构也相当复杂，这就要求人们对计算机程序加工的对象进行系统研究，即研究数据特性及数据之间的关系，而数据结构正是描述数据特性及数据之间关系的一门课程。

数据结构是计算机专业的核心课程之一，在众多计算机系统软件和应用软件中都要用到各种数据结构。可以这样说，数据结构不仅是一般程序设计的基础，而且是实现编译程序、操作系统、数据库系统及其他系统程序和大型应用程序的基础。因此，仅掌握几种计算机语言难以完成众多复杂的研究课题，要想有效地使用计算机，还必须学习数据结构的知识。

瑞士计算机科学家 N.Wirth 教授曾提出这样一个等式：算法+数据结构=程序，这个等式形象地描述了算法、数据结构和程序之间的关系，这里的数据结构是指数据的逻辑结构和存储结构，而算法就是对数据运算的描述。由此可见，程序设计的实质就是对实际问题选取一种合适的数据结构，加之设计一个好的算法，而且好的算法很大程度上取决于实际问题的数据结构。

1.1 基本概念与术语

为了更好地理解数据结构，首先介绍数据结构中的常用概念与术语。

1．数据

数据（Data）是信息的载体，它是描述客观事物的数、字符及所有能输入到计算机中被计算机程序识别、加工处理的信息的集合。数据不仅是通常意义下的整数和实数，随着计算机的广泛应用，数据的范畴也随之拓广，计算机可以处理的字符串、图像、声音等都可以称为数据，所以不能只是泛泛地理解数据这个概念。下面进一步解释数据的定义，如表 1-1 所示，张风的英语成绩为 92 分，92 就是该同学的成绩数据。

表 1-1　学生成绩表

学　　号	姓　　名	语　　文	数　　学	英　　语
S01012	张风	85	69	92
S01022	李强	87	73	74
S02013	王海	92	64	84

2．数据元素

数据元素（Data Element）是数据的单位，是对一个客观实体的数据描述。一个数据元素可以由一个或若干数据项组成。数据元素也被称为结点或记录。

3．数据项

数据项（Data Item）是数据具有独立意义的不可分的最小单位，它是对数据的数据元素属性的描述。数据项也被称为字段、域。

利用表 1-1 所示的例子来说明数据项和数据元素，整个表记录的是学生的成绩数据，每个学生的一条记录（包括学号、姓名、语文成绩、数学成绩、英语成绩）就是其中的一个数据元素，而学号、姓名、语文、数学、英语就是数据项，如图 1-1 所示。

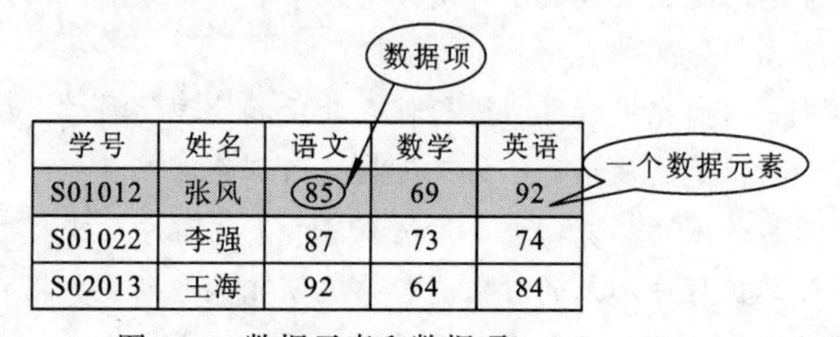

图 1-1　数据元素和数据项

4．数据对象

数据对象（Data Object）是指具有相同性质的数据元素的集合，它是数据的一个子集。如表 1-1 所示的例子中，一个班级的成绩表可以看做一个数据对象。例如，集合{1,2,3,4,5,…}是自然数的数据对象，而集合{'a', 'b' , 'c', 'd',…, 'z'}是英文字母表的数据对象。可以看出，数据对象可以是有限的，也可以是无限的。

5．数据类型

数据类型（Data Type）是具有相同性质的计算机数据的集合及定义在这个数据集合上的一组操作的总称。例如，C 语言中的整数类型是集合 C={0,±1,±2,±3,±4,…}及定义在该集合上的加、减、乘、整除和取余等一组操作。数据类型封装（抽象）了数据存储与操作的具体细节。

每个数据项属于某个确定的基本数据类型，数据类型的种类分为原子类型和结构类型。

（1）原子类型

如果一个数据元素由一个数据项组成，这个数据元素的类型就是这个数据项的数据类型，在逻辑上其值不可分解。例如，int i 表示整型，float j 表示浮点型等。

（2）结构类型

如果由多个不同的类型的数据项组成，这个数据元素的类型就是由各数据项类型构造而成的结构类型，值由若干成分按某种结构组成。例如 struct stu，即上面提到的学生成绩表中，数据项“姓名”的数据类型为字符型，而“成绩”的数据类型是数值型，所以这个数据元素是一个结构类型。上述成绩表数据用 C 语言的结构体数组 class1stu[50]来存储。

```
Struct Stu
{/*数据项*/
   int stuID;
   char name[20];
   int maths_score;
   int chinese_score;
   int english_score;
}Class1stu[50];
```

不同高级语言提供的基本数据类型有所不同。C 语言提供了实型、整型、字符型和指针型等基本数据类型。

1.2　数据结构的概念

前面解释了数据结构中的一些重要术语，现在对数据结构这个概念进行归纳，数据结构就是数据之间的相互关系（即数据的组织形式）及在这些数据上定义的数据运算方法的集合，一般包括以下 3 方面的内容：

① 数据之间的逻辑关系，又称数据的逻辑结构。

② 数据元素及其关系在计算机存储器内的表示，称为数据的存储结构，即物理结构。

③ 数据的运算，即对数据进行的操作。

为了进一步理解数据结构，举一个简单的例子来说明。

有一个学生的基本情况表，排列顺序没有任何规律，如表 1-2 所示。表中记录了某校全体学生的姓名和相应的基本信息，现在要求设计一个算法，当给定任何一个学生的姓名时，计算机能够查出该学生的基本信息，如果不存在这个学生，计算机就输出“无此学生记录!”。

这个例子实现的是查找功能。可以看出，这个算法的设计完全依赖于基本情况表中学生姓名和相应信息在计算机内的存储方式。

表 1-2　学生基本情况表

编　号	姓　名	年　级	年　龄	性　别
01	张风	1 年级	6	男
02	李强	1 年级	6	男
03	林海	2 年级	7	男
04	李南	2 年级	7	男
05	韩凤	3 年级	8	女
06	赵加	1 年级	6	女
⋮	⋮	⋮	⋮	⋮

如果学生基本情况表中学生的姓名是随意排列的，那么在给定一个学生姓名时，只能对学生基本情况表从头到尾逐个与给定的姓名比较，顺序查找直至找到所给的姓名为止，很有可能查找完全部基本情况表还没有找到这个人。虽然这种方法很简单，但采用线性穷举式查询会浪费很多时间，效率低。

如果将基本情况表进行适当地组织，按字母顺序排列学生的姓名和相应的情况，如表 1-3 所示。再构造一个字母索引表，如表 1-4 所示，用来登记以某个字母开头的第一个学生姓名在基本情况表中的起始位置。当查找某学生的情况时，先从索引表中查到以该字母开头的第一个学生姓名在基本情况表中的起始位置，然后从此起始处开始查找，而不必去查看以其他字母开头的学生的记录。通过建立这样一种数据组织形式，查找效率会大大提高。此外，还可以按年级进行排序，然后建立一个年级索引表，当查询某个年级的学生时，可以先找到这个年级所在的开始位置，然后再查询，这样就提高了查找速度。

表 1-3 按开头字母排序的基本情况表

编号	姓名	年级	年龄	性别
⋮	⋮	⋮	⋮	⋮
11	韩凤	3 年级	8	女
⋮	⋮	⋮	⋮	⋮
24	李强	1 年级	6	男
25	李南	2 年级	7	男
26	林海	2 年级	7	男
⋮	⋮	⋮	⋮	⋮
87	张风	1 年级	6	男
88	赵加	1 年级	6	女
⋮	⋮	⋮	⋮	⋮

表 1-4 字母索引表

开头字母	编号
⋮	⋮
H	11
⋮	⋮
L	24
⋮	⋮
Z	87
⋮	⋮

对于不同的存储结构，要构造出完全不同的算法。算法和数据结构是密切相关的，算法依赖于具体的数据结构，数据结构也直接关系到算法的选择和效率。

此外，当新生入校时，就需要将新生的姓名和相关信息添加到学生基本情况表中；当学生毕业或转学时，应从基本信息表中删除该学生的记录。这就要求在已安排好的结构上进行插入和删除操作。除此之外，还可能对学生基本情况表进行修改等运算。这些运算由计算机完成，就需要设计相应的算法，也就是说，数据结构还需要给出每种结构中的各种运算和算法。

通过前面的介绍，可以直观认为：数据结构是研究数据元素之间的相互关系和这种关系在计算机中的存储表示，并对这种结构定义相应的运算，设计出相应的算法，而且确保经过这些运算后所到的结果仍然是原来的结构类型。

数据结构讨论的问题主要有：如何以最节省存储空间的方式来表示数据和各种不同的数据结构表示方法及其相关算法；如何有效地改进算法效率使程序执行速度更快；数据处理的各种技巧，如排序、查找等算法的介绍等。

数据结构包括逻辑结构和存储结构（物理结构）。逻辑结构是在逻辑关系上描述数据的，它与数据在计算机内的存储方式没有关系，可看做从具体问题中抽象出来的数据模型。存储结构是指数据结构在计算机内的表示，又称物理结构。存储结构分有顺序存储结构和链式存储结构。

1.3　数据的逻辑结构

1.3.1　数据结构的形式化定义

数据结构在形式上可定义为一个二元组：

$$Data\_Structure=(D,R)$$

其中，D 是数据元素的有限集合，R 是 D 上关系的有限集合。

由此可以看出，数据结构由两部分构成：

① 数据元素的集合 D。

② 数据元素之间关系的集合。

假设要设计一个事务管理的程序，用来管理计算机系研究课题小组的各项事务。现在需要设计一个数据结构，如果要求每个课题组由 1 名教授、1～4 名研究生和 1～ 8 名本科生组成，在小组中，1 名教授指导 1～4 名研究生，每名研究生指导 1～2 名本科生，得到一个数据结构：

$$Group=(P,R)$$

其中，P 表示数据元素，包括教授、研究生、本科生，即 $P=\{T,G_1,\cdots G_n,S_{11},S_{12},\cdots S_{nm}\}$（$1\leqslant n\leqslant 4$，$1\leqslant m\leqslant 2$）。$T$ 表示教授、G_i 表示研究生、表示 S_{ij} 本科生。

R 表示小组成员的关系，其关系有两种：

① 教授和研究生：$R1=\{<T,G_i> \mid 1\leqslant i\leqslant n,1\leqslant n\leqslant 4\}$；

② 研究生和本科生：$R2=\{<G_i,S_{ij}> \mid 1\leqslant i\leqslant n,1\leqslant j\leqslant m,1\leqslant n\leqslant 4,1\leqslant m\leqslant 2\}$。

再举一个例子，一周 7 天的数据结构可表示为

$$Group=(D,S)$$

D={星期一,星期二,星期三,星期四,星期五,星期六,星期天}

S={<星期天,星期一>,<星期一,星期二>,<星期二,星期三>,<星期三,星期四>,<星期四,星期五>,<星期五,星期六>,<星期六,星期天>}

以上数据结构用图表示为图 1-2 所示的形式。

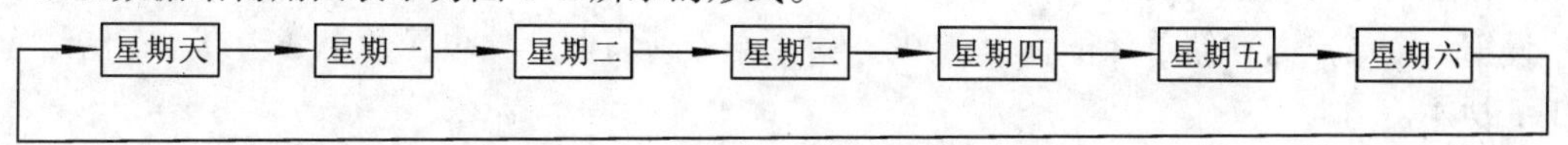

图 1-2　1 周 7 天数据结构图示

总而言之，数据结构是相互之间存在一种或多种特定关系的数据元素的集合，这个关系描述的是数据元素之间的逻辑关系。数据的逻辑关系又称数据的逻辑结构，它与数据的存储无关，因此，数据的逻辑结构可以看做从具体的问题中抽象出来的数学模型。

1.3.2　数据的逻辑结构类型

数据的逻辑结构分为 3 种典型结构：集合、线性结构和非线性结构。

① 集合的特征是元素间为松散的关系，只是元素属于某个集合而已。例如，各种颜色属于色彩集合。

② 线性结构的逻辑特征是有且仅有一个起始结点和一个终端结点，并且所有结点只有一个直接前驱和一个直接后继，如线性表、队列等。结点之间是一对一的关系，如前面的学生成绩表中每个数据元素之间的关系。

③ 非线性结构的特征是一个结点可能有多个直接前驱或多个直接后继，如树、图等。树的结点之间是一对多的关系，图的结点之间的关系是多对多的关系。

1.4 数据的存储结构

数据的存储结构是数据的逻辑结构在计算机内部的表示或实现，又称数据的物理结构，它与计算机语言无关。

在计算机内数据元素用一组连续的位串来表示，这个位串称为结点。数据元素之间的关系即结点之间的关系，在计算机中有 4 种基本的存储表示方法。

1.4.1 顺序存储方法

顺序存储方法是将逻辑上相邻的结点存储在物理位置上也相邻的存储单元中，结点之间的逻辑关系由存储单元的邻接关系来表示，也就是说，只存储结点的值，不存储结点之间的关系，这种存储表示称为顺序存储结构。顺序存储结构主要用于线性的数据结构，非线性的数据结构也可以通过某种线性化的过程后再进行顺序存储。

顺序存储结构的主要特点如下：

① 结点中只有自身信息域，没有连接信息域。因此，存储密度大、存储空间利用率高。

② 可以通过计算直接确定数据结构中第 i 个结点的存储地址 L_i，计算公式为

$$L_i=L_0+(i-1)\times m$$

其中，L_0 为第一个结点的存储位置，m 为每个结点所占用的存储单元个数。

③ 插入和删除都会引起大量的结点移动。

【例1-1】 顺序存储结构示例。

有如下数据结构：

$A=(D,S)$

D={a,b,c,d,e}

S={<a,b>,<b,c>,<c,d>,<d,e>}

设第一个结点的存储单元位置为 1000，每个结点所占的存储单元的个数为 1。存储结构如图 1-3 所示。

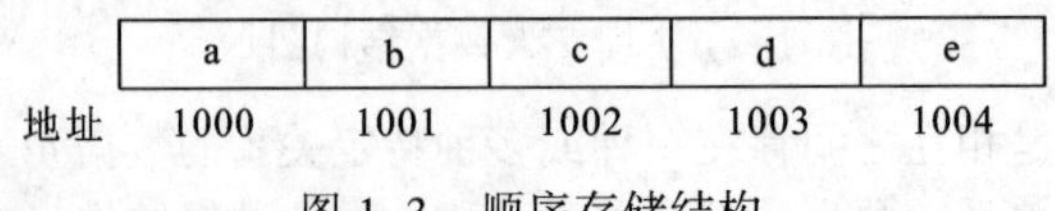

图 1-3 顺序存储结构

如果要计算第三个结点（即'c'）的存储地址 L_3，则：

$$L_3=L_0+(i-1)\times m=1000+(3-1)\times 1=1002$$

1.4.2 链式存储方法

链式存储方法不要求逻辑上相邻的结点在物理位置上也相邻，结点间的关系由附加的指针来表示，指针指向结点的邻接结点，这样将所有结点串联在一起，称为链式存储结构。也就是说，链式存储方法不仅存储结点的值，还存储结点之间的关系。所以链式存储方法中的结点由两部分组成：一是存储结点本身的值，称为数据域；二是存储该结点各后继结点的存储单元地址，称为指针域，指针域可以包含一个或多个指针。

链式存储结构的主要特点如下：

① 结点中除自身信息外，还有表示连接信息的指针域，因此，链式存储结构比顺序存储结构的存储密度小、存储空间利用率低。

② 逻辑上相邻的结点物理上不必相邻，可用于线性表、树、图等多种逻辑结构的存储表示。

③ 删除和插入操作灵活方便，不必移动结点，只要改变结点中的指针值即可。

【例1-2】链式存储结构示例。

假设存在这样一个线性结构的结点集合 D={45,63,67,14,97}，以结点值的降序表示为关系 S={<97,67>,<67,63>,<63,45>,<45,14>}，链式存储结构如图 1-4 所示。

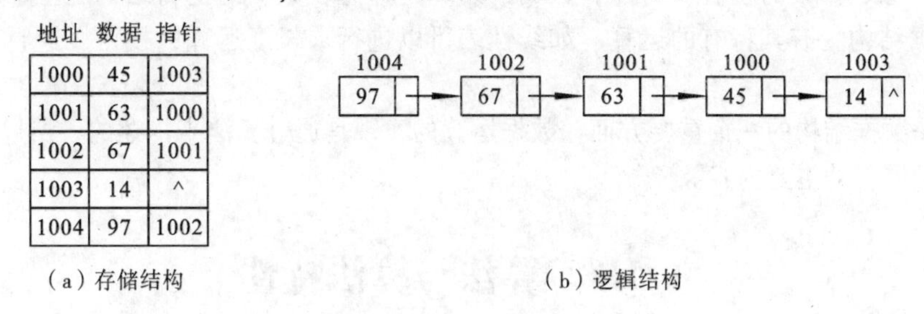

地址	数据	指针
1000	45	1003
1001	63	1000
1002	67	1001
1003	14	^
1004	97	1002

（a）存储结构　　（b）逻辑结构

图 1-4　线性结构的链式存储

1.4.3　索引存储方法

索引存储方法是在存储结点信息的同时再建立一个附加的索引表，然后利用索引表中索引项的值来确定结点的实际存储单元地址。索引表中的各项称为索引项，索引项的一般形式为（关键字，地址），关键字能唯一标识一个结点。

1.4.4　散列存储方法

散列存储方法的基本思想是根据结点的关键字直接计算出结点的存储地址。把结点的关键字作为自变量，通过一个称为散列函数 H(a.key)的计算规则，确定该结点的确定存储单元地址。

上面 4 种方法既可以单独使用，也可以组合起来对数据结构进行存储。同一种逻辑结构采用不同的存储方法，可以得到不同的存储结构。选取哪种存储结构来表示相应的逻辑结构，根据具体情况而定，主要考虑数据的运算是否方便及相应算法的时间复杂度和空间复杂度的要求。

1.5　数据的运算

为了有效地处理数据，提高数据的运算效率，可以按照一定的逻辑结构把数据组织起来，并选择适当的存储方法，把数据存储到计算机中，然后对其进行运算。

数据的运算定义在数据的逻辑结构之上，每种逻辑结构都有一个运算的集合，如插入、删除、修改等。这些运算实际上是在数据元素上进行的一系列抽象操作。所谓抽象操作，是指人们只知道这些操作要求做什么，而无须去考虑如何做，只有在确定存储结构后，才考虑如何具体实现这些运算。下面简单地介绍几种数据的运算：

① 查找：在数据结构中查找满足一定条件的结点，一般是给定一个某字段的值，寻找具有该字段的结点。

② 插入：向数据结构中增加新结点。

③ 删除：把指定的数据从数据结构中去掉。

④ 修改：改变指定结点的一个或多个字段的值。

⑤ 排序：是指保持序列中的结点个数不变，把结点按某种指定的顺序重新排列，如可以按某一字段由小到大对结点进行排序。

上面 5 种运算中，查找运算是一个很重要的运算过程，插入、删除、修改、排序中都包含查找运算，排序本身就是元素之间通过查找相互比较的过程，插入、删除、修改要通过查找确定插入、删除、修改的位置。另外，数据的运算是建立在数据的逻辑结构之上的，对于某一种具体的数据结构，有其特有的运算，如线性表可以进行求长度运算，栈可以进行求出栈和入栈的运算等。

运算是数据结构的一个重要方面，数据运算的实现是通过算法来描述的，所以讨论算法是数据结构这门课程的主要内容。

1.6 算法与算法特性

大型程序设计不但要选择合适的数据结构，而且要进行算法分析与设计，这样才能更好地完成程序设计。在数据结构中，数据的运算是通过算法描述的，而数据结构又是程序设计的基础，因此可以说算法是程序的核心。研究数据结构的目的就是如何更有效地进行程序设计。在算法设计中，主要描述运算求解的步骤，切忌把精力花费在关于语言描述的细节上。

1.6.1 算法及其特性

算法就是在有限的时间内，解决某个问题的一系列逻辑步骤。所以当问题被确定后，可以把问题分成若干部分，针对每部分先写出其算法描述。每部分可以视为子程序，子程序间的调用可以由主程序或其他子程序调用。

算法应具有以下 5 个重要特性：

① 输入：一个算法具有零个或多个输入的外界量，是算法执行运算前所给出的初始量。

② 输出：一个算法至少产生一个输出，它们是与输入有一定关系的量。

③ 有穷性：算法中每条指令的执行次数必须是有限的，也就是说，一个算法必须（对任何合法的输入值）在执行有穷步骤之后结束，且每一步都在有穷时间内完成。

④ 确定性：算法中每条指令的含义都必须明确定义，即在任何条件下，相同的输入只能得到相同的输出。

⑤ 可行性：一个算法的执行时间是有限的。

1.6.2 算法的描述方法

算法独立于具体的计算机，与使用的程序设计语言无关。在设计一个算法时，涉及如何表达算法。在编写一个算法时，可以采用自然语言、流程图、计算机语言或专门为描述算法而设计的语言描述。本书中采用类 C 语言描述算法。

1. 自然语言

自然语言是指人类所使用的语言，如汉语、英语和法语等。用自然语言描述算法的方法简单易行，其缺点是不直观，可阅读性差，对于较复杂算法难以表达，并容易出现歧义性。

2. 流程图

图是一种半形式化的算法描述方式，利用图描述算法比自然语言直观但对于复杂算法的描述仍很困难，而且可移植性差。

3. 程序设计语言

利用程序设计语言实现的算法称为程序，程序可以由计算机执行，所以可以用程序设计语言来描述算法。这种方法的缺点是过分依赖具体的程序设计语言，受到具体程序设计语言语法细节的限制，如变量说明、语句书写规则等，使得被描述的算法既不能一目了然，也不便于在不同的程序设计语言之间移植。

4. 描述算法的形式化语言

这种语言脱离具体的程序设计语言，具有各种程序设计语言共同特点。利用这种语言能够方便地表达算法的思想，省略了一般程序设计语言对各种类型的数据进行说明和定义，引用大多数程序设计语言所具有的那些可以执行的语句来确定所需语句，所以可以采用专门描述算法的形式化语言来描述算法。

5. 伪代码

为了解决理解和执行之间的矛盾，常常使用伪代码来描述算法。伪代码介于高级程序设计语言和自然语言之间，它忽略高级程序设计语言中一些严格的语法规则和描述细节，因此它比程序设计语言更容易描述和被人理解，比自然语言更接近程序设计语言。它虽然不能直接执行，但可以很容易被转成高级程序设计语言。

【例1-3】 用C语言描述算法。

存在一个长度为 n 的字符串，串中元素互不相同。设计确定字符 e 在字符串中的位置的算法。

对这个例子进行分析，把字符串看成一个序列，结点类型为字符型。选用顺序存储方式表示，采用数组 $A[n]$存储这个字符串，用 i 表示 e 在数组中的位置。数组是具有相同性质的元素集合（详细论述见第 5 章），结果就可能有以下情况：找到了 e 字符的位置，返回值 i，i 即为字符 e 的位置；不存在 e 这个字符，返回值 i=0。

下面用自然语言表示：

① 给 i 赋初始值为 1。

② 若字符串中的第 i 个字符为 e，则输出 i 的值，即得最终结果，结束。

③ 若 i 等于 n 时，仍未找到 e，则字符串中没有 e 这个字符，结束。

④ i 自加 1。

⑤ 重复步骤②③④。

其流程图如图 1–5 所示。

用 C 语言来描述这个算法：

```
search(char A[n],int n)
{
 int i;
 for(i=1;i<=n; i++)
   if(A[i]=='e') return(i);  /*找到返回 i*/
   else  return (0);         /*未找到，返回 0*/
}
```

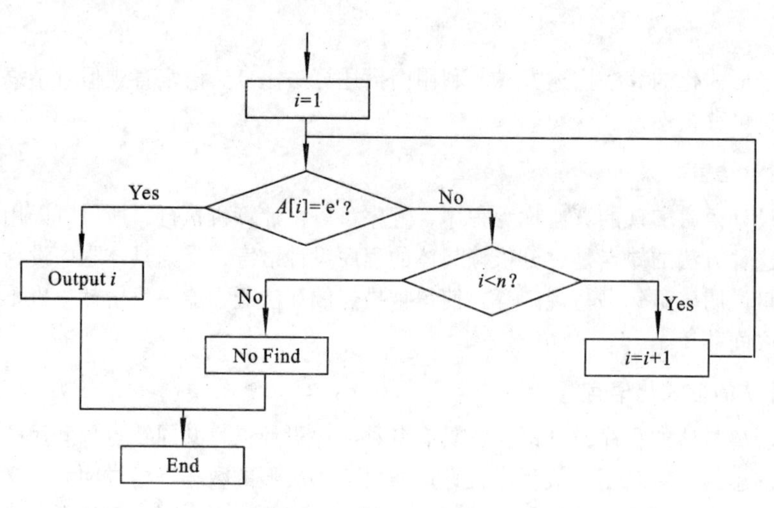

图 1-5　例 1-3 流程图

1.6.3　算法与程序及数据结构

1．算法与程序

算法与程序是两个不同的概念，主要区别如下：

① 算法具有有穷性，但程序却不一定要求满足有穷性。

操作系统是程序，但没有意外情况，永不停止，永远处于动态等待中，所以操作系统不是算法，因为不满足有穷性。

② 程序中的指令必须由计算机执行，而算法中的指令却可以不由计算机执行。

③ 算法表示了问题的求解过程，而程序是算法在特定计算机上的特定实现。

2．算法与数据结构

① 在问题的求解中，算法和数据结构的选择相辅相成，解决某一特定类型问题的算法，如果选择不同的数据结构，则算法的效率会不同。

② 在问题的求解中，选择数据结构后，各种算法执行的效果不同。

1.7　算法性能分析

对于一个问题的求解，可以提供多种不同的算法。通过算法分析确定高效算法。常用的确定算法效率的方法如下：

1．统计方法

统计方法是在算法运行之后，通过统计与算法有关的参数来确定算法的效率。这种算法的缺点是获得的参数值与计算机硬件相关，并不能准确获得参数值，不利于反映多个算法之间的区别。

2．分析估算法

在算法运行之前，通过分析与算法时间复杂度相关的因素来进行算法之间的比较，进而确定算法的优劣。通常情况下，算法运行的时间复杂度与如下因素有关：算法的策略、计算机的速度、书写程序语言的效率、编译程序对目标代码优化的能力和问题的规模等。

1.8　算法度量

人们经常利用时间复杂度和空间复杂度来表示算法的效率。对于同一个问题可以构造不同的算法，算法选择涉及如何评价一个算法好坏的问题。评价一个算法的前提是这个算法首先是正确的，并具有 1.5 节介绍的算法的 5 个特性。此外，还需要考虑以下几点：

① 执行算法所耗费的时间，即效率问题。

② 执行算法所耗费的存储空间，主要考虑辅助的存储空间。

③ 算法应易于理解，具有可读性，易于编码，易于调试。

④ 健壮性，主要表现在算法对非法输入及其他异常情况的处理和反应能力。

显然，算法的目标是运行时间短、占用空间小、功用性强。然而，这样完美的算法很难找到，因为要想节约算法的执行时间，往往要以牺牲存储空间为代价；而为了节省存储空间，就要以耗费更多的计算时间来补偿。因此，应根据具体的情况来选取合适的算法。一般来说，对于经常使用的程序，应选取运行时间短的算法；而当计算机的存储空间较小时，对于涉及数据量极大的程序，则应选用节约存储空间的算法。在讨论一个算法的效率时，通常是指算法的时间特性和空间特性。

目前，人们更多地讨论算法的执行时间效率问题，这是因为随着计算机硬件的迅速发展，存储空间的费用越来越低，凸显了算法时间特性的重要性，所以研究节约算法的执行时间意义重大。可以用时间复杂度来表示算法的时间特性，通常将每个程序所花费的执行次数称为该程序的时间复杂度。一个算法的耗费时间是该算法的所有语句的执行时间之和，而每条语句的执行时间是该语句的执行次数和执行一次所需要的时间乘积。算法分析是学习数据结构的重要基本功，下面将详细讨论如何分析一个算法的时间复杂度。

1.8.1　算法时间复杂度

从算法中选取一种对于所研究问题的基本操作的原操作，以原操作重复次数作为算法的时间度量。这就导致一个特定算法的运行工作量与问题的规模密切相关，也就是说，它是问题规模 n 的函数，用 $T(n)$表示，称为算法的时间复杂度。

如果某算法的执行时间 $f(n)$是 $O(n)$，存在两个常数 c（$c\neq0$）、n_0，$|f(n)|\leqslant cn$。对所有 $n\geqslant n_0$时，$|f(n)|\leqslant cn$。据此可定义 $f(n)=O(g(n))$，如果存在两个常数 c 与 n_0，则对所有的 $n\geqslant n_0$，$|f(n)|\leqslant c|g(n)|$。对于最坏情况下的时间复杂度，采用大写 O（英文缩写为 Big-O）表示法来描述，则该算法的时间复杂度为 $T(n)=O(f(n))$。

例如：

$3n+2=O(n)$，因为可找到 $c=4$，$n_0=2$，使得 $3n+2\leqslant 4n$；

$10n^2+5n+1=O(n^2)$，因为可以找到 $c=11$，$n_0=6$ 使得 $10n^2+5n+1\leqslant 11n^2$；

$7\times 2^n+n^2+n=O(2^n)$，因为可以找到 $c=8$，$n_0=4$ 使得 $7\times 2^n+n^2+n\leqslant 8\times 2^n$；

$10n^2+5n+1=O(n^3)$，可以看出，原来 $10n^2+5n+1\in O(n^2)$，而 n^3 又大于 n^2，显然 $10n^2+5n+1=O(n^3)$ 是没有问题的。同理也可以得知 $10n^2+5n+1\neq O(n)$，因为 $f(x)$没有小于等于 $c\times g(n)$。

由上面几个例子得知 $f(n)$为多项式，表示一个程序完成时所需计算的时间，而其 Big-O 只要取其最高次方的项即可。

根据上述定义，得知数组元素值相加总的时间复杂度为 $O(n)$，矩阵相加的时间复杂度为 $O(n^2)$，而矩阵相乘的时间复杂度为 $O(n^3)$，顺序查找的时间复杂度为 $O(n)$。

计算算法的时间复杂度需要考虑原操作的执行次数，而原操作的执行次数与包含其语句的频度相同，这里的语句频度是指语句重复的次数。

例如有语句：

```
++y;
x=12;
```

由于语句频度为 1，所以时间复杂度为 $O(1)$。

又如循环语句：

```
for(i=1;i<=n;++i)
{++y;s+=y;}
```

语句频度为 n，时间复杂度为 $O(n)$。

再如双重循环：

```
for(j=1;j<=n;++k)
{++y;s+=y;}
```

语句频度为 $n\times n$，时间复杂度为 $O(n^2)$。

【例1-4】求4×4矩阵元素和的时间复杂度。

```
sum(int num[4][4])
{int i,j,r=0;
 for(i=0;i<4;i++)
     for(j=0;j<4;j++)
         r+=num[i][j]; /*原操作*/
  return r;
}
```

问题规模 $n=4$；频度为 $f(4)=4\times 4$；时间复杂度为 $T(4)=O(f(4))$。

【例1-5】求下列程序的时间复杂度。

对于下列程序段

```
for(i=2;i<=n;++i)
   for(j=2;j<=i-1;++j)
       {++x;a[i,j]=x;}
```

语句频度为 $1+2+3+\cdots+n-2=(1+n-2)\times(n-2)/2=(n-1)(n-2)/2=n^2-3n+2$，时间复杂度为 $O(n^2)$，即此算法的时间复杂度为平方阶。

表 1-5 所示的 3 个程序段的基本原操作“x 加 1”的频度分别为 1、n 和 n^2，则这 3 个程序段的时间复杂度分别为 $O(1)$、$O(n)$和 $O(n^2)$，分别称为常量阶、线性阶和平方阶。算法的时间复杂度还可能出现对数阶 $O(\log n)$，指数阶 $O(n^k)$等。

表 1-5　对比 3 个语句

语　　句	频　　度	时间复杂度
{++x;s=0;}	1	$O(1)$
for (i=1;i<=n;++i)　{++x;s+=x;}	n	$O(n)$

for (j=1;j<=n;++j)
{ for (k=1;k<=n;++k)
{++x;s+=x;}
}
	n^2	$O(n^2)$

以下 6 种计算算法时间复杂度的多项式是最常用的。其关系为

$$O(1)<O(\log n)<O(n)<O(n\log n)<O(n^2)<O(n^3)$$

指数时间的关系为 $O(2^n)<O(n!)<O(n^n)$。

由于时间复杂度是相对问题的规模 n 而言的，然而问题的规模一般难以精确计算，所以只需要求出关于 n 的阶即可。

与时间复杂度类似，用空间复杂度作为算法所需的存储空间量度，记为 $S(n)=O(f(n))$。

空间复杂度也是问题规模 n 的函数。

1.8.2　复杂度函数的增长率

由于原操作次数的精确计算困难，所以可以用函数的增长率来描述算法复杂度。设 $f(n)$的增长率可以由另一个简单函数 $g(n)$指定，其中，$f(n)$随着整型变量 n 增长，$g(n)$也随着整型变量 n 增长，如 n^2、e^2、n^k、$\log_a n$ 等。

任何算法花费的运行时间总是取决于它所处理的数据输入量。例如，排序 10 000 个元素比排序 10 个元素花费更多的时间。一个算法的运行时间是数据输入量的一个函数。确切的函数值依赖于许多因素。例如，主机的运行速度、编译程序的质量、程序本身的质量。对于一个给定计算机上的给定程序，可以用图来描绘出运行时间的函数。图 1–6 给出了 4 个程序的运行时间图，这些曲线代表了在算法分析中相遇的 4 个函数：线性函数、$O(n\log n)$、二次方函数、立方函数，输入规模 n 为 1～100，运行时间为 0～10 ms。对比图 1–6 和图 1–7 可知，线性函数、$O(n\log n)$、平方函数、立方函数曲线所代表的函数呈有规律的递增趋向。

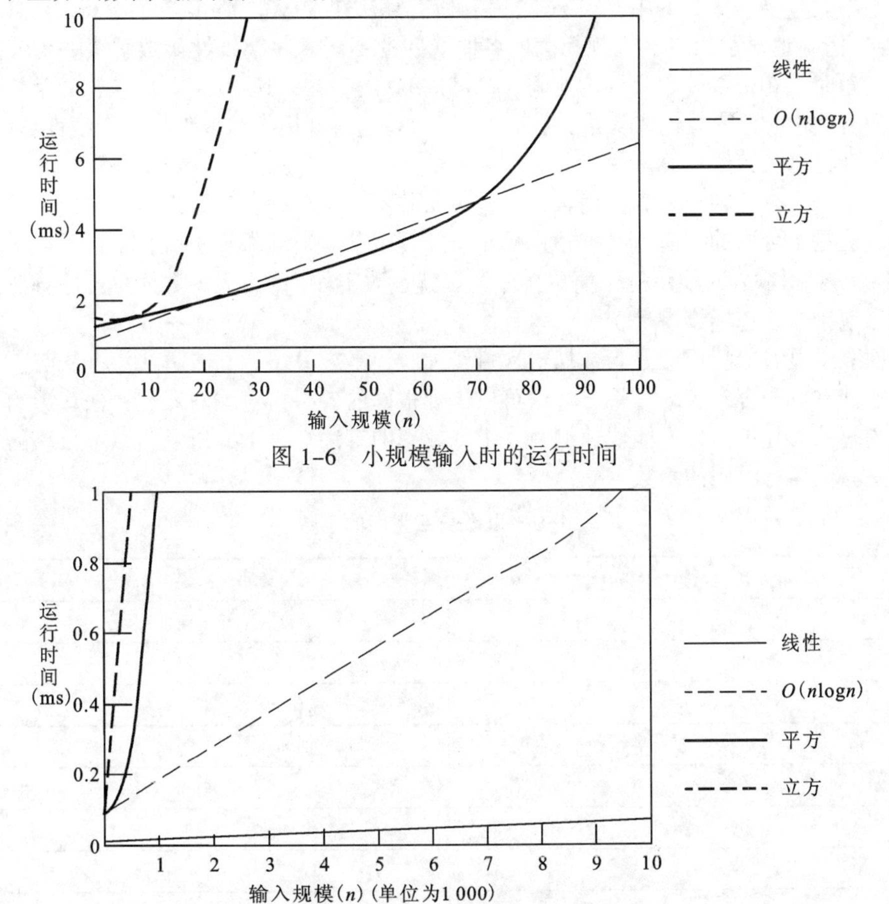

图 1–6　小规模输入时的运行时间

图 1–7　中等规模输入时的运行时间

例如，从网络上下载一个文件，假如有一个 2 s 的最初延时（用来建立连接），此后以 1.6 kbit/s 的速度下载，如果文件有几千字节，下载时间可用公式 $T(n)=n/1.6+2$ 表示，这是一个线性函数，下载一个 80 KB 的文件大约需要 52 s，下载一个 160 KB 的文件大约需要 102 s，或大约是前者的两倍。在这里运行时间与数据输入量基本上成比例的，这是线性算法的特征。线性算法是一种效率最高的算法。在图 1–6 和图 1–7 中，与之对应的一些非线性算法耗费大量运行时间。图中线性算法就比立方算法效率高得多。

一个立方函数就是它的关键项为某一个常数乘以 n^3 的函数，例如 $10n^3+n^2+40n+80$ 即为一个立方函数。同样，一个平方函数的关键项是某个常数乘以 n^2 的函数，一个线性函数则有某个常数乘以 n 的关键项。表达式 $O(n\log n)$代表一个函数，其关键项为 n 乘以 n 的对数，该算法为一个增长缓慢的函数，例如，1 000 000 的对数（以 2 为底）仅为 20，这个算法增长远远慢于平方或立方根。

在任何给定点两个函数中的一个总比另一小，如 $f(n)<g(n)$没有多大意义。相反，以测试函数的增长率来代替，可以从几方面证实。首先，图 1–7 所示的立方函数，当 n=1 000 时，函数值基本上由立方项决定，在函数 $10n^3+n^2+40n+80$ 中，当 n=1 000 时，函数值为 10 001 040 800，其中 $10n^3$ 项的值为 10 000 000 000，如果仅用立方项来估算整个函数，误差约为 0.01%，对于足够大的 n 来说，函数值主要由其关键项决定（n 所表示的值因函数的不同而不同）。测试函数增长率的第二个原因是函数关键项前的常数的确切值对于不同的计算机而言没有多少意义（虽然常量的相关值对相同增长函数或许有意义）。例如，编译程序的质量对常数有很大影响。第三个原因是 n 值较小时这些不太重要。图 1–6 中，当 n=20 时，所有算法在 5 ms 内终止。

图 1–7 清晰地显示出当输入规模大时各曲线间的不同。一个线性函数解决一个输入规模为 10 000 的问题时只花费百分之几秒的时间，$O(n\log n)$算法基本为其 10 倍，所包含的常量或多或少对运行时间有些影响，依靠这些常量，一个 $O(n\log n)$在输入规模大时或许比一个线性算法运行快。对于同样复杂的算法，线性算法优于 $O(n\log n)$算法。

然而对于平方算法和立方算法而言，这些关系并不一定正确。当数据输入规模大于几千字节时，平方算法是不可取的，而当数据输入量小于几百字节时，立方算法就行不通了。例如，具有 1 000 000 项的数据输入时使用一个简单排序算法就不太实际，因为大多数简单排序算法都是平方算法（如冒泡排序、选择排序等）。

这些曲线最显著的特征就是当数据输入量较大时，平方算法和立方算法没办法与其他算法竞争。高效的计算机语言对于编写平方算法可以体现很好的效果，对编写线性算法却影响不大，即使采用最高超的编程技巧也不能快速编写一个低效率的算法。表 1–6 所示为以增长率的增长次序来排列这些算法运行时间的函数。

表 1-6　以增长率为序的函数

函　　数	名　　称
c	常数
$\log_2 n$	对数
$\log_2^2 n$	平方对数
N	线性
$n\log_2 n$	$n\log_2 n$
n^2	平方
n^3	立方
2^n	指数

小　结

本章简要介绍数据结构的基本概念，描述了数据结构的二元组表示及其对应的图形表示；说明了集合结构、线性结构、树结构和图结构的特点；给出了抽象数据类型的定义和表示方法。最后，介绍了数据结构的逻辑结构和物理结构。通过本章内容的学习，可以为后面章节的学习建立坚实的基础。

习　题　1

1．填空题

（1）数据的逻辑结构可形式地用一个二元组 $B=(K,R)$来表示，其中 K 是________，R 是________。

（2）存储结构可根据数据元素在机器中的位置是否连续分为________，________。

（3）算法的基本要求有________，________，________，________，________。

（4）度量算法效率可通过________，________两方面进行。

2．综合题

（1）简述下列术语：

数据　数据元素　数据对象　数据结构　存储结构　数据类型

（2）举例说明数据结构和算法的关系。

（3）设有数据逻辑结构为 $B=(K,R)$，$K=\{k_1,k_2,\cdots,k_9\}$

$r=\{<k_1,k_3>,<k_3,k_8>,<k_2,k_3>,<k_2,k_4>,<k_2,k_5>,<k_3,k_9>,<k_5,k_6>,<k_8,k_9>,<k_9,k_7>,<k_4,k_7>,<k_4,k_6>\}$

画出这个逻辑结构的图示，并确定相对于 r 哪些结点是开始结点，哪些结点是终端结点。

（4）试举一个数据结构的例子，并叙述其逻辑结构、存储结构、运算 3 方面的内容。

（5）写出下面程序段的时间复杂度。

①
```
i=1;k=0;
while(i<n)
{k=k+10*i;i++;
}
```

②
```
i=0;j=0;
while(i+j<=n)
{if(i>j)  j++;
else i++;}
```

③
```
x=n;      /*n>1*/
while(x>=(y+1)*(y+1)) y++;
```

④
```
x=99;y=100;
while(y>0)
if(x>100){x=x-10;y--;}
else x++;
```

（6）什么是算法？详述算法设计的目的和算法必须满足的条件。

（7）写出下列多项式 $f(n)$的 Big-O。

① $n^3+8^{10}n^2$　　② $5n^2-6$　　③ $n^{1.001}+n\log_2 n$

④ $n^2 2^n+n^3+n$　　⑤ $\sum_{i=1}^{n} x^3$

（8）下列表达式是否正确？如果不正确，请改正。

① $\log^2 n^2+9=O(n)$　　② $n^2\log_2 n= O(n^2)$

③ $48n^3+ 9n^2=\Omega(n^2)$　　④ $48n^3+9n^2=\Omega(n^4)$

⑤ $n!=O(n^n)$　　⑥ $n^{k+\varepsilon}+n^k\log_2 n=\Theta(n^{k+\varepsilon})$对所有的 k 和 ε，$k\geqslant 0$ 且 $\varepsilon>0$

第2章 线性表

线性表是一种简单常用的线性结构。在后面几章中讲到的栈、队列和串也都属于线性结构。线性结构具有如下特点：

① 它具有唯一的第一个数据元素和最后一个数据元素。

② 除了第一个元素和最后一个元素外，其他数据元素都只有一个前驱和一个后继。线性表主要的存储结构有两种：顺序存储结构和链式存储结构。本章主要介绍了线性表的定义、存储方式的描述和基本运算，以及实现算法。

2.1 线性表定义及其运算

2.1.1 线性表

线性表（Linear List）是最简单、最常用的数据结构之一，通常一个线性表是由 n（$n \geqslant 0$）个性质相同的数据元素组成的有限序列。线性表的长度即为线性表中元素的个数 n（$n \geqslant 0$），当 $n=0$ 时，称为空表。

在一个非空表 $(a_1,a_2,\cdots,a_i,\cdots,a_{n-1},a_n)$中的每个数据元素都有一个确定的位置，如 a_1 是第一个数据元素，a_n 是最后一个数据元素，a_i 是第 i 个数据元素，称 i 为数据元素 a_i 在线性表中的位序。

在不同情况下，每个数据元素的具体含义各不相同，它可能是一个数或一个符号，也有可能是其他更复杂的信息。例如，英文字母表(A,B,C,…,Z)是一个线性表，表中的数据元素是单个字母字符。

在较复杂的线性表中，一个数据元素可以由若干个数据项（Item）组成。通常把数据元素称为记录（Record），含有大量记录的线性表又称文件（Fi1e）。例如，某个学校的学生基本情况登记表如表 2-1 所示，表中每个学生的情况为一个记录，一个记录是由姓名、学号、性别、年龄、班级和籍贯等 6 个数据项组成。

表 2-1 学生基本情况登记表

姓 名	学 号	性 别	年 龄	班 级	籍 贯
刘 名	S01001	男	22	计 01	山东
李 义	S01002	男	21	计 01	山东

续表

姓　名	学　号	性　别	年　龄	班　级	籍　贯
张　元	S01003	女	20	计 01	黑龙江
俱　谦	S01004	男	19	计 01	北京
刘　迅	S01005	男	20	计 01	河北
⋮	⋮	⋮	⋮	⋮	⋮

上述例子可以看出，线性表中的数据元素各式各样，但每个数据元素之间的关系是线性的，所以线性表是一个线性结构。

同一个线性表中的元素必定具有相同特性，即属于同一个数据对象，相邻数据元素之间存在着序偶关系。如果将线性表记为

$$(a_1, ..., a_{i-1}, a_i, a_{i+1}, ..., a_n)$$

则表中 a_{i-1} 先于 a_i，a_i 先于 a_{i+1}，就称 a_{i-1} 是 a_i 的直接前驱元素，a_{i+1} 是 a_i 的直接后继元素。在这个表中，除第一个元素 a_1 元素外，每个数据元素有且仅有一个前驱元素，除最后一个元素外，每个数据元素有且仅有一个后继元素。

线性表数据结构：List=(D,R)

数据对象：$D=\{ a_i \mid a_i \in D_0, i=1,2,...,n, i\geqslant 1\}$

数据关系：$R=\{< a_{i-1}, a_i > \mid a_{i-1}, a_i \in D_0, i=2,...,n\}$

例如，英文字母表(A,B,C,…,X,Y,Z)就是一个长度为 26 的线性表，A 为 B 的前驱，Y 为 X 的后继，A 无前驱，Z 无后继。

2.1.2　线性表的运算

线性表是一个相当灵活的数据结构，它的长度可以根据需要增长或缩短。线性表的常用运算有以下几种：

① 初始化 InitList(L)：创建一个空的线性表。

② 计数 ListLength(L)：求线性表的长度 n。

③ 存取 GetElem(L,i)：存取第 i 个数据元素，检查或更新某个数据元素的值。

④ 插入 ListInsert(L,i)：在第 i 个数据元素前插入一个新的数据元素；或在第 i 个元素后插入一个新的数据元素。

⑤ 删除 ListDelete(L,i)：删除第 i 个数据元素。

⑥ 归并：把两个或两个以上的线性表合并在一起，形成一个新的线性表。

⑦ 分拆：把一个线性表拆成两个或多个线性表。

⑧ 查找：按某个特定的值查找线性表中的某个元素。

⑨ 排序：对线性表中的某个元素按某个数据项的值递增（或递减）的顺序进行重新排序。

【例2-1】线性表归并的算法。

已知线性表 La 和 Lb 中的数据元素按值非递减有序排列，现要求将 La 和 Lb 合并为一个新的线性表 Lc←La∪Lb，且 Lc 中的数据元素仍按值非递减有序排列。设

La = (1,5,7,15)

Lb = (3,6,8,9,13,15,17)

则

$$Lc = (1,3,5,6,7,8,9,13,15,15,17)$$

从上述问题要求可知，Lc 中的数据元素或是 La 中的数据元素，或是 Lb 中的数据元素，则首先设 Lc 为空表，然后将 La 或 Lb 中的元素逐个插入 Lc 中即可。为使 Lc 中的元素按值非递减有序排列，可设两个指针 i 和 j 分别指向 La 和 Lb 中的某个元素，如果设 i 当前所指的元素为 a，j 当前所指的元素为 b，则当前应插入 Lc 中的元素 c 为

$$c=\begin{cases} b & a>b \\ a & a=b \\ a & b>a \end{cases}$$

显然，设指针 i 和 j 的初始值均为 1，在所指元素插入 Lc 之后，指针在表 La 或 Lb 中将顺序后移。

归并算法如下：

```
void MergeList(List *La,List *Lb,List *Lc)
{/*已知线性表La和Lb中的数据元素按值非递减排列*/
 /*归并La和Lb得到新的线性表Lc，Lc的数据元素也按值非递减排列*/
   InitList(Lc);                              /*构造一个空的线性表Lc*/
   i=j=1;k=0;                                 /*指针i和j初始值为1*/
   La_len=ListLength(La);
   Lb_len=ListLength(Lb);
   while((i<=La_len)&&(j<=Lb_1en)
   { /*La和Lb均非空*/
      GetElem(La,i,ai);
      GetElem(Lb,j,bj);
      if(ai<bj)
      {Listlnsert(Lc,++k,ai);++i;}            /*将La中的元素插入到表Lc中*/
      else if(ai=bj)
          {Listlnsert(Lc,++k,bj);++i;++j;}
      else
          {Listlnsert(Lc,++k,bj);++j;}
   }
   while(i<=La_len)
   {
      /*如果表La没有取完，则将表La中的所剩元素插入到表Lc中*/
      GetElem(La,i++,ai);
      Listlnsert(Lc,++k,ai);
   }
   while(j<=Lb_len)
   {
      GetElem(Lb,j++,bj);
      Listlnsert(Lc,++k,bj);
   }
}/*MergeList*/
```

2.2　线性表的顺序存储

2.2.1　顺序存储结构

一个线性表可以采用许多方法存储到计算机中，其中最简单的是顺序存储方法。线性表的顺序存储是指把线性表的各个数据元素依次存储在一组地址连续的存储单元中。线性表的这种机内表示称为线性表的顺序映像或线性表的顺序存储结构，用这种方法存储的线性表简称为顺序表。

假设线性表中每个元素的数据类型都相同，需要占用 m 个存储单元，并以所占的第一个单元的存储地址作为数据元素的存储位置，则线性表中第 $i+1$ 个数据元素的存储位置 $LOC(a_{i+1})$和第 i 个数据元素的存储位置 $LOC(a_i)$之间满足下列关系：

$$LOC(a_{i+1}) = LOC(a_i)+m$$

一般来说，线性表的第 i 个数据元素 a_i 的存储位置为

$$LOC(a_i) = LOC(a_1)+(i-1)\times m$$

式中，$LOC(a_1)$是线性表的第一个数据元素 a_1 的存储位置，通常又称线性表的起始位置或基地址。

顺序表的特点是表中相邻的元素 a_i 和 a_{i+1} 赋以相邻的存储位置。也就是说，以元素在计算机内的物理位置相邻来表示线性表中相邻数据元素之间的逻辑关系。每个数据元素的存储位置都和线性表的起始位置相差一个和数据元素在线性表中的位序成正比的常数，如图 2-1 所示。由此，只要确定存储线性表的起始位置 $LOC(a_1)$，线性表中任一数据元素的位置都可计算得出，进而可以随机存取，所以线性表的顺序存储结构是一种随机存取的存储结构。

存储地址	数据元素	线性表中位序
$Loc(a_1)$	a_1	1
$Loc(a_1)+1\times L$	a_2	2
$Loc(a_1)+2\times L$	a_3	3
⋮	⋮	⋮
$Loc(a_1)+(i-1)\times L$	a_i	i
⋮		⋮
$Loc(a_1)+(n-1)\times L$	a_n	n

图 2-1　线性表的顺序存储结构示意图

各种高级程序设计语言中的一维数组就是用顺序方式存储的线性表，因此也常用一维数组来表示线性表，在 C 语言中就是用数组来表示顺序存储结构的线性表。

建立一个一维数组 $V[n-1]$，使数据元素 a_i 的下标与数组 V 的下标 i 相关联，把 $a_1,a_2,a_3,\cdots,a_i,a_{i+1},\cdots,a_n$ 依次存入存储单元 $V[0],V[1],V[2],\cdots,V[i-1],V[i],\cdots,V[n-1]$中。换言之，数组 V 中的第 i 个分量 $V[i-1]$就是线性表中第 i 个数据元素在内存中的映像。只要给出一个下标值 i-1，即可存取元素 a_i，如图 2-2 所示。

可以使用数组来描述数据结构中的顺序存储结构，由于线性表的长度可变，需要的最大存储空间随问题的不同而不同，在 C 语言中可用一维数组来表示顺序表，描述如下：

```
typedef int datatype;                /*定义 datatype 类型为 int*/
#define List_MaxSize 100             /*顺序表的最大长度*/
typedef struct{
```

```
    datatype data[list_maxsize]; /*将线性表定义为一个数组*/
    int length;                  /*线性表当前的大小*/
  }SqList;
```

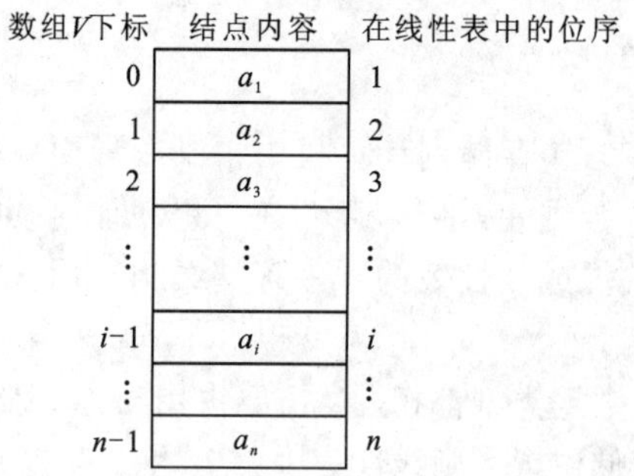

数组V下标	结点内容	在线性表中的位序
0	a_1	1
1	a_2	2
2	a_3	3
⋮	⋮	⋮
$i-1$	a_i	i
⋮		⋮
$n-1$	a_n	n

图 2-2　线性表的数组表示

顺序存储的线性表有随机存取第 i 个元素、插入、删除等基本操作。

另外，随机存取第 i 个数据元素时，需要注意 C 语言中数组的下标从 0 开始，因此，如果 L 是 SqList 类型的顺序表则表中第 i 个数据元素，即 L.data[$i-1$]。

2.2.2　顺序结构线性表的运算

1. 顺序表的结点查询操作

查找操作是指在具有 n 个结点的线性表中查找结点 x 在表中的位置，并不改变表的长度。顺序结构线性表查询操作算法描述如下：

```
int search(int x,sqlist *L,int n)
/*在表长为 n 的顺序表中查找结点 x 在表中的位置*/
{
    int i;
    for(i=0;i<n;i++)
      if(x==L.s[i]) break;     /*查询到跳出循环*/
      return(i+1);             /*返回查询结果*/
    if(i==n) return(0);
}
```

查询操作的算法思想：从存储空间的第一个结点（即数组的 0 位）开始向后依此查找，如果第 i 个结点的元素值等于 x，则函数返回结点 x 在表中的位置 $i+1$；如果表中不存在结点 x，则返回值为 0。

2. 顺序表的结点插入操作

线性表的插入操作是指在线性表的第 $i-1$ 个数据元素和第 i 个数据元素之间插入一个新的数据元素，就是要使长度为 n 的线性表 $(a_1,\cdots,a_{i-1},a_i,\cdots,a_n)$ 变成长度为 $n+1$ 的线性表 $(a_1,\cdots,a_{i-1},b,a_i,\cdots,a_n)$。

数据元素 a_{i-1} 和 a_i 之间的逻辑关系发生了变化。在线性表的顺序存储结构中，由于逻辑上相邻的数据元素在物理位置上也是相邻的，因此，除非 $i=n+1$，否则必须移动元素才能反映这个逻辑关系的变化。

如果在 i（$1\leqslant i\leqslant n$）个元素之前插入，就必须把第 n 个到第 i 个之间的所有结点依次向后移动一个位置，再将新结点 x 插入到第 i 个位置；如果在 i（$1\leqslant i\leqslant n$）个元素之后插入，就必须把第 n 个到第 $i+1$ 个之间的所有结点依次向后移动一个位置，再将新结点 x 插入第 $i+1$ 个位置，这样，线性表长度就变为 $n+1$。

例如，图 2-3 所示为一个线性表在进行插入操作的前后，其数据元素在存储空间中的位置变化。为了在线性表的第四和第五个元素之间插入一个值为 b 的数据元素，则需要将第五～第八个数据元素依次往后移动一个位置。

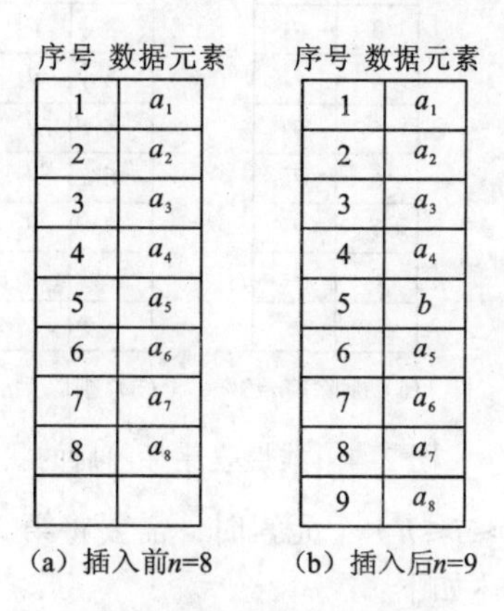

图 2-3　顺序表插入前后的状况

以在某个元素之前插入为例来进行说明，当在第 i（$1 \leqslant i \leqslant n$）个元素之前插入一个元素，需要将第 n 个至第 i（共 $n-i+1$）个元素向后移动一个位置，顺序表插入操作算法描述如下：

```
Insert_Sq(SqList *L,int i,int e)
/*在顺序线性表 L 中第 i 个位置之前插入新的元素 e*/
{/*i 的合法值为 1<=i<=L.Length+1*/
    if(i<1||i>L.Length)
      return error;                 /*i 值不合法*/
    if(L.length>list_maxsize-1)
        return error;               /*当前存储空间已满，溢出*/
    q=&(L.data[i-1]);               /*q 为插入位置*/
    for(p=&(L.data[L.length-1];p>=q;--p)
      *(p+1)=*p;                    /*插入位置及之后的元素右移*/
      *q=e;                         /*插入 e*/
      ++L.length;                   /*表长增 1*/
    return OK;
}/*Insert_Sq*/
```

当线性表长度为 n，插入位置为第 i 结点之前。当在顺序存储结构的线性表中某个位置上插入一个数据元素时，其时间主要耗费在移动元素上即执行 for 循环语句，循环次数为 $n-i$，每执行一次循环，就移动一个数据元素。所以，移动元素的个数取决于插入的位置。当 i=1，从第一个结点到第 n 个结点之间的所有结点依次向后移动一位；当 $i=n+1$ 时，就不需要移动结点。

如果在每个元素之前插入结点的概率是相同的，即 $1/(n+1)$，那么插入一个结点需要移动的个数为$[n+(n-1)+(n-2)\cdots+2+1]/(n+1)=n/2$。

算法的时间复杂度为 $O(n)$。

3．顺序表的结点删除操作

线性表的删除操作是使长度为 n 的线性表$(a_1,\cdots,a_{i-1},a_i,a_{i+1},\cdots,a_n)$变成长度为 $n-1$ 的线性表$(a_1,\cdots,a_{i-1},a_{i+1},\cdots,a_n)$。数据元素 a_{i-1},a_i,a_{i+1} 之间的逻辑关系发生变化，为了在存储结构上反映这个变化，需要移动表中的元素，把表中的第 $i+1$ 个到第 n 个结点的所有元素依次向前移动一个位置。如图 2-4 所示，为了删除第四个数据元素，必须将从第五～第八个元素都依次往前移动一个位置。

序号	数据元素
1	a_1
2	a_2
3	a_3
4	a_4
5	a_5
6	a_6
7	a_7
8	a_8

（a）删除前n=8

序号	数据元素
1	a_1
2	a_2
3	a_3
4	a_5
5	a_6
6	a_7
7	a_8

（b）删除后n=7

图 2-4　线性表删除前后的状况

一般情况下，删除第 i（$1\leqslant i\leqslant n$）个元素时，需要将第 $i+1$～第 n 个元素依次向前移动一个位置，顺序表删除操作算法描述如下：

```
Delete_Sq(SqList *L,int i,int &e)
{  /*在顺序表L中删除第i个元素，并用e返回其值*/
   /*i的合法值为1<=i<=L.Length*/
   if((i<1)||i>L.length))
      return ERROR;                    /*i值不合法*/
   p=&(L.data[i-1]);                   /*p为被删除元素的位置*/
   e=*p;                               /*被删除元素的值赋给e*/
   q=L.length-1;                       /*表尾元素的位置*/
   for(++p;p<=q;++p)
      *(p-1)=*p;                       /*被删除元素之后的元素左移*/
      --L.length;                      /*表长减1*/
      return e;
} /*Delete_Sq*/
```

类似于插入结点时间复杂度的分析，可以得到删除一个结点需要移动的次数为$[(n-1)+(n-2)+(n-3)+\cdots+2+1]/n=(n-1)/2$。

算法的时间复杂度也为 $O(n)$。

可以看出，当顺序存储结构的线性表中某个位置上插入或删除一个数据元素时，其时间主要耗费在移动元素上，而移动元素的个数取决于插入或删除元素的位置。在顺序存储结构的线性表中插入或删除一个数据元素，平均要移动表中的一半结点，当线性表中的结点很多时，算法效率较低，时间复杂度为 $O(n)$。

2.2.3　顺序存储结构的特点

顺序存储结构是线性表中最简单、最常用的存储方式之一。顺序表中任意数据元素的存储地址可由公式直接导出，因此，顺序表是随机存取的存储结构，也就是取元素操作和定位操作可以直接实现的一种存储结构。高级程序设计语言提供的数组数据类型可直接定义顺序表，使顺序表的程序设计十分方便。主要的优点有：

① 无须为表示结点间的逻辑关系而增加额外的存储空间。

② 可以方便地随机存取表中的任一结点。

但是，顺序存储结构也有一些不利之处，具体如下：

① 顺序存储结构要求占用连续的存储空间，线性表中数据元素的最大个数需要预先设定，

这就使得高级程序设计语言编译系统需要预先分配相应的存储空间，即需要静态分配。当进行静态分配时，如果表长变化较大，设定最大表长就比较困难：如果按可能达到的最大长度预先分配表空间，有可能造成部分内存空间的浪费；但如果对预先分配的空间不够大，再进行插入操作，就可能造成溢出。

② 为了保持顺序表中数据元素的顺序，在插入操作和删除操作时需要移动大量数据。一个有 n 个数据元素的顺序表，插入操作和删除操作需要移动数据元素的平均次数约为 $n/2$。这对于需要频繁进行插入和删除操作，以及每个数据元素所占字节较大的问题来说，将导致系统的运行速度难以提高。

2.3 线性表的链式存储

线性表顺序存储结构的特点是逻辑关系上相邻的两个元素在物理位置上也相邻，因此可以随机、快速地存取表中任一个元素。然而，这种存储结构对插入或删除操作往往要引起大量的数据移动，而且表的容量扩充时也比较烦琐。为了解决顺序表遇到的这些困难，本节将介绍线性表的另一种存储结构，即链式存储结构。由于它不要求逻辑上相邻的元素在物理位置上也相邻，因此它没有顺序存储结构的上述缺点。

2.3.1 线性链表

线性表链式存储结构的特点是用一组地址任意的存储单元来存储线性表的数据元素，这组存储单元的地址可以连续，也可以不连续。具有链式存储结构的线性表称为线性链表。

在链式存储结构中，对每个数据元素 a_i 来说，除了存储其本身的信息外，还需要存储一个指示其直接后继的信息，用来表示每个数据元素 a_i 与其直接后继数据元素 a_{i+1} 之间的逻辑关系。这两部分信息组成了数据结点。它包括两个域：数据域和指针域。存储数据元素信息的域称为数据域；存放直接后继结点或前驱结点地址的域称为指针域。指针域中存储的信息称为指针或链。链表中每个结点可以包含若干个数据域和若干个指针域。如图 2-5 所示，data_i（$1 \leqslant i \leqslant m$）为数据域，$\text{link}_j$（$1 \leqslant j \leqslant n$）为指针域。

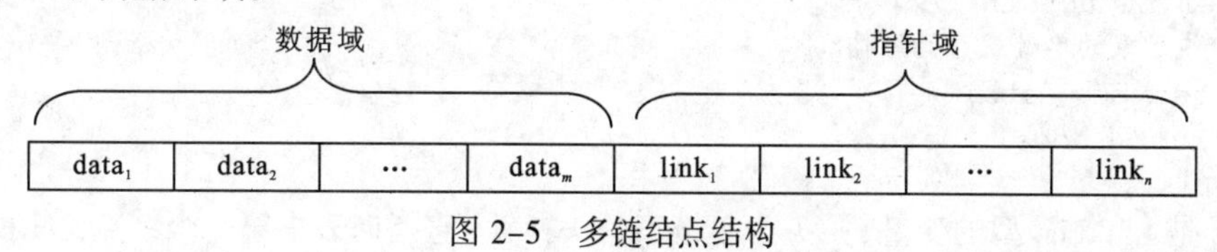

图 2-5 多链结点结构

在线性链表中，如果每个结点只有一个指针域，称其为单链表。单链表是应用最广泛的链表之一，其结点结构如图 2-6 所示。

访问链表中的任何结点必须从链表的头指针开始进行，头指针指示链表中第一个结点的存储位置，图 2-7 中的元素 a_1 所在的结点为单链表的第一个结点。同时，由于最后一个数据元素没有直接后继，则线性链表中最后一个结点的指针为空，可用“∧”或“Null”表示。链表由表头唯一确定，因此，单链表可以用头指针的名称命名。例如，如果头指针名是 L，则把链表称为表 L。

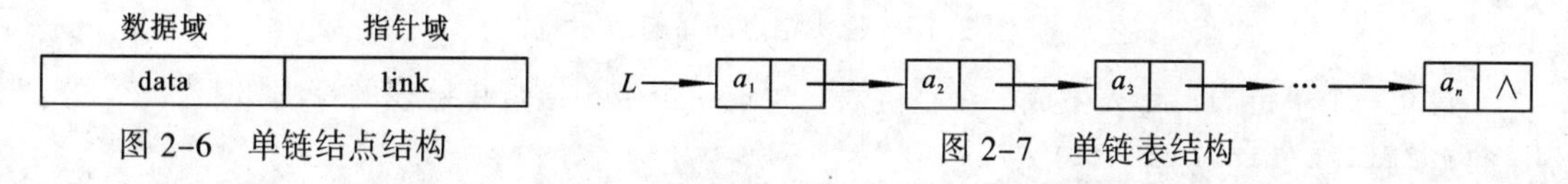

图 2-6 单链结点结构

图 2-7 单链表结构

在需要插入一个结点时，链表按结点的类型向系统申请一个结点的存储空间；当删除一个结点时，就将这个结点的存储空间释放，所以链表是一个动态存储结构。也就是说，动态存储结构是在执行阶段才向系统要求分配所需的内存空间，比顺序存储结构中采用的静态内存分配更灵活运用有限的内存空间。

用线性链表表示线性表时，数据元素之间的逻辑关系由结点中的指针指示。也就是说，指针是数据元素之间的逻辑关系的映像，致使逻辑上相邻两个数据元素的存储物理位置不要求一定相邻，因此，将这种存储结构称为非顺序映像或链式映像。通常把链表画成用箭头相链接的结点序列，结点之间的箭头表示链域中的指针。图 2-8 所示的线性链表可画成图 2-9 所示的形式，这是因为在使用链表时，关心的只是它所表示的线性表中数据元素之间的逻辑顺序，而不是每个数据元素在存储器中的实际位置。

	存储地址	数据域	指针域
头指针H	1	外语系	36
	6	物理系	11
	11	化学系	1
	16	机械系	Null
	21	政治系	16
	26	数学系	6
	31	经管系	21
	36	法律系	31

图 2-8　单链表存储结构示例

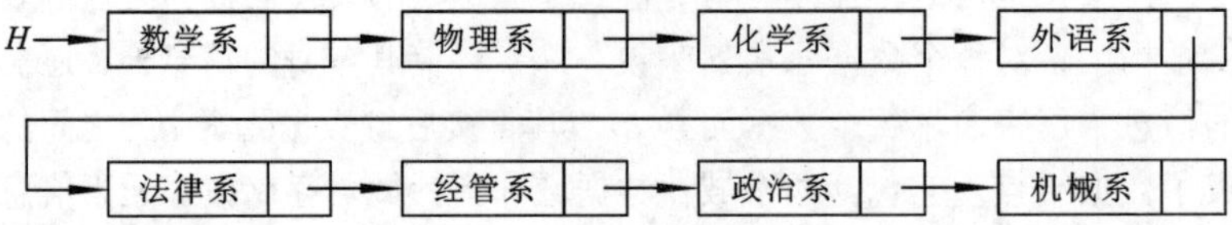

H→数学系→物理系→化学系→外语系→法律系→经管系→政治系→机械系

图 2-9　线性链表的逻辑结构

给单链表设置一个头指针 H，在 C 语言中可用结构指针来描述：

```
typedef struct Lnode
{   /*线性表的单链表存储结构*/
    Datatype  data;
    Struct Lnode  *next;
}LinkList;
```

如果 L 是 LinkList 型的变量，则 L 为单链表的头指针，它指向表中第一个结点。如果 L 为“空”（L = NULL），则所表示的线性表为“空”表，其长度 n 为“零”。

有时在单链表的第一个结点前附设一个结点，称为头结点，头结点的数据域可以不存储任何信息，也可存储如线性表的长度等附加信息，头结点的指针域存储指向头结点的指针，即第一个结点的存储位置。如图 2-10（a）所示，此时单链表的头指针指向头结点。如果线性表为空表，则头结点的指针域为“空”，如图 2-10（b）所示。

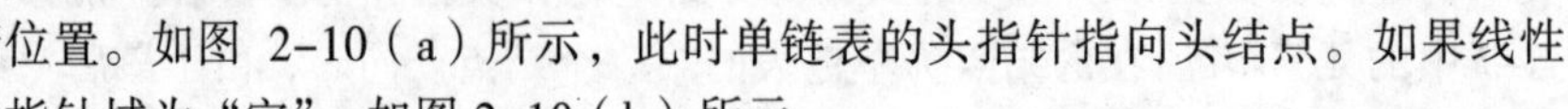

L→head→a_1→a_2→…→a_n ∧　　L→head ∧

（a）非空表　　（b）空表

图 2-10　带头结点的单链表示意图

建立一个单链表，首先生成一个空链表。生成一个带头结点单链表的算法如下：

```
Initlist(LinkList *L)
```

```
/*生成一个带头结点的空单链表*/
{
    L=(LinkList)malloc(sizeof(LNode));
    if(!L)
        return ERROR;
    L->next=NULL;                /*建立一个带头结点的单链表*/
}
```

上述算法中，使用了 C 语言的 malloc()标准函数。假设 L 是 LinkList 型变量，则 L = (LinkList)malloc(sizeof(LNode))的作用是由系统生成一个 LNode 结点，同时将该结点的起始位置赋予指针变量 L。

生成一个空链表后，开辟新的存储单元，读入结点值，指针域为空，将新结点添加到链表中，重复以上操作，在表中逐一增加新结点。建立单链表的算法如下：

```
Create_L(LinkList *L,int n)
/*从表尾到表头输入 n 个元素的值，建立带表头结点的单链线性表 L*/
{
    initlist(LinkList *L)                      /*建立一个带头结点的单链表*/
    for(i=n;i>0;--i)
    {
        p=(LinkList)malloc(sizeof(LNode));     /*生成新结点*/
        if(!p)
            return ERROR;
        scanf(&p->data);                       /*输入元素值*/
        p->next=L->next;
        L->next=p;                             /*插入到表头*/
    }
}/*Create_L*/
```

在单链表的尾上插入一个新结点*p 的示意图如图 2-11 所示。

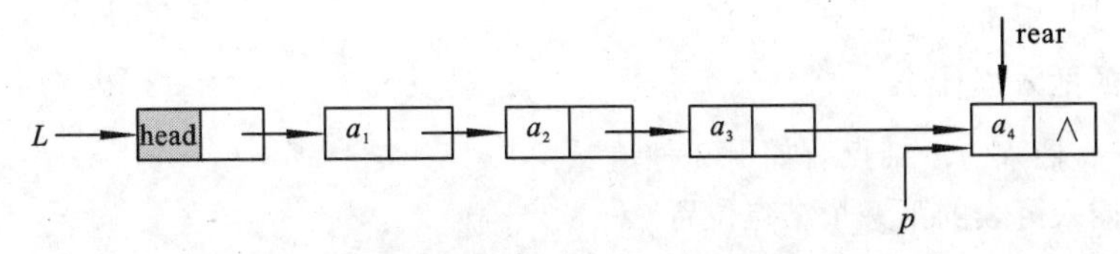

图 2-11　在单链表的尾上插入一个新的结点*p

在上面的算法中，如果不建立一个头结点，第一个生成的结点是开始结点，将开始结点插入到空表中，是在当前链表的第一个位置上插入，该位置上的插入操作和链表中其他位置上的插入操作处理不一样，原因是开始结点的位置是存放在头指针（指针变量）中，而其余结点的位置是在其前驱结点的指针域中。算法中就要对第一个位置上的插入操作进行特殊处理。

空表和非空表的情况也要进行分别的处理，如果读入的第一个字符就是结束标志符，则链表 L 是空表，尾指针 r 为空，结点*r 不存在；如果不是结束标识符，则链表 L 非空，最后一个尾结点*r 是终端结点，应将其指针域置空。

在链表的开始结点之前附加头结点，以上问题就可以解决。

① 由于开始结点的位置被存放在头结点的指针域中，所以在链表第一个位置上的操作就和在表中其他位置上的操作一致，不需要进行特殊处理。

② 无论链表是否为空，其头指针是指向头结点在的非空指针（空表中头结点的指针域为空），因此，空表和非空表的处理也就统一了。

2.3.2 线性链表的运算

在线性表的顺序存储结构中，由于逻辑上相邻的两个元素在物理位置上相邻，所以每个元素的存储位置都可从线性表的起始位置计算得到。而在线性链表中，任何两个元素的存储位置之间没有固定的联系，但是每个元素的存储位置都在其直接前驱结点的信息之中。假设 p 是指向线性表中第 i 个数据元素（结点 a_i）的指针，则 p->next 是指向第 $i+1$ 个数据元素（结点 a_{i+1}）的指针。换句话说，如果 p->data=a_i，则 p->next->data=a_{i+1}。单链表的查找操作 VisitElem 方法如下：

1. 单链表的查找操作

查找单链表中是否存在结点 i 的算法如下：

```
VisitElem_L(LinkList *L,int i,Datatype &e)
{/*L 为带表头结点的单链表的头指针*/
   /*当第 i 个元素存在时，其值赋给 e 并返回 OK，否则返回 ERROR*/
   p=L->next;j=1;                    /*初始化，p 指向第一个结点，j 为计数器*/
   while(p!=null&&j<i)
   {/*顺指针向后查找，直到 p 指向第 i 个元素或 p 为空*/
      p=p->next;
      ++j;
   }
   if(p=null||j>i) return ERROR;    /*第 i 个元素不存在*/
   e=p->data;                        /*取第 i 个元素*/
   return OK;
}/*VisitGetElem_L*/
```

上述算法的基本操作是比较 i 和 j，并向后移动指针。由此，在单链表中，取得第 i 个数据元素必须从头指针出发寻找，如果 p 不为空且查询位置未超过结点 i 的位置，则继续查找；如果 p 为空或者查询的位置已经超过结点 i 的位置，则查找失败，否则查找成功。因此，单链表是非随机存取的存储结构。

2. 单链表的插入操作

在单链表中，插入一个结点有如下 3 种情况：

① 将结点插入链表的第一个结点位置。

② 将结点插入在两个结点之间。

③ 将结点插入在链表的最后一个结点。

由于在单链表头添加了一个头结点，所以能使前两种情况的处理一致，否则需要对第一种情况进行特殊处理。将结点插入在链表的最后一个结点，只要将最后一个结点的指针指向插入结点即可。

假设要在线性表的两个数据元素 a 和 b 之间插入一个数据元素 x，已知 p 为其单链表存储结构中指向结点 a 的指针。如图 2-12（a）所示，为插入数据元素 x，首先要生成一个数据域为 x 的结点，然后插入到单链表中。根据插入操作的定义，还需要修改结点 a 中的指针域，令其指向结点 x，而结点 x 中的指针域应指向结点 b，从而实现 3 个元素 a、b 和 x 之间逻辑关系的变化。插入后的单链表如图 2-12（b）所示。假设 s 为指向结点 x 的指针，则上述指针修改，用语句描述为

```
s->next=p->next;p->next=s;
```

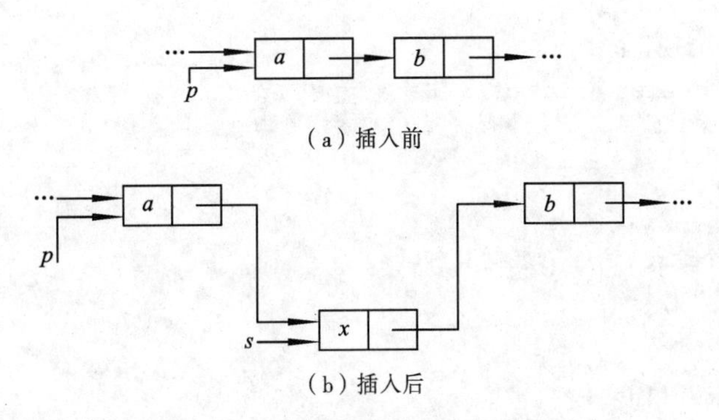

图 2-12　在单链表中插入结点时指针变化

单链表的结点前插算法描述如下;

```
Insert_Link(LinkList *L,int i,Datatype e)
/*在带头结点的单链表 L 中第 i 个位置之前插入元素 e*/
{
    s=(LinkList)malloc(sizeof(LNode)); /*生成新结点*/
    if(!s)
       return("error");
    s->data=e;
    s->next=null;
    p=L;
    j=0;
    while(p0&&j<i-1)
    {
        p=p->next;
        ++j;
    }/*寻找第 i-1 个结点*/
    if(!p||j>i-1) return ERROR;          /*i 小于 1 或者大于表长*/
    s->next=p->next;                     /*插入 L 中*/
    p->next=s;
    return OK;
}/*Insert_Link*/
```

前插操作，必须修改 i 位置之前结点的指针域，因而需要确定其前驱结点的位置，执行时间也比较长，其时间复杂度为 $O(n)$。

3. 单链表的删除操作

如图 2-13 所示，在线性表中删除元素 x 时，为在单链表中实现元素 a、x 和 b 之间逻辑关系的变化，仅需要修改结点 a 中的指针域即可。假设 p 为指向结点 a 的指针，则修改指针的语句为

```
p->next=p->next->next;
```

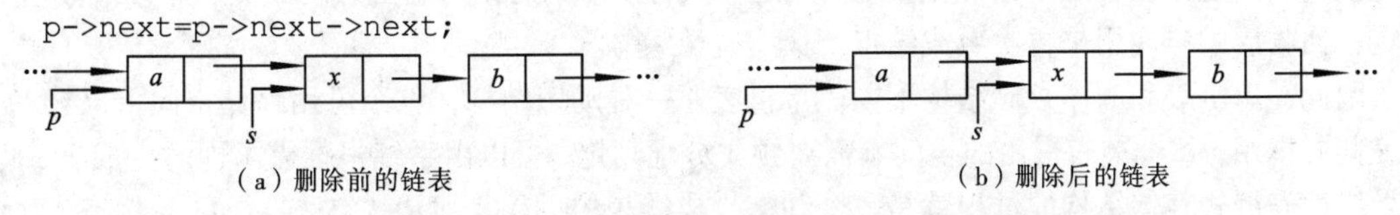

(a) 删除前的链表　　(b) 删除后的链表

图 2-13　在单链表中删除结点时指针的变化状况

在已知链表中元素插入或删除的确切位置，在单链表中插入或删除一个结点时，仅需要修改指针而不需要移动元素。如果删除链表的最后一个结点，只需要将链表的倒数第二个结点的 next 指针指向 null 即可。

单链表删除算法描述如下：

```
Delete_Link(LinkList  *L,int i,Datatype &e)
/*在带头结点的单链线性表 L 中，删除第 i 个元素，并由 e 返回其值*/
{
    p=L;j=0;
    while(p->next&&j<i-1)
    {/*寻找第 i 个结点，并令 p 指向其前驱*/
      p=p->next;
      ++j;
    }
    if(!(p->next)||j>i-1)
      return ERROR;                              /*删除位置不合理*/
    q=p->next;p->next=q->next;                   /*删除结点*/
    e=q->data;
    free(q);                                     /*释放结点*/
    return OK;
}/*Delete_Link*/
```

从上述 3 个算法分析可以看出，向表中插入一个结点或从表中删除一个结点都十分简单，不需要移动任何结点；然而如果要访问链表中的某个结点，则必须顺链行进，一个结点一个结点地查找，直到找到为止，这是因为在第 i 个结点之前插入一个新结点或删除第 i 个结点，都必须要先找到第 i–1 个结点，即需要修改指针的结点。

在算法描述中，分别引用了 C 语言中的 malloc()和 free()两个标准函数进行动态内存分配，下面对这两个函数进行说明：

（1）malloc()函数

每次调用函数 malloc()时，就是要申请一块内存空间。声明格式为

```
void *malloc(unsigned int size);
```

其中，size 表示所需的内存空间大小，单位是字节。如果成功分配了内存空间，函数将返回第一个字节的指针。这时需要另外加上类型转换，使函数返回的指针符合所要分配的类型。其用法如下：

```
sp=(数据类型 *)malloc(sizeof(数据类型));
```

（2）free()函数

调用 malloc()函数向系统要求内存空间后，占用了此空间，使用完后如果未将内存空间释放给系统，那么内存空间会很快被占满。所以使用 free()函数将使用的内存空间归还给系统，只有这样，系统才可以重复使用内存空间，而不至于导致内存空间不足。声明格式如下：

```
free(void  *sp)
```

通常在设有指针数据类型的高级语言中均存在与其相应的过程或函数。假设 p 和 q 是 LinkList 型的变量，则执行 p=(LinkList)malloc(sizeof(Lnode))的作用是由系统生成一个 Lnode 型的结点，同时将该结点的起始位置赋给指针变量 p；反之，执行 free(q)的作用是由系统回收一个 LNode 型的结点，回收后的空间用来再次生成结点。

因此，单链表和顺序存储结构不同。单链表是一种动态结构，整个可用存储空间可以被多个链表共同享用，每个链表占用的空间不需要预先分配划定，可以由系统根据需求即时生成。因此，建立线性表链式存储结构的过程就是一个动态生成链表的过程，即从“空表”的初始状态依次建立各元素结点，并逐个插入链表中。

【例2-2】 写一个算法，逆序带头结点的单链表。

逆序就是指在不增加新结点空间的前提下，依次改变数据元素的逻辑关系，即使表(a_1,⋯,

$a_{i-1}, a_i, a_{i+1}, \cdots, a_n$)转换成($a_n, \cdots, a_{i+1}, a_i, a_{i-1}, \cdots, a_1$)。

单链表逆序算法描述如下：

```
void InvertLink(LinkList *head)
/*将带头结点的单链表Head逆置，逆置后指针不变*/
{
    LinkList *P;
    p=head->next;                /*p指向原表中第一个待逆置的结点*/
    head->next=NULL;             /*逆表head初值为空表*/
    while(p!=NULL)               /*原表中还有未逆置的结点*P*/
    {
        s=p;                     /**s是当前逆置结点*/
        p=p->next;               /**p指向下一个待逆置的结点*/
        s->next=head->next;
        head->next=s             /*将*s插到逆表head的头上*/
    }
}/*InvertLink*/
```

2.3.3 循环链表

循环链表是另一种形式的链式存储结构，它是线性链表的一种变形。在线性链表中，每个结点的指针都指向它的下一结点；最后一个结点的指针域为空，不指向任何地方，只标示链表的结束。如果把这种结构改变一下，使其最后一个结点的指针指向链表的第一个结点，则链表呈环状，这种形式的线性表称为循环链表，如图2-14所示。

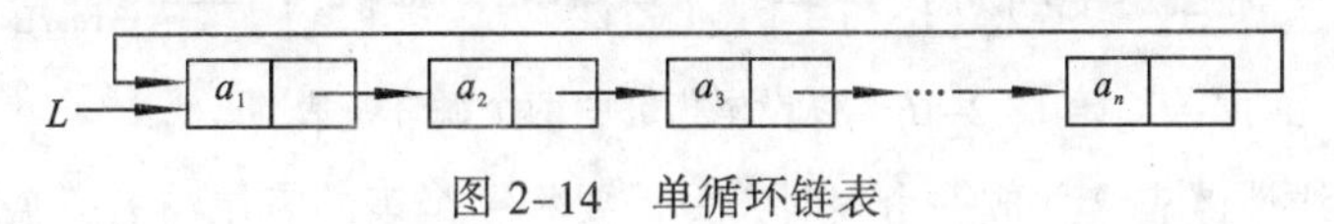

图2-14 单循环链表

循环链表的优点是，从表中的任何一个结点出发均可访问到表中其他结点。然而，对于循环链表，如果访问一个表中根本不存在的结点或一个空表，如不采取措施，将会导致死循环。

所以，同样为了空表和非空表处理一致，通常在循环链表的第一个结点前面附加一个特殊的结点来做标记，这个结点称为循环链表的头结点。头结点的数据域为空或按需要设定。当从一个结点出发，依此对每个结点执行某种操作，一旦回到该结点，就表示该操作已经完成，如图2-15所示。

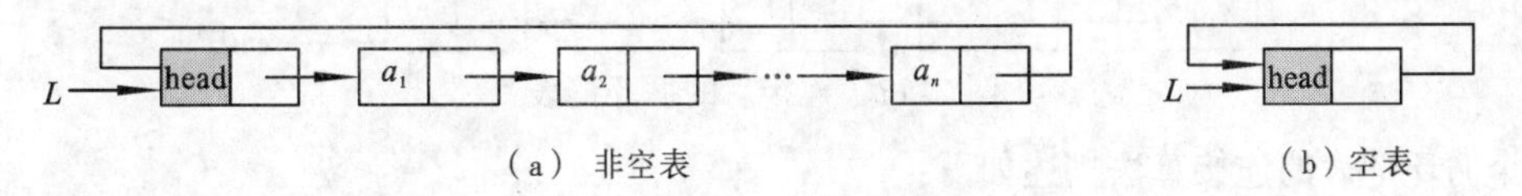

（a）非空表　　（b）空表

图2-15 带头结点的单循环链表

循环链表结点结构的描述如下：

```
struct Cnode
/*线性表的循环链表结构*/
{
  int data;
  struct Cnode *next;
}Clinklist;
```

2.3.4 循环链表的运算

循环链表的运算和单链表的运算相似，区别在于当需要从头到尾扫描整个链表时，判断是否到表尾的条件不同。在单链表中以指针域是否为“空”作为判断表尾结点的条件，而在循环链表中则以结点的指针域是否等于头指针作为判断表尾结点的条件。

1. 循环链表中查找元素为 e 的结点

循环链表的查找算法描述如下：

```
VisitElem_L(CLinklist *L,Datatype e)
{
  /*L 为带表头结点的循环链表的头指针*/
  p=L->next;                          /*初始化，p 指向第一个结点*/
  while(p->next!=L&&p->data!=e)
     p=p->next;
  if(p->next=L&&p->data!=e)
     return ERROR;                    /*元素 e 不存在*/
  return(p);
}/*VisitGetElem_L*/
```

循环链表结点的插入、删除操作与单链表的操作基本相同，在此不再详细介绍。

2. 循环链表的合并操作

有些情况下，在循环链表中仅设尾指针而不设头指针，如图 2-16 所示，可使某些操作简化。

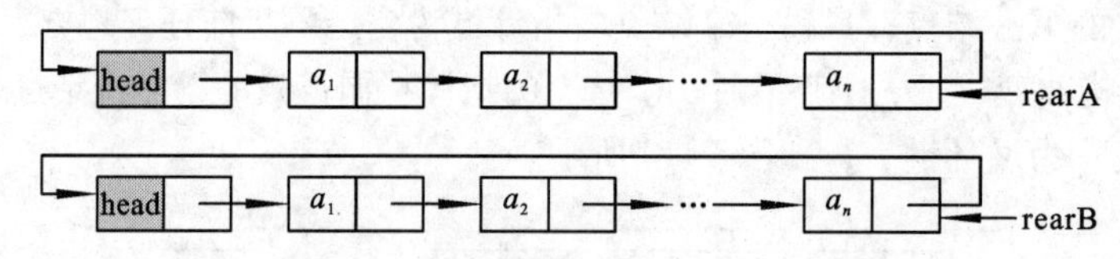

图 2-16　仅设尾指针的两个循环链表

例如，将两个线性链表合并成一个表时，只需要将一个表的表尾与另一个表的表头相接。当线性表以图 2-16 所示的循环链表作为存储结构时，这个操作只需要改变两个指针值。合并后的表如图 2-17 所示。

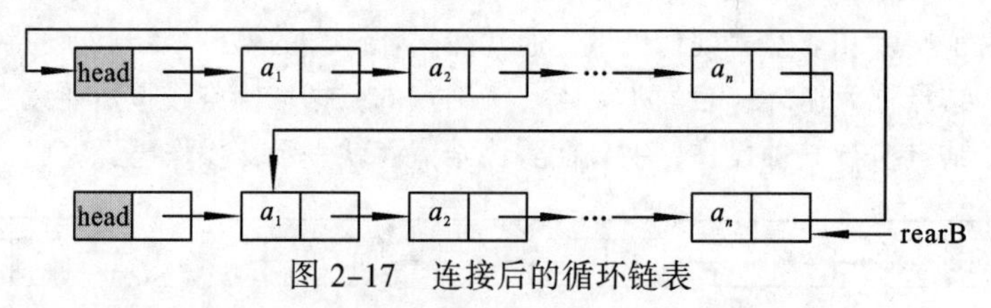

图 2-17　连接后的循环链表

两个循环链表的连接算法描述如下：

```
CLinkList *Connect(CLinklist *rearA,CLinklist *rearB)
{
      CLinklist *p;
      p=rearA->next;
      rearA->next=rearB->next->next;  /*rearB 表的第一个结点接在 rearA 的表尾*/
      free(rearB->next);
      rearB->next=p;       /*将链表 rearB 的第一个结点连接到 rearA 的最后一个结点之后*/
      return rearB;        /*返回连接后的循环链表尾指针*/
}/*Connect*/
```

2.3.5　双向链表

以上讨论的主要是单链表。这种链表的结点只有一个指针域，用来存放后继结点的指针，而没有关于前驱结点的信息。因此，从某个结点出发只能顺指针往后寻查其他结点。如果要寻查结点的前驱，单链表的处理显得不够方便，它需要从表头结点开始，顺链寻找。同样，当从单链表中删除一个结点时，也遇到类似的问题。

如图 2-18 所示，双向链表中每个结点含有两个指针域，一个指针指向其直接前驱结点，另一个指针指向直接后继结点。带头结点的非空双向链表如图 2-19 所示。

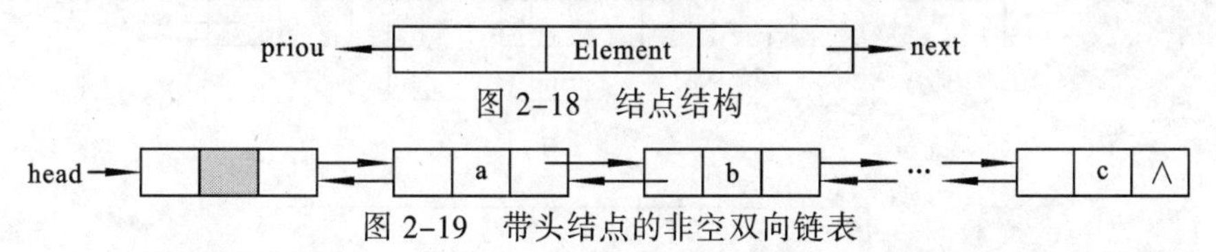

图 2-18　结点结构

图 2-19　带头结点的非空双向链表

对于那些经常需要既向前又向后进行查询的问题，采用双向链表的结构比较合适。双向链表的结点结构描述如下：

```
typedef struct DuLNode
{/*线性表的双向链表存储结构*/
  DataType data;
  Struct DuLNode *priou;/*指向前一结点的指针*/
  Struct DuLNode *next; /*指向后一结点的指针*/
}DuLinkList;
```

和单链表类似，双向链表一般也由头指针唯一确定，将头结点和尾结点连接起来也可以构成循环链表，如图 2-20（a）所示，链表中存有两个环。图 2-20（b）所示的是只有一个表头结点的空表。双向链表和单链表相比，每个结点增加了一个指针域，双向链表虽然多占用了空间，但它给数据运算带来了方便。

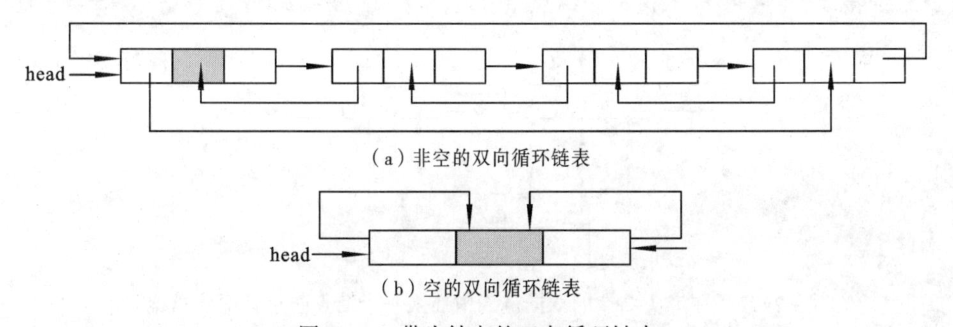

（a）非空的双向循环链表

（b）空的双向循环链表

图 2-20　带头结点的双向循环链表

在双向链表中，如果 p 为指向表中某一结点的指针（即 p 为 DuLinkList 型变量），则有：

```
p->next->priou=p->priou->next=p;
```

这个表示式恰当地反映了这种结构的特性。

2.3.6　双向链表的运算

在双向链表中，有些操作（如访问、求长度、定位等）仅涉及一个方向的指针，则它们的算法描述和线性链表的操作相同，但在进行插入、删除操作时有很大不同，在双向链表中需要同时修改两个方向上的指针。下面讨论的都是带头结点的双循环链表，因为这样处理起来比较简单。图 2-21 和图 2-22 分别显示了删除和插入结点时指针修改的情况。

1. 双向链表的结点删除操作

对于带头结点的双向链表，如果要删除双向链表中的 r 结点，需要将 r 结点 priou 指针指向的前驱结点的 next 指针指向 r 结点 next 指针指向的后继结点。将 r 结点 next 指针指向的后继结点的 priou 指针指向 r 结点 priou 指针指向的前驱结点，即

```
(p->priou)->next=p->next;(p->next)->priou=p->priou;
```

指针变化情况如图 2-21 所示。

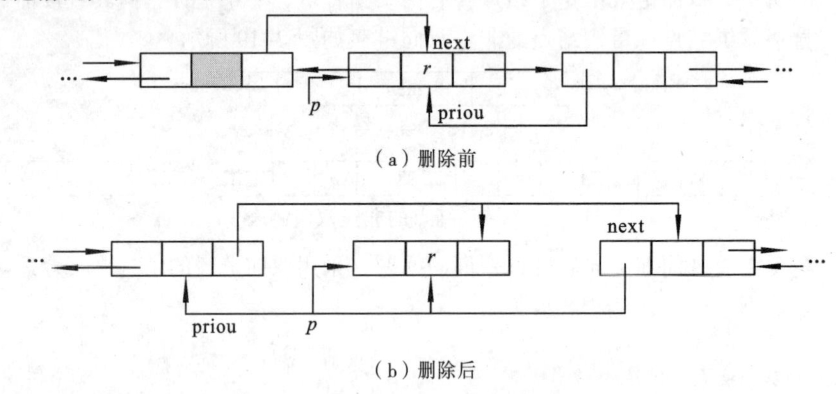

图 2-21　在双向链表中删除结点时指针变化状况

2. 双向链表的结点插入操作

双向链表内结点的插入操作和单链表基本相同。假设要在双向链表的两个元素 A 与 B 之间插入一个元素 x，指向元素 A 所在结点的指针为 p，指向元素 B 所在结点的指针为 q。要在结点 P 之后插入一个结点，就将结点 P 所指向结点的下一个指针的 priou 指向新结点，新结点指针 next 指向原结点指针 p 所指向结点的下一个结点。新结点的指针 priou 指向 p 指向的结点；将 p 指向的结点的 next 指向新结点。插入过程中结点指针的变化如图 2-22 所示。

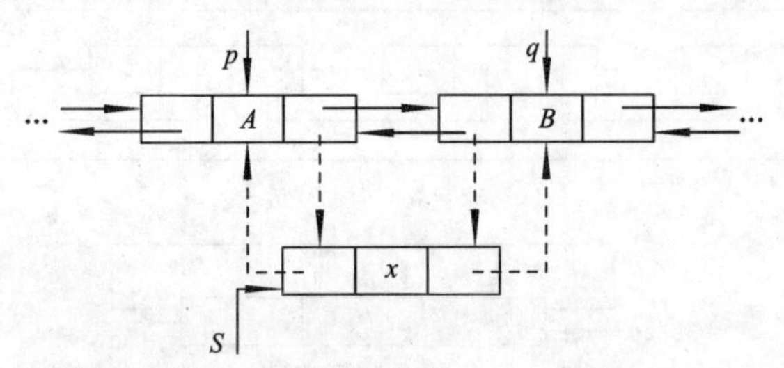

图 2-22　在带头结点的双向链表中插入一个结点时指针变化情况

2.3.7 链式存储结构的特点

1. 链式存储结构的优点

① 结点空间的动态申请和动态释放，克服了顺序存储结构数据元素最大个数需要预先设定的缺点。

② 另一个链式存储结构中数据元素之间的次序使用指针来控制，这就不像顺序存储结构在插入删除时需要移动大量的数据。

2. 链式存储结构的缺点

① 每个结点的指针域需要另外加存储空间，当每个结点数据域所占的空间字节不是很大时，指针域所占空间就会显得很大。所以，一个线性表采用顺序存储结构还是链式存储结构，需要就具体问题而定。

② 链式存储是一种非随机存储结构，对于任意结点的操作都要先从开始指针顺链查找该结点，如一个线性表的主要操作是查询，这就增加了算法的时间复杂度。这时采用顺序存储结构较好。

2.4　链式存储结构的应用

本节主要讨论用链表结构表示一个一元多项式的方法，进而讨论两个一元多项式相加的运算。通过本节的学习，将会对链表结构的实际应用有较深理解。一般情况下，一个一元多项式 $p_N(x)$ 可写成：

$$P_N(x)=p_0+p_1x^{e_1}+p_2x^{e_2}+\cdots+p_nx^{e_n}$$

其中，p_i（$i=1,2,3,\cdots,n$）是系数；e_i 是相应的指数，且有 $e_n>e_{n-1}>\ldots>e_1\geqslant 0$。

在计算机内，如果使用一块结点数为 n 的连续存储区，即顺序存储结构，那么每个结点均有两个域：系数域和指数域，它们可以唯一地表示一个多项式。但是，如果多项式为零时，这种存储方式就会引起许多存储单元的浪费，因此，讨论使用链表结构来表示一个多项式。首先，设定每个结点包含 3 个域：系数域 coef、指数域 exp 和链域 next。其形式如图 2-23 所示。

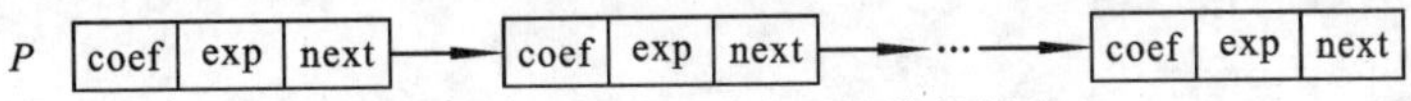

P　coef　exp　next → coef　exp　next → … → coef　exp　next

图 2-23　表示多项式 P 的线性链表

例如，多项式 $P=13x^{40}+6x^{30}+2x^{15}+4x^3+15$ 的线性链表如图 2-24（a）所示，多项式 $Q=10x^{35}-6x^{30}-4x^8$ 的线性链表可以表示为如图 2-24（b）所示。

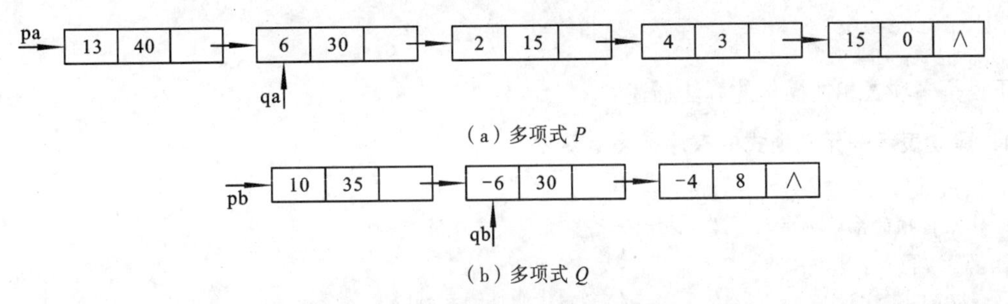

（a）多项式 P

（b）多项式 Q

图 2-24　多项式的线性链表表示

两个多项式相加的运算很简单，操作步骤如下：

① 如果两项的指数相等，则系数相加。

② 如果两项的指数不等，则将两项加在结果中。

因此，只要从两个多项式对应的链表 P 和 Q 中的第一个结点开始检测，并反复运用上面的运算规则，便可得到结果多项式 M。

根据一元多项式相加的运算规则：对于两个一元多项式中指数相同的项，对应指数相加，如果之和不为零，则构成"和多项式"中的一项；对于两个一元多项式中指数不相同的项，则分别添加到"和多项式"中去。"和多项式"链表中的结点不需要单独生成，应该从两个多项式的链表中直接摘取。

其运算规则如下：假设指针 qa 和 qb 分别指向多项式 A 和多项式 B 中当前进行比较的某个结点，la 和 lb 分别指向 qa 和 qb 的前一个结点。

比较 qa 和 qb 指向的两个结点中的指数项，有下列 3 种情况：

① 指针 qa 所指结点的指数值>指针 qb 所指结点的指数值，则应摘取 qa 指针所指结点插入到"和多项式"链表中，即 qa 的指针后移。

② 指针 qa 所指结点的指数值<指针 qb 所指结点的指数值，则应摘取指针 qb 所指结点插入到“和多项式”链表中，即 qb 所指结点插入到 qa 所指结点之前，qb 指针后移。

③ 指针 qa 所指结点的指数值=指针 qb 所指结点的指数值，则将两个结点中的系数相加，如果和数不为零，则修改 qa 所指结点的系数值，同时释放 qb 所指结点；反之，从多项式 A 的链表中删除相应结点，并释放指针 qa 和 qb 所指结点。

例如，由图 2-24 中的两个链表表示的多项式相加得到的“和多项式”链表如图 2-25 所示，图 2-25 中的空白长方框表示已经被释放的结点。

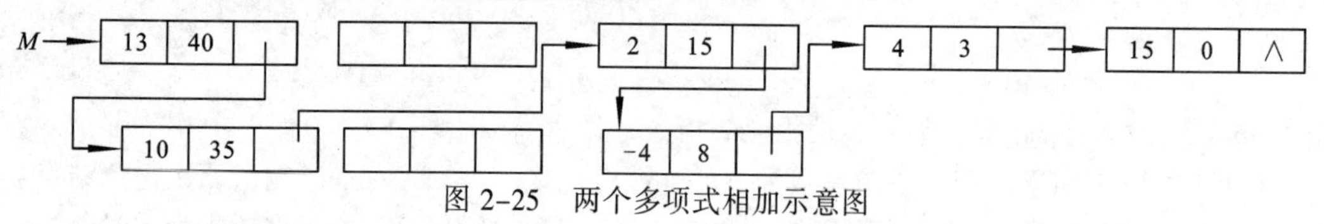

图 2-25　两个多项式相加示意图

上述多项式的相加过程需要说明的是，在 2.3 节中定义的线性链表类型适用于一般的线性表，而表示一元多项式的应该是有序链表。

一元多项式结构说明如下：

```
typedef struct poly
/*项的表示，多项式的项作为 LinkList 的数据元素*/
{
    float coef;                  /*系数*/
    int expn;                    /*指数*/
    struct poly *next;           /*指针*/
}/*polynode*/
```

下面是多项式相加操作的算法描述。

1. 建立表示一元多项式的有序链表 p 算法

```
polynode CreatPoly(polynode *p,int m)
/*输入 m 项的系数和指数，建立表示一元多项式的有序链表 p*/
{polynode *r;
   initlist(P);                  /*初始化线性链表 p*/
   h=GetHead(p);                 /*得到头结点*/
   h.coef=0.0;                   /*设置头结点的数据元素*/
   h.expn=-1;
   r=p;
   for(i=1;i<=m;++i)
   {/*依次输入 m 个非零项*/
    scanf(e.coef,e.expn);
    if(LocateElem(p,e)=null)
    { /*当前链表中不存在该指数项*/
      p->coef=e.coef;
      p->expn=e.expn;
      r->next=p;                 /*生成结点并插入链表*/
     }
    r->next=p;
    return(P);
   }
}/*CreatPolyn*/
```

2. 多项式加法的算法

```
Ploynode AddPoly(polynode *Pa,polynode *Pb)
/*多项式加法：Pa=Pa+Pb，利用两个多项式的结点构成“和多项式”*/
{
    /*ha和hb分别指向Pa和Pb的头结点*/
    ha=GetHead(Pa);
    la=ha;
    hb=GetHead(Pb);
    lb=hb;
    /*qa和qb分别指向Pa和Pb中当前结点*/
    qa=la->next;
    qb=lb->next;
    while(pa!=null&&pb!=null)
     { /*Pa和Pb均非空，指数比较*/
      if(qa->expn>qb->expn)           /*多项式Pa中当前结点的指数值小*/
      {
          la=qa;
          qa=qa->next;
      }
      if(qa->expn=qb->expn)           /*两者的指数值相等*/
      {
          sum=qa->coef+qb->coef;
          if(sum!=0.0))
          { /*修改多项式Pa中当前结点的系数值*/
              qa->coef=sum;
              la=qa;
          }
          else                        /*系数为0*/
          {                           /*删除多项式Pa中当前结点*/
              la->next=qa->next;
              free(qa);               /*释放空间*/
              qa=qa->next;
              lb->next=qb->next;
              free(qb);               /*释放空间*/
              qb=qb->next;
          }
      }
      if(qa->expn<qb->expn)
      {                               /*多项式Pb中当前结点的指数值小*/
          lb->next=qb->next;
          la->next=qb;
          qb->next=qa;
          la=qb;
          qb=lb->next;
      }
     }/*while*/
    if(Pb!=null)la->next=qb;          /*链接Pb中剩余结点*/
```

```
    free(lb);                    /*释放Pb的头结点*/
    return(Pa);
}/*addpoly*/
```

在多项式相加时，至少有两个或两个以上的多项式同时存在，并且在实际运算过程中所产生的中间多项式和结果多项式的项数和次数都是难以预测的。有时，多项式的次数可能很高并且变化很大，如果采用顺序结构可能造成内存空间的浪费。所以采用链表来表示多项式，这是链表的一个典型应用实例。

小 结

通过本章的学习，可以了解到线性表是一种最基本的数据结构。本章中主要介绍线性表的定义、基本运算和各种存储结构的描述方法；介绍线性表的两种存储结构，即顺序存储和链式存储及在这两种存储结构上实现的运算。

顺序表可以由数组实现，链表可以由指针实现。用指针来实现的链表因为它的结点空间是动态分配的，故称为动态链表。还有一种链表称为静态链表，是在顺序表的基础上实现的链表，静态单链表中的一个结点是数组中的一个元素，每个元素包含一个数据域和一个指针。本书中对这个数据结构没有讲述，有兴趣的读者可以参阅其他相关书籍。

动态链表又可按连接形式的不同分为单链表、双向链表和循环链表。顺序存储结构是一种随机存储结构，对表中任意结点都可以在 $O(1)$时间内直接存取，但在插入删除时需要移动大量的元素，而链式存储结构具有空间的合理利用和插入删除时不需要移动结点等优点，但对于实现某些操作（如求线性表的长度）又不如顺序存储结构。因而在实际的应用中，线性表采用哪种存储结构，要根据具体情况而定，主要考虑的是算法求解时的时间复杂度和空间复杂度。因此，应熟练掌握在顺序表和链表上的各种运算及了解其时间和空间上的特性。

习 题 2

1. 填空题

（1）线性表$(a_1,a_2,\ldots,a_n)$有两种存储结构：顺序存储结构和链接存储结构，请就这两种存储结构完成下列填空：

________存储密度较大；________存储利用率较高；________可以随机存取；________不可以随机存取；________插入和删除操作比较方便。

（2）在单链表中，删除指针 P 所指结点的后继结点的语句是________。

① 带头结点的单循环链表 head 的判空条件是________；不带头结点的单循环链表的判空条件是________。

② 删除带头结点的单循环链表 head 的第一个结点的操作是________；删除不带头结点的单循环链表的第一个结点的操作是________。

③ 如果线性表中最常用的操作是存取第 i 个元素及其前驱的值，则采用________存储方式节省时间。

A. 单链表　　B. 双链表　　C. 单循环链表　　D. 顺序表

2．综合题

（1）动态与静态数据结构在计算机内存中的存储方式有何不同？各有何优缺点？

（2）描述以下 3 个概念的区别：头指针、头结点、第一个结点。

（3）试写出一个计算线性链表 p 中结点个数的算法，其中指针 p 指向该表中第一个结点，尾结点的指针域为空。

（4）假设 la、lb 为两个递增有序的线性链表，试写出将这两个线性链表归并成一个线性链表 lc 的操作算法。

（5）将学生成绩按成绩高低排列建立了一个有序单链表，每个结点包括学号、姓名和课程成绩。

① 输入一个学号，如果与链表中结点的学号相同，则将此结点删除。

② 在链表中插入一个学生的记录，使得插入后链表仍然按成绩有序排列。

（6）某仓库中有一批零件，按其价格从低到高的顺序构成一个单链表存于计算机内，链表的每一个结点说明同样价格的若干个零件。现在又有 m 个价格为 s 的零件需要进入仓库，试写出仓库零件链表增加零件的算法。链表结点结构如下：

数量	价格	指针

（7）设指针 P 指向单链表的首结点，指针 X 指向单链表中的任意一个结点，写出在 X 前插入一个结点 i 的算法。

（8）设多项式 A 和 B 采用线性链表的存储方式存放，试写出两个多项式相加的算法，要求把相加结果存放在 A 中。

（9）设指针 a 和 b 分别为两个带头结点的单链表的头指针，编写实现从单连表 la 中删除自第 i 个数据元素起，共 length 个数据元素、并把它们插入到单链表 lb 中第 j 个元素之前的算法。

（10）设 la 和 lb 是两个有序的循环链表，pa 和 pb 分别指向两个表的表头结点，试写一个算法将这两个表归并为一个有序的循环链表。

（11）已知有一个单向循环链表，其每个结点中含 3 个域：pre、data 和 next。其中，data 为数据域，next 为指向后继结点的指针域，pre 也为一个指针域，但是其值为空（Null），试编写一个算法将此单链表改为双向循环链表，即使 pre 成为指向前驱结点的指针域。

（12）画出执行下列各行语句后各指针及链表的示意图。

```
L=(linklist)malloc(sizeof(lnode));p=l;
for(i=1;i<4;i++)
{
    p->next=(linklist)malloc(sizeof(lnode));
    p=p->next;
    p->data=i*2-1;
}
p->next=null;
for(i=4;i>=1;i--;) insert_linklist(l;i+1;i*2);
for(i=1;i<3;i++) del_linklist(l,i);
```

第3章 栈和队列

栈和队列是两种特殊且非常重要的线性表，在程序设计中应用非常广泛。它们是一种限定性的数据结构，一般在线性表上的插入、删除等操作不受限制，但是在栈和队列上的插入与删除操作会受某种限制。对于栈来说，插入和删除运算均对线性表尾进行；对于队列来说，插入和删除运算均对线性表首进行。本章除了介绍栈和队列的定义、表示方法和实现外，还给出了应用实例。

3.1 栈

本节主要介绍栈的概念、栈的存储结构、栈的运算和特点等内容。

3.1.1 栈的定义及其运算

栈（Stack）是仅在表尾进行插入和删除的线性表。对栈来说，允许进行插入和删除的一端称为栈顶（Top）；不允许插入和删除的一端称为栈底（Bottom）。

实际生活中存在许多关于栈结构的例子，如餐馆里的一摞盘子，如果人们约定不能从中间放入或取出盘子，那么通常是最后刷洗的盘子放在这摞盘子的最顶上，最先使用的也是最顶上的那个盘子。如果把这摞盘子看做一个栈，那么最顶上的那个盘子即可看做栈顶，最底上的那个盘子即可看做栈底。

设给定栈 $S=(a_1,a_2,\cdots,a_n)$，则称 a_1 为栈底元素，a_n 为栈顶元素。栈底元素 a_1 是最先插入（进栈）的元素，又是最后一个被删除（退栈）的元素；栈顶元素 a_n 是最后插入（进栈）的元素，又是最先被删除（退栈）的元素。也就是说，退栈时最后进栈的元素最先出栈，最先进栈的元素最后出栈。由此可见，栈的操作是按“后进先出”的原则进行，如图 3-1 所示。因此，栈又被称为后进先出（Last In First Out，LIFO）的线性表。

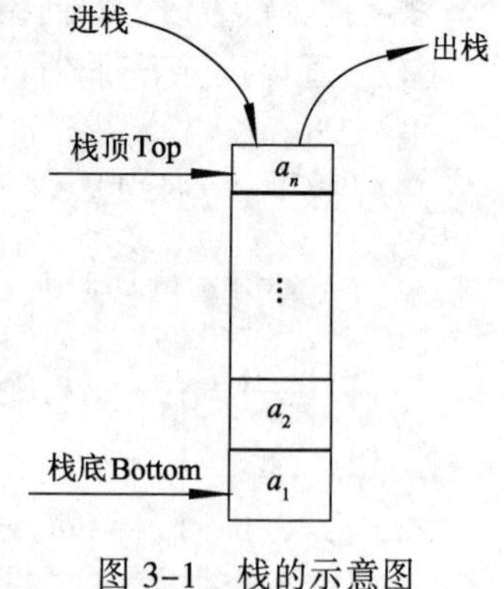

图 3-1　栈的示意图

栈的运算主要有：

① 初始化 CREAT(S)：建立一个空栈。

② 入栈 PUSH(S,x)：在栈中加入一个新元素 x。

③ 出栈 POP(S)：删除栈 S 的栈顶元素。

④ 取栈顶 GETTOP(*S*)：读栈 *S* 中的栈顶元素。

⑤ 判空 EMPTY(*S*)：测试栈 *S* 是否为空。

栈的表示方式有两种：数组表示和链表表示。

1．静态的数组表示

栈的顺序存储结构常常以一个固定大小的数组来表示栈，它的优点是以任何语言处理都相当方便；缺点是数组的大小是固定的，而栈本身是变动的，如果进出栈的数据量无法确定，就很难确定数组的大小。如果数组声明得太大，就容易造成内存资源浪费；声明得太小，就会造成栈容量不够用。

2．动态的链表表示

除了静态的数组表示，还可以使用链表的结构来表示栈，因为链表的声明是动态的，可以随时改变链表的长度，这就不存在静态数组表示时存在的问题了，可以有效地利用内存资源，但缺点是处理起来比较复杂。

3.1.2　栈的顺序存储结构及其运算的实现

由于栈是一种特殊的线性表，所以在前面讨论线性表的所有存储结构都可以作为栈的存储结构。因此，栈也有两种存储表示方法：顺序存储和链式存储。

1．栈的顺序存储结构

栈的顺序存储结构简称顺序栈，是利用一组地址连续的存储单元依次存放自栈底到栈顶的数据元素，指针 top 指示栈顶元素在顺序栈中的位置，指针 bottom 指示栈底元素在顺序栈中的位置。可以用一维数组表示栈的顺序存储结构，通常是用 top=0 表示空栈，由于 C 语言中数组的下标约定从 0 开始，所以用 C 语言描述时，这样设定会带来很大不便，因此用 top=–1 表示栈空。顺序栈数据结构可表示为

```
typedef struct
{
    int stacksize;
    Selemtype *bottom;
    SelemType *top;
}SqlStack;     /*顺序栈类型定义*/
Sqlstack *S;   /*S 是顺序栈类型指针*/
```

其中，stacksize 是指栈的当前可使用的最大容量，栈的初始化操作为按设定的初始分配量进行第一次存储分配；top 为栈顶指针，其初值指向栈底，即 top=–1 可作为栈空的标记，每当插入新的栈顶元素时，指针 top 加 1，删除栈顶元素时，指针 top 减 1。图 3-2 所示为顺序栈中数据元素和栈顶指针之间的对应关系。

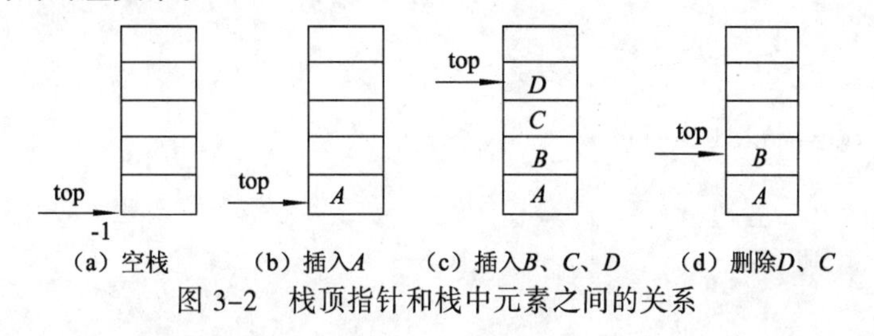

（a）空栈　（b）插入*A*　（c）插入*B*、*C*、*D*　（d）删除*D*、*C*

图 3-2　栈顶指针和栈中元素之间的关系

2．栈的顺序存储结构运算的实现

用静态数组实现栈结构，栈可表示为图 3-3 所示的结构。

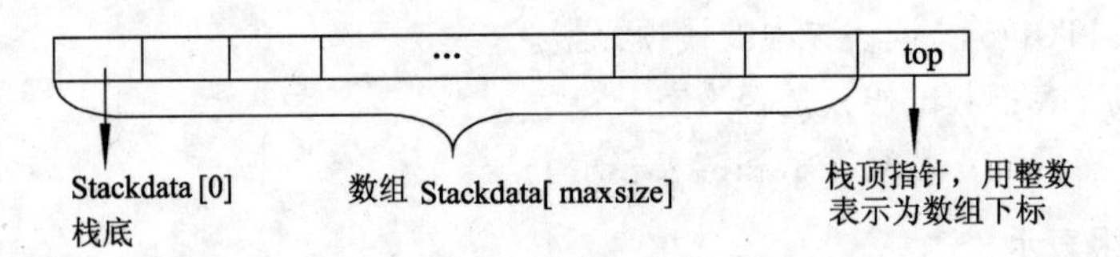

图 3-3 栈的数组表示

约定 top 指向真正的栈顶位置下面的一个空单元，即新数据将要插入的位置。以下是数组表示的顺序栈的模块说明：

```
/*stack 的表示与实现*/
/*栈的顺序存储表示*/
#define maxsize 64          /*栈的最大容量*/
typedef datatype int;       /*栈元素的数据类型*/
typedef struct
{
  datatype data[maxsize];
  int top;
}seqstack;     /*顺序栈定义*/
/*顺序栈的实现*/
seqstack *s;
```

（1）置空栈（栈的初始化）操作

栈的初始化就是置空栈操作，描述如下：

```
seqstack *s;
{
  s->top=-1;
}
```

（2）判栈空操作

判栈空操作的描述如下：

```
seqstack *s;
{
    if(s->top=s->bottom)
       return false;
    else
       return true;
}
```

（3）进栈操作

进栈操作是指将元素 x 插入顺序栈 s 的顶部，描述如下：

```
/*将元素 x 插入顺序栈 s 的顶部*/
seqstack *s;
datatype x;
{
    if(s->top==maxsize-1)
    {
      printf("overflow");
      return NULL;
    }
    else
    {
      s->top++;
      s->data[s->top]=x;
```

```
    }
    return s;
}
```

（4）出栈操作

出栈操作是指如果栈非空,删除栈顶元素，用 e 返回其值，描述如下：

```
/*若栈非空,删除栈顶元素，用 e 返回其值*/
seqstack *s;
{
    if(empty(s))
    {   printf("underflow");
        return NULL;        /*下溢*/
    }
    else
    {
        s->top--;
        e=s->data[s->top+1];
        return(e);
    }
}
```

（5）取栈顶操作

取顺序栈 s 的栈顶操作描述如下：

```
/*取顺序栈 s 的栈顶*/
seqstack *s;
{
    if(empty(s))
    {
       printf("stack is empty");/*空栈*/
       return null;
    }
    else
       return(s->data[s->top]);
 }
```

3. 多栈共享空间的实现

在实际工作中可能会用到多个栈，在使用一个数组存储栈时，数组中一般会有剩余空间，如果给每个栈都定义一个数组，则会造成空间的浪费，而且有时会出现一个栈上溢，而另一个栈剩余很多空间的情况。为了合理地使用这些存储单元，可以采用将多个栈存储于同一数组中的方法，即多栈共享空间。

假定有两个栈共享一个一维数组 s[0,…,maxsize-1]，根据栈操作的特点，可使第一个栈使用数组空间的前面部分，并使栈底在前；而使第二个栈使用数组空间的后面部分，并使栈底在后。其空间分配示意图如图 3-4 所示。

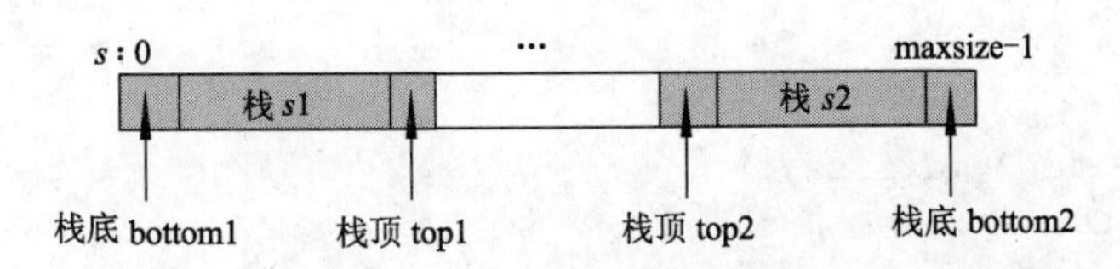

图 3-4　两栈共享空间示意图

这样处理可以使两个栈最大限度地使用数组空间。下面给出这种共享空间存储结构的定义：

```
typedef datatype int;      /*栈元素的数据类型*/
#define maxsize 64         /*栈的最大容量*/
typedef struct
{
  datatype data[maxsize];
  int top1,top2;
}dstack;
```

设栈 $s1$ 和 $s2$ 共享空间 s，$s1$ 从前向后存放，$s2$ 从后向前存放，top1 和 top2 分别是 $s1$ 和 $s2$ 的栈顶指针，下面介绍在这种存储结构中初始化、进栈、出栈操作的算法。

（1）初始化操作

```
InitDstack(dstack *s)
{
    s->top1=-1;
    s->top2=maxsize;
}
```

（2）进栈操作

```
pushdstack(dstack*s,char ch,datatype x)
{/*把数据元素x压入栈s的左栈或右栈*/
    if(s->top2-s->top1=1) return 0;/*栈已满*/
    if(ch=="s1")
    {   s->top1=s->top1+1;
        s->data[s->top1]=x;
        return 1;
    }/*进栈s1*/
    if(ch=="s2")
    {   s->top2=s->top2-1;
        s->data[s->top2]=x;
        return 1;
    }/*进栈s2*/
}
```

（3）出栈操作

```
popdstack(dstack *s,char ch)
{/*从栈s1或s2取出栈顶元素并返回其值*/
    if(char="s1")
    {
        if(s->top1<0)
            return null;/*栈s1已空*/
        else
        {
            s->top1=s->top1-1;
            return(s->data[s->top1]);
        }
    }/*s1出栈*/
    if(char="s2")
    {
        if(s->top2>maxsize-1)
            return null;/*栈s2已空*/
        else
        {
            s->top2=s->top2+1;
```

```
            return(s->data[s->top2]);
        }
    }/*s2 出栈*/
}
```

关于 3 个以上的栈共享一个数组空间的情况，由于可能需要移动中间某个栈在数组中的相对位置，处理起来不是很方便，一般不采用。

3.1.3　栈的链式存储结构

栈的链式存储结构又称链栈。它是运算受限制的单链表，其插入和删除操作仅限于表头位置上进行。由于只能在链表的头部进行操作，所以没有必要再附加头结点，链栈的栈顶指针就是链表的头指针。

链栈是单链表的特例，所以其类型和变量的说明和单链表一样。

```
typedef datatype int;
typedef struct node
{
   datatype data;
   struct node *next;
}linkstack;/*链栈结点类型*/
linkstack *top;
```

top 是栈顶指针，它能唯一确定一个链栈。当 top=NULL 时，该链栈是空栈。链栈的示意图如图 3-5 所示。

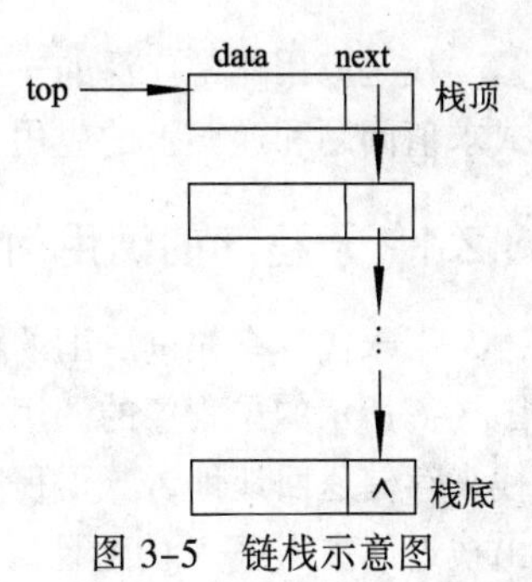

图 3-5　链栈示意图

下面给出链栈的进栈和出栈的算法。

1. 进栈操作

当需要将一个新元素 *w* 插入链栈时，可动态地向系统申请一个结点 *p* 的存储空间，将新元素 *w* 写入新结点 *p* 的数据域，将栈顶指针 top 的值写入 *p* 结点的指针域，使原栈顶结点称为新结点 *p* 的直接后继结点，栈顶指针 top 改为指向 *p* 结点。

```
linkstack pushlinkstack(top,w) /*将元素 w 插入链栈 top 的栈顶*/
linkstack *top;
datatype data;
{
    linkstack *p;
    p=malloc(sizeof(linkstack));/*生成新结点*p*/
    if(!p)
        return("error");
    p->data=w;
    p->next=top;
    return p;                          /*返回新栈顶指针*/
}/*pushlinkstack*/
```

2. 出栈操作

当栈顶元素出栈时，先取出栈顶元素的值，将栈顶指针 top 指向 top 结点的直接后继结点，释放原栈顶结点。

```
linkstack poplinkstack(top,x) /*删除链栈 top 的栈顶结点*/
linkstack top;
datatype *x; /*让 x 指向栈顶结点的值，返回新栈指针*/
{
    linkstack *p;
```

```
    if(top==null)
    {  printf("空栈,下溢");return null;}
    else
    {
        *x=top->data;          /*将栈顶数据存入*x*/
        p=top;                 /*保存栈顶结点地址*/
        top=top->next;         /*删除原栈顶结点*/
        free(p);               /*释放原栈顶结点*/
        return top;            /*返回新栈顶指针*/
    }
}/*poplinkstack*/
```

3.2 栈的应用

栈是应用非常广泛的一种数据结构，是程序设计的一个重要工具。本节将介绍栈在算术表达式求值问题和递归上的应用。

3.2.1 子程序的调用问题

由于栈具有先进后出的特性，因此凡是具有后来先处理的性质，都可以使用栈来解决。例如图3–6所示的子程序的调用，假设有一主程序X调用子程序Y，子程序Y调用子程序Z，此时以栈来存储返回地址，当子程序Z做完时，从栈出栈返回子程序Y的地址，子程序Y做完再从栈出栈返回主程序X的地址。这里所指的返回地址是调用子程序的下一条指令。

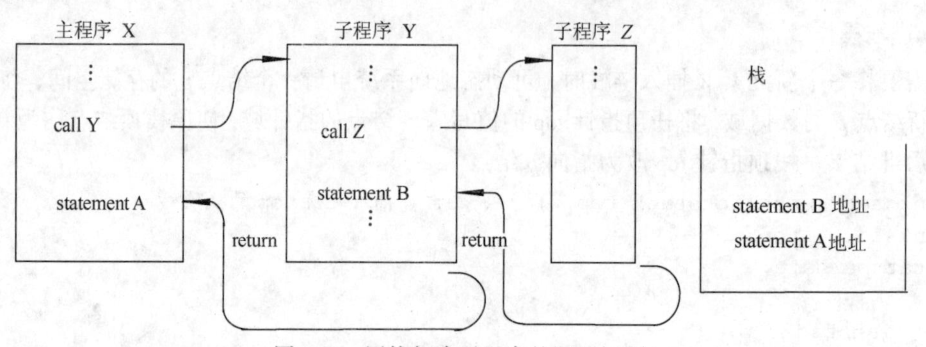

图3–6　用栈解决子程序的调用问题

3.2.2 算术表达式求值

一个表达式是由运算符、运算对象和界限符组成的一个有意义的式子。例如：

5+4*3–9/3

就是一个表达式。其中，5、4、3、9、3 是运算对象，+、*、–、/是运算符。一般来说，运算对象既可以是常数，也可以是被说明为变量或常量的标识符；运算符可以分为算术运算符、关系运算符和逻辑运算符3类；基本界限符有左右括号和表达式结束符等。表达式求值的实现是栈应用的一个典型例子。这里介绍一种简单直观并广为使用的算法，称为算符优先法。

要把一个表达式翻译成正确求值的一个机器指令序列，或者直接对表达式求值，首先要能够正确解释表达式。例如，要对下面的算术表达式求值：

13–2*4+16/8

根据运算法则，先乘除，后加减；同级运算从左到右的顺序，不难看出这个表达式的运算顺序应为

$$13-2*4+16/8 \rightarrow 13-8+2 \rightarrow 5+2 \rightarrow 7$$

在计算机处理这个表达式时是按照从左到右的顺序来扫描和解释这个表达式。如果不加处理就会得到错误的结果。为了让计算机得到正确的结果，在这里介绍一个非常简单却又被广泛使用的算符优先法算法。

任何一个表达式都由运算对象（操作数）、运算符和分界符组成，分界符标志了一个表达式的结束。在这里仅讨论简单算术表达式的求值问题。这种表达式只含加、减、乘、除 4 种运算符，可以很容易地将它推广到更一般的表达式上。按照算术四则运算的优先关系：先乘方、开方，再乘除，后加减、从左算到右、先括号内，后括号外。根据这个运算规则，进行运算的每一步。在表达式中虚设一对‘$’构成整个表达式的一对括号即‘$’和‘$’一起表示整个表达式求值完毕。

算符优先法就是根据这个运算优先关系的规定来实现对表达式的编译或解释执行的。表 3-1 给出包括加、减、乘、除、左括号、右括号和分界符的算术运算符间的优先级关系。R_1表示已存入栈中的运算符，R_2表示算术表达式中的运算符。

表 3-1　运算符的优先关系

R_1 \ R_2	+	−	*	/	(	)	$
+	>	>	<	<	<	>	>
−	>	>	<	<	<	>	>
*	>	>	>	>	<	>	>
/	>	>	>	>	<	>	>
(	<	<	<	<	<	=	Error
)	>	>	>	>	Error	>	>
$	<	<	<	<	<	Error	=

$R_1>R_2$表示 R_1 运算优先于 R_2；$R_1=R_2$表示 R_2和 R_1 运算优先级相同，R_1 和 R_2同时存在或消失，如“(”与“)”；$R_1<R_2$ 表示 R_2运算优先于 R_1；Error 表示这种情况不应出现，如果出现表示存在语法错误。

为方便地实现算符优先算法，可以使用两个工作栈，一个用于寄存运算符，称为 StackR；另一个用于寄存运算对象或运算结果，称为 StackD。算法的基本思想是：首先置 StackD 为空栈，表达式起始符“$”为运算符栈的栈底元素；依次读入表达式中每个字符，若是运算对象，则进 StackD 栈;若是运算符，则和 StackR 栈的栈顶运算符比较优先权，若优先级高于栈顶元素则进栈，否则输出栈顶元素，从 StackD 中相应的输出两个运算对象作相应运算，然后再与 StackR 中的栈顶元素进行优先级比较，依此类推，直至整个表达式求值完毕（即 StackR 栈的栈顶元素和当前读入的字符均为“$”）。这个求值过程算法的描述如下：

```
EvalExpres()
{
    InitStack(StackR);
    Push(StackR,'$');
    InitStack(StackD);
    c=getc();
    while(c!='$'||GetTop(c,op))
    {
        if(!In(c,OP))
```

```
{Push(StackR,c);c=getchar();}       /*不是运算符则进栈*/
else
switch(Proceed(GetTop(StackR),c))
{
case '<':    /*栈顶元素优先 */
    Push(StackR,c);
    c=getchar();
    break;
case '=':                           /*去掉括号并接受下一字符 */
    Pop(StackR,x);
    c=getchar();
    break;
case '>':                           /*退栈并将运算结果入栈*/
    Pop(StackR,R);
    Pop(StackD,b);
    Pop(StackD,a);
    Push(StackD,Operate(a,R,b));
    break;
}
}
return GetTop(StackD);
}
```

算法中还调用了两个函数，其中，Proceed 是判定运算符栈的栈顶运算符 R_1 与读入的运算符 R_2 之间优先关系的函数；Operate 为进行二元运算的函数，如果是编译表达式，则产生这个运算的一组相应指令并返回存放结果的中间变量名，如果是解释表达式，则直接进行该运算，并返回运算的结果。

【例】 利用上述算法对算术表达式4*(8+3)求值。

首先，扫描表达式“4*(8+3)$”，遇到运算符和 StackR 栈的栈顶运算符比较优先权后进行相应操作，遇到数字将其压入栈 StackD。其过程如图 3-7 所示。

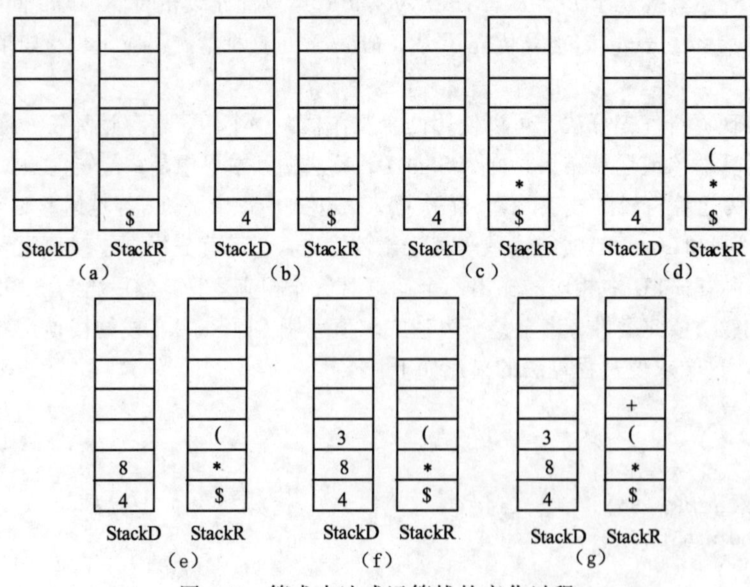

图 3-7 算术表达式运算栈的变化过程

当扫描到“)”时，因为“+”优先于“)”，所以将“+”弹出栈，相应的从 StackD 中弹出“8”和“3”，执行运算函数 Operate(8,‘+’,3)，将结果 11 压入栈 StackD 中。将$压入栈中时，由于“*”优先于“$”，所以将“*”弹出栈，相应的弹出“11”和“4”，执行运算函数 Operate（11,‘*’,4），将结果 44 压入栈 StackD，最后返回结果。栈的变化过程如图 3-8 所示。

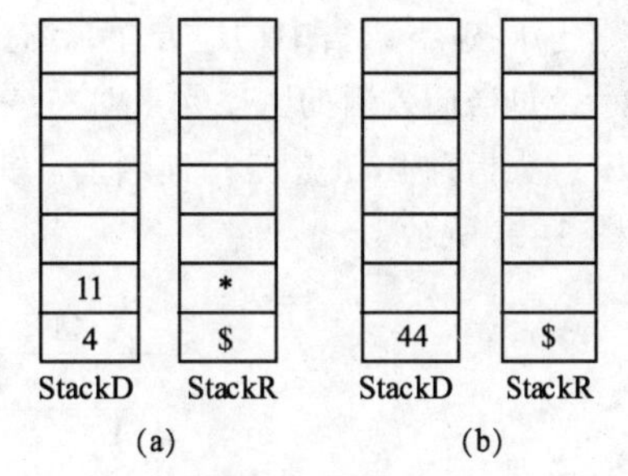

图 3-8　算术表达式运算栈的变化过程

3.3　队　　列

本节主要介绍队列的概念、基本操作、存储结构和队列的应用。

3.3.1　队列的定义

队列和栈一样，也是限定性的数据结构，也都属于链表的一种。和栈相反，队列是一种先进先出（First In First Out，FIFO）的线性表，也被称为先进先出表，它只允许在表的一端进行插入，在另一端进行删除。在队列中，允许插入的一端称为队尾，允许删除的一端称为队头。这与日常生活中的排队一致，如果不允许插队，新来的人只能排在队尾，而最先进入队列的人最早离开。当队列中没有元素时，称为空队列。队列的插入操作称为进队或入队，删除操作称为出队列。

假设队列为 $q=(a_1,a_2,\cdots,a_n)$，那么 a_1 是队头元素，a_n 是队尾元素，队列中的元素按照 a_1，a_2，…，a_n 顺序进入，退出队列也按照这个次序依次退出，也就是说，只有在 $a_1,a_2,\cdots,a_{n-1}$ 都离开队列后，a_n 才能退出队列。图 3-9 为队列的示意图。

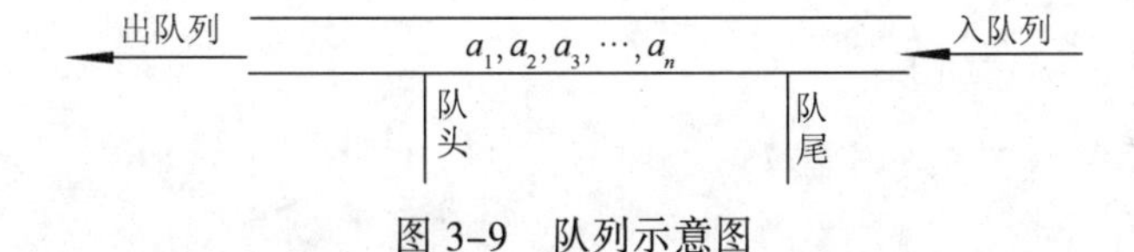

图 3-9　队列示意图

队列的操作与栈相类似，不同的是删除是在表的头部（即队头）进行。队列的基本操作有：

① 构造空队列 InitQueue(Q)。

② 队列销毁 DestroyQueue(Q)。

③ 队列清空 ClearQueue(Q)。

④ 取头元素 GetHead(Q, e)。

⑤ 队列插入 Enqueue(Q,e)。

⑥ 队头删除 Dequeue(Q,e)。

3.3.2　队列的顺序存储

1. 顺序队列

队列的顺序存储结构称为顺序队列，在这里用一维数组来表示队列的顺序存储结构。和顺序栈相似，在队列的顺序存储结构中，除了用一组地址连续的存储单元依次存放从队列头到队列尾的元素之外，因为队列的队头和队尾的位置是变化的，所以需要附加两个指针 front 和 rear，front 指针指向队列头元素的位置，rear 指针指向队列尾元素的位置。

为了在 C 语言中描述方便，约定初始化队列时，令 front=rear=-1，即队列为空，如图 3-10 所示，每当插入新的队尾元素时“尾指针加 1”，每当删除队头元素时“头指针加 1”。 在非空队列中，头指针 front 总是指向当前队头元素的前一个位置，尾指针 rear 指向当前队尾元素的位置，如图 3-11 所示。

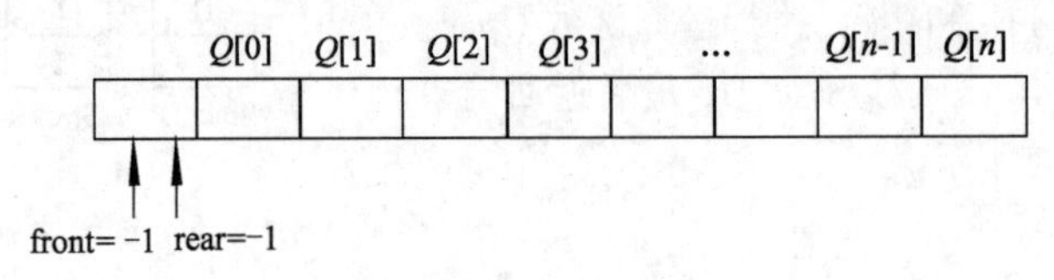

图 3-10 空顺序队列

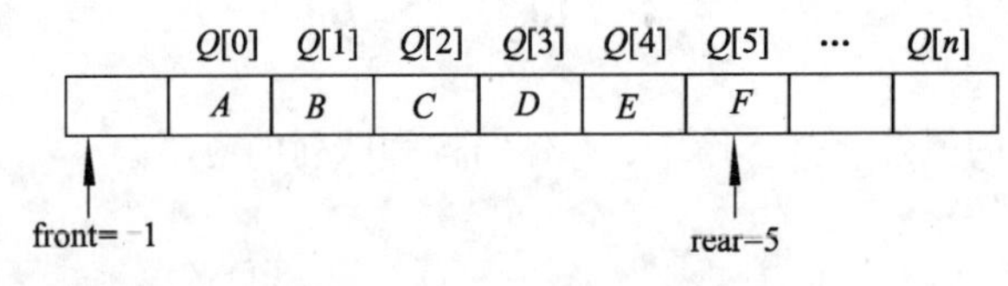

图 3-11 非空顺序队列

顺序队列的类型可以用下面的形式说明：

```
typedef datatype int;
#define maxsize 66  /*队列的最大长度*/
typedef struct
{
   datatype data[maxsize];
   int front,rear; /*确定队头队尾位置的两个变量*/
}sequeue;/*顺序队列的类型*/
sequeue *q;
```

（1）初始化操作

初始化操作算法的描述如下：

```
initseq(sequeue *q)
{
   q.front=-1;
   q.rear=-1;
}
```

（2）队头删除操作

删除队列的队头元素，只要将 front 指针加 1 即可。删除前的队列如图 3-12 所示，删除元素 *A* 后的队列如图 3-13 所示。

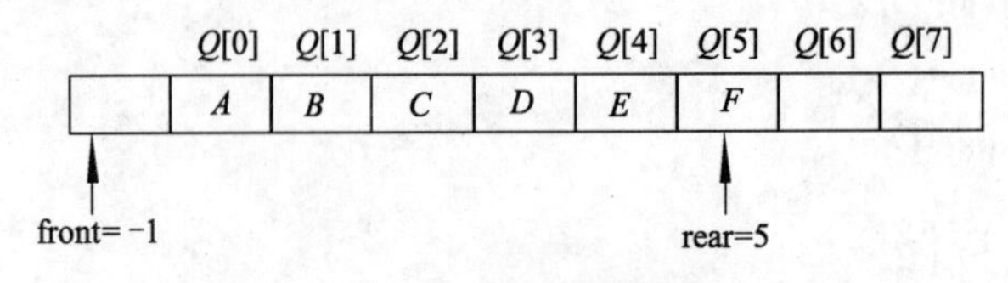

图 3-12 删除前的队列

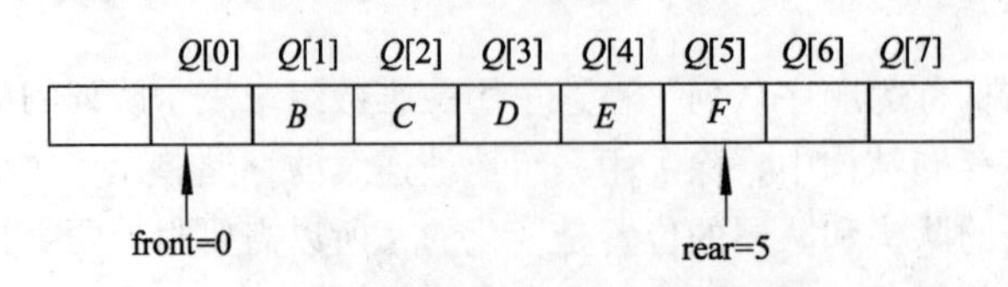

图 3-13 删除元素 *A* 后的示意图

队头删除操作算法的描述如下：

```
delseq(sequeue *q)
{
  if(q->front=q->rear)
     printf("sequeue empty!");
  else
  {
     q->front++;
     return(q->data[q->front]);
  }
}
```

（3）队尾插入操作

在队列的队尾插入结点，将 rear 指针加 1，将数据存入 rear 指针指到的位置。待插入队列如图 3-14 所示，在队尾添加元素 *G* 后的示意图如图 3-15 所示。

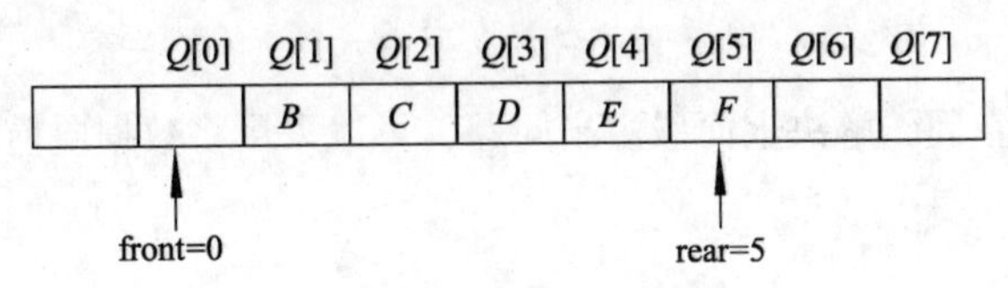

图 3-14　待插入队列

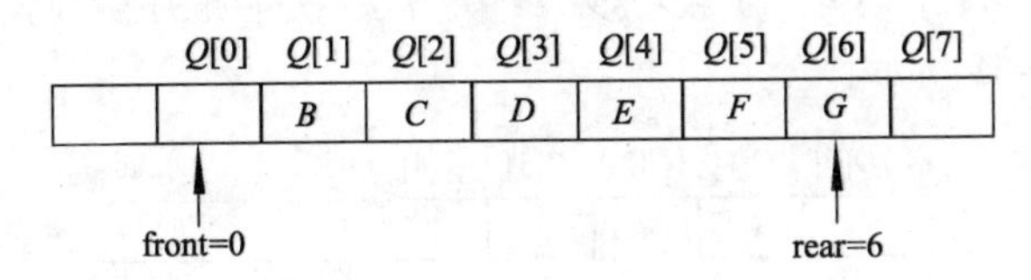

图 3-15　在队尾添加元素 *G* 后的示意图

队尾插入操作算法的描述如下：

```
Insertseq(sequeue *q,int x)
{
     if(q->rear>=maxsize-1)
        return NULL;    /*队列已满*/
     else
     {
        (q->rear)++;
        q->data[q->rear]=x;
        return OK;
     }
}
```

下面介绍顺序队列的数组越界问题，如果有一个待插入队列（maxsize=8），如图 3-16 所示，则可以看出，队列中如果再插入一个元素 *i*，那么 rear 的指针变量就会变成 8，数组越界。

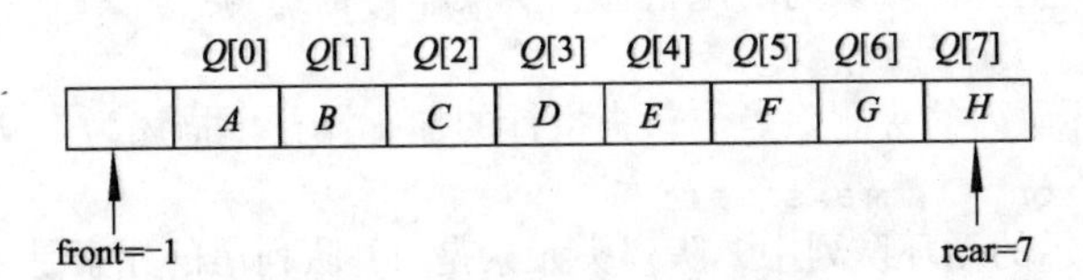

图 3-16　队列已满的示意图

这种情况是整个队列已满的情况，还有一种情况就是尾指针虽然已经指向队尾，但是队列的前面部分仍有可用空间，图 3-17 是队列进行删除插入、操作头尾指针和队列元素之间关系的表示。图 3-17（a）为空队列；图 3-17（b）为 A_1、A_2 和 A_3 相继队列；图 3-17（c）为 A_1 和 A_2 相继被删除；图 3-17（d）为 A_4、A_5 和 A_6 相继插入队列之后 A_4 被删除。假设当前为队列分配的最大空间为 6，则当队列处于图 3-17（d）状态时不可再继续插入新的队尾元素，否则会出现数组越界的现象。此时又不宜进行存储再分配扩大数空间，因为队列的实际可用空间并未占满，这是一种假溢出。

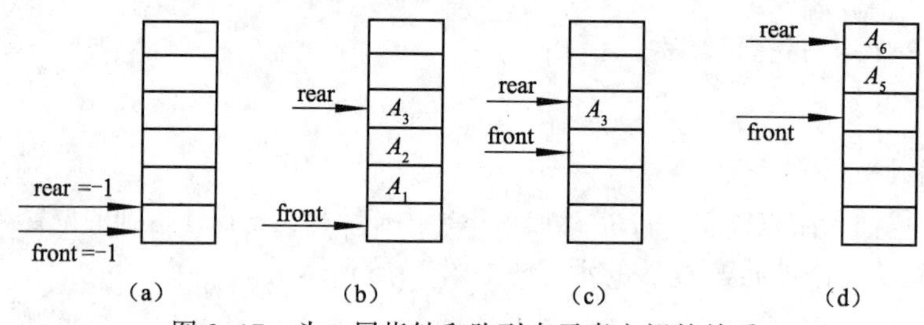

图 3-17　头、尾指针和队列中元素之间的关系

为了能充分地利用空间，解决上面假溢出问题，可以采用将数据向前移动，让空的存储单元留在队尾的办法。

2. 循环队列

对于上面的假溢出问题，还有一个较巧妙的解决方法，是将顺序队列臆造为一个环状的空间，称为循环队列，如图 3-18 所示。

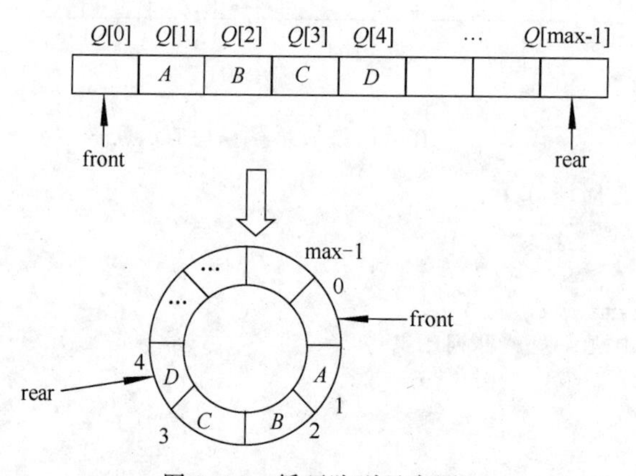

图 3-18　循环队列示意图

构造成一个循环队列后，指针和队列元素的关系不变。在插入操作时，循环队列的尾指针加 1 可描述为

```
if(q->rear+1>=maxsize)  q->rear=0;
else  q->rear++;
```

如果运用模运算，上述循环队列的尾指针加 1 操作可描述为

```
q->rear=(q->rear+1)%maxsize;
```

类似地，对于循环队列的头删除操作，头指针的加 1 操作可描述为

```
q->front=(q->front+1)%maxsize;
```

在图 3-19（a）所示的循环队列中，队列头元素是 *A*，队列尾的元素是 *C*，然后 *D*、*E* 和 *F* 相继插入，则队列空间均被占满，如图 3-19（b）所示，此时 front=rear；反之，若 *A*、*B*、*C* 相继从图 3-19（a）的队列中删除，使队列呈“空”的状态，如图 3-19（c）所示，此时也存在关系式 front=rear。

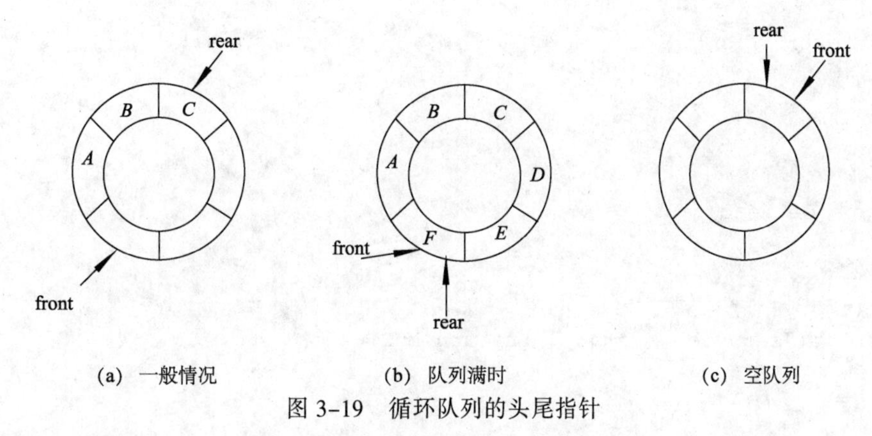

图 3-19　循环队列的头尾指针

由此可见，只根据等式 front=rear 无法判别队列空间是“空”还是“满”，这时有两种处理方法：

一种是另设一个标志位以区别队列是“空”还是“满”。假设此标志的名称为 flag，当插入数据后遇到 front=rear 的情况时，则表示队列已满，就让 flag=1；当删除数据后遇到 front=rear 的情况时，则表示队列为空，让 flag=0，如此一来，当发生 front=rear 时，就看 flag 标记变量时 0 还是 1，即可知道队列目前是满还是空。

另一种是少用一个元素空间，约定以“队列头指针在队列尾指针的下一位置（指环状的下一位置）上”作为队列呈“满”状态的标志。就是允许队列最多只能存放 maxsize-1 个数据，也就是牺牲数组的最后一个空间来避免无法分辨空队列或非空队列的问题。因此，当 rear 指针的下一个是 front 的位置时，就认定队列已满，无法再让数据插入。即

```
q->front=(q->rear+1)%maxsize;
```

这样当判断队列是否为空时，条件是 q->front=q->rear，如图 3-20 所示。

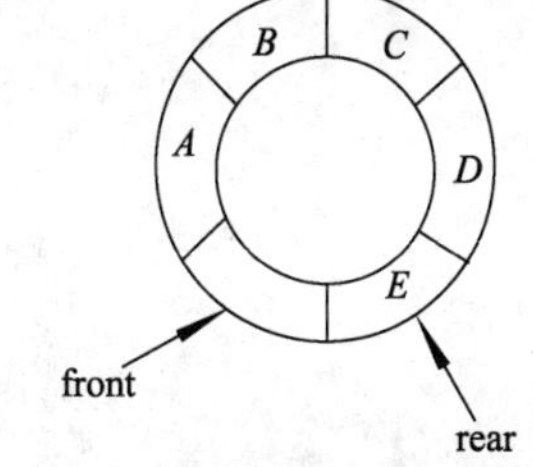

图 3-20　循环队列判断

从上述分析可见，在 C 语言中不能用动态分配的一维数组来实现循环队列。如果用户的应用程序中设有循环队列，则必须为它设定一个最大队列长度；若用户无法预估所用队列的最大长度，则最好采用链队列。下面给出循环队列的几种运算算法：

（1）置空队

这里 front 与 rear 分别为队头和队尾指示器。为了处理方便，队空间的第一个元素（下称为 0）不利用，front 指向队中第 i 个元素的前一个位置（即 front 为第 i 个元素的前驱的下标值），rear 指向队尾元素。初始时，令 front 与 rear 为-1。

```
InitQueue(q)
sequeue *q;
{
    q->front=-1;
    q->rear=-1;
}
```

（2）判队空

```
int QueueEmpty(q)
sequeue *q;
{
    if(q->rear==q->front)
```

```
        return OK;
    else
        return NULL;
    }
```

（3）取队头元素

```
datatype GetHead(q)
sequeue *q;
{
    if(empty(q))
    {print("sequeue is empty");return NULL;}
    else
        return(q->front+1)%maxsize;
}
```

（4）入队操作

入队操作要修改尾指针，而出队操作修改指针、使它们向后继方向移动。

```
int InQueue(q,x)  /*将新元素 x 插入队列*q 的队尾*/
sequeue *q;
datatype x;
{
    if(q->front==(q->rear+1)%maxsize)
    {
        print("queue is full");
        return NUll;
    }
    else
    {
        q->rear=(q->rear+1)%maxsize;
        q->data[q->rear]=x;
    }
}
```

（5）出队操作

删除队列的队头元素，并返回该元素的值。

```
datatype DelQueue(q)
sequeue *q;
{
  if(empty(q))
        return NULL;
  else
  {
        q->front=(q->front+1)%maxsize;
        return(q->data[q->front]);
  }
}
```

3.3.3 队列的链式存储

1. 链队列

除了顺序存储结构外，队列还可以以链式表示，用链表表示的队列简称链队列。

它是限制仅在表头删除和表尾插入的单链表。一个链队列要在表头删除和在表尾插入，显然需要两个分别指示队头和队尾的指针（分别称为头指针和尾指针），链队列是一个带头指针和尾指针的单链表。为了操作方便，添加一个头结点，队列的头指针指向队列的头结点，尾指针指向尾结点。所以，一个表头和一个表尾唯一确定了一个队列。将链队列定义为一个结构类型如下：

```
 /*ADT Queue 的实现*/
typedef int datatype      /*定义数据类型*/
typedef struct ntde       /*链表结点类型定义*/
{
    datatype data;
    struct node *next;
}linklist;
typedef struct
{
   linklist *front,*rear;
}linkqueue;
linkqueue *q;
```

当一个队列*q 为空时（即 front=rear），其头指针和尾指针都指向头结点，如图 3-21 所示。而非室链队列则如图 3-22 所示。

链队列很好地解决了多个栈和多个队列同时使用的问题。当同时使用多个链队列时，每个队列都有它们自己的头、尾指针，各个队列都是相互独立的链表，各自独立进行插入和删除运算。

和线性表的单链表一样，为了操作方便，也给链队列添加一个头结点，并将头指针指向头结点。由此，空的链队列的判断条件为头指针和尾指针均指向头结点，图 3-23 所示链队列的操作即为单链表的插入和删除操作的特殊情况，只须修改尾指针或头指针，图 3-23（b）～图 3-23（d）所示为这两种操作进行时指针变化的情况。

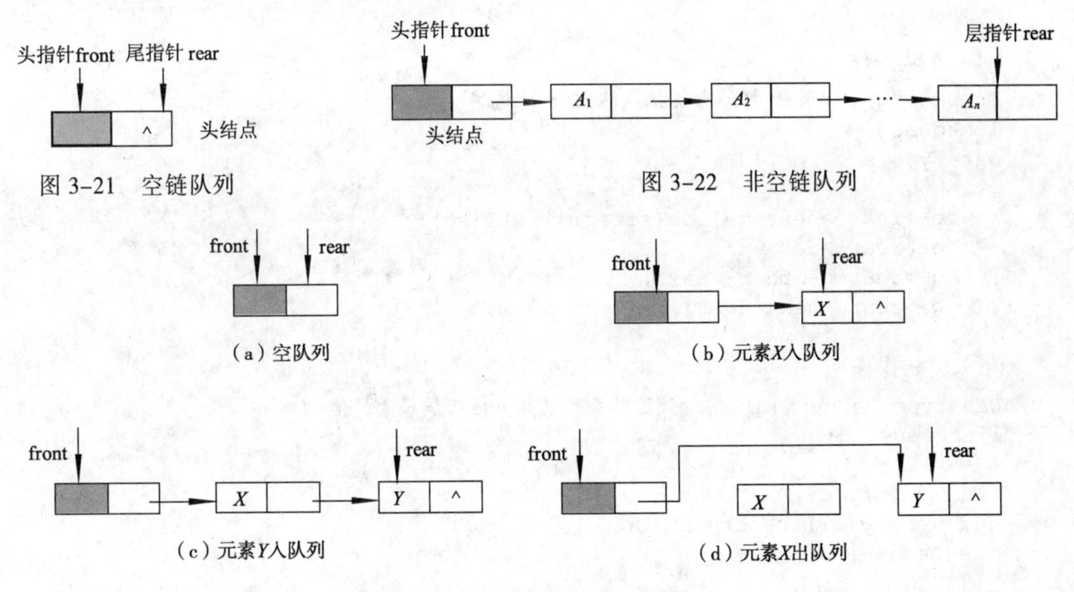

图 3-21　空链队列

图 3-22　非空链队列

（a）空队列

（b）元素X入队列

（c）元素Y入队列

（d）元素X出队列

图 3-23　队列运算指针变化情况

下面给出链队列运算的算法说明。

（1）置空队（初始化）

```
InitQueue(q)    /*生成空链队列*/
linkqueue *q;
{
```

```
    q->front=malloc(sizeof(linklist));
    q->front->next=NULL;
    q->rear=q->front;
}
```

（2）判队空

```
int QueueEmpty(q)
linkqueue *q;
{
    if(q->front=q->rear)
       return OK;
    else
       return NULL;
}
```

（3）取队头元素

```
datatype *Gethead(q)
linkqueue *q;
{
    if(empty(q))
    {
        printf("queue is empty");
        return NULL;
    }
    else
    {
        return(q->front->next->data);
    }
}
```

（4）入队操作

```
InQueue(q,x)     /*将结点x插入队列*q的尾端*/
linkqueue *q;
datatype x;
{
    q->rear->next=malloc(sizeof(linklist));
    q->rear->data=x;
    q->rear=q->rear->next;
    q->rear->next=NULL;
}
```

（5）出队操作

```
Datatype DeQueue(q)   /*删除队头元素，并返回该元素的值*/
linkqueue *q;
{
   linklist *s;
   if(empty(q)) return NULL;
   else
   {
       s=malloc(sizeof(linklist));
       s=q->front;
       q->front=q->front->next;
       free(s);
       return(q->front->data);
    }
}
```

2. 循环链队

如果让队尾结点的指针指向队首结点，就构成了一个循环链队列。因为通过尾指针 rear 可以找到队首结点，因此可以省去头指针。循环链表表示的队列可使队列的队头删除和队尾插入的动作变得比较容易，如图 3-24 所示。

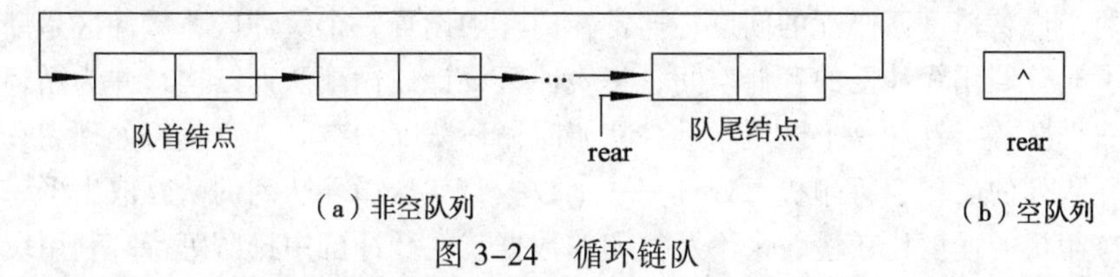

图 3-24　循环链队

当删除队首结点时，也就相当于删除队尾结点（rear 结点）的下一个结点；同样要向队尾插入一个结点也就相当于在 rear 结点的下一个结点位置添加一个结点。

（1）插入操作

循环队列插入尾结点示意图如图 3-25 所示。

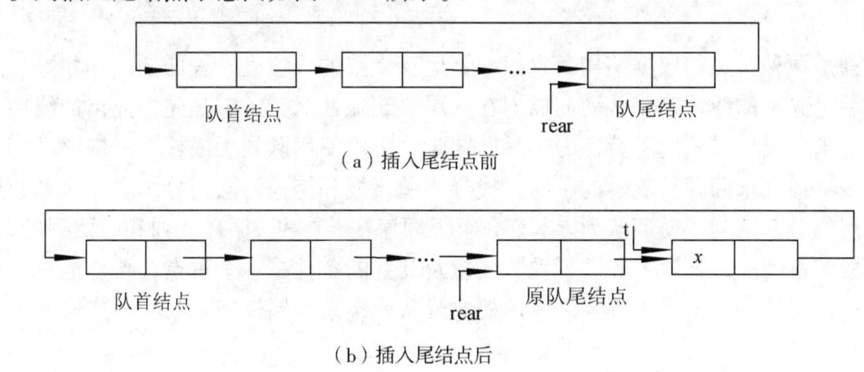

图 3-25　循环队列插入尾结点示意图

（2）删除操作

循环队列删除队头结点示意图如图 3-26 所示。

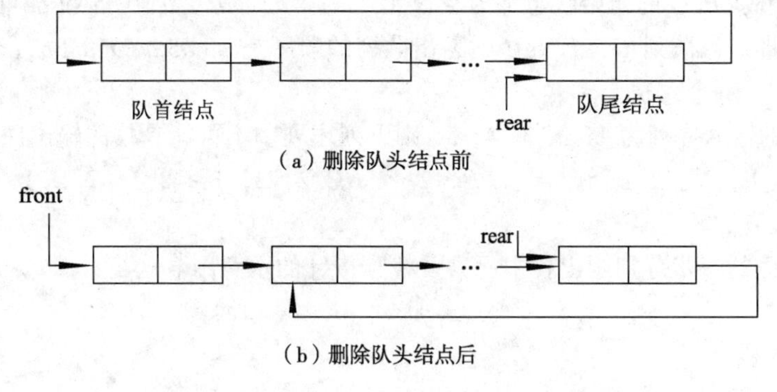

图 3-26　循环队列删除队头结点示意图

3.4　队列的应用

通过前面的学习，了解到队列满足先进先出的原则，所以一些满足“先进先出”原则的问题都可以采用队列作为数据结构。在计算机系统内部，队列结构必不可少。

在计算机系统中，经常会遇到两个设备在传递数据时速度不匹配的问题。例如，要将计算机内存中的数据传递到打印机，进行打印输出，显然打印机的打印速度远不及计算机处理数据的速度。这导致计算机每处理完一批数据，就要停下一段时间，等待打印机打印输出。这样的工作方式使计算机的效率降低很多。

为解决两个设备速度不匹配的问题，通常在内存中设置一个缓冲区，缓冲区是一块连续的存储空间，为了充分利用缓冲区的存储空间，将缓冲区设计成循环队列结构，并为循环队列结构的缓冲区设置一个队首指针和一个队尾指针，初始时循环队列为空。计算机每处理完一批数据就将其加入到循环队列的队尾；打印机每处理完一个数据，就从循环队列的队首取出下一个要打印的数据，由于打印机的速度比较慢，来不及打印的数据就在缓冲区中排队等待。利用缓冲区，可以解决计算机处理数据与打印机输出速度不匹配的矛盾，实现两个设备之间数据的正常传送，提高计算机的效率。

小　结

栈和队列是两种常见的数据结构，它们都是运算受限的线性表。栈的插入和删除均是在栈顶进行，它是后进先出的线性表；队列的插入在队尾，删除在队头，它是先进先出的线性表。当解决具有先进先出（或后进先出）特性的实际问题时，可以使用队列（或栈）来求解。

和线性表类似，依照存储表示的不同，栈分为顺序栈和链栈，队列分为顺序队列和链队列，而是最常使用的顺序队列是循环队列。本章介绍了顺序栈、链栈、循环队列和链队列的基本运算。特别介绍了栈和队列的“上溢”和“下溢”概念及其判断条件是一个重点，希望能正确判断栈或队列的空间满而产生的溢出，正确判断使用栈空或队列空来控制返回。

习　题　3

1．填空题

（1）设栈 *S* 和队列 *Q* 的初始状态都为空，元素 *a*1，*a*2，*a*3，*a*4，*a*5 和 *a*6 依次通过一个栈，一个元素出栈后即进入队列 *Q*，若 6 个元素出队列的顺序是 *a*3,*a*5,*a*4,*a*6,*a*2,*a*1，则栈 *S* 至少应该容纳____________个元素。

（2）一个栈的输入序列为 1，2，3，4，5，则下列序列中不可能是栈的输出序列的是________。

A. 2，3，4，1，5　　B. 5，4，1，3，2　　C. 2，3，1，4，5　　D. 1，5，4，3，2

2．综合题

（1）对应下面的每步分别画出栈中元素及栈顶指针的示意图。

① 空栈。

② 元素 *A* 入栈。

③ 元素 *B* 入栈。

④ 删除栈顶元素。

⑤ 元素 *C* 入栈。

⑥ 元素 *D* 入栈。

（2）比较栈和队列的相同点和不同点，分别举例说明。

（3）对于算术表达式 3*(5–2)+7，用栈存储式子中的运算对象和运算符，试说明该算术表达式的运算过程。

（4）如果依次输入数据元素序列{a,b,c,d,e,f,g}进栈，出栈操作可以和入栈操作间隔进行，则下列哪些元素序列可以由出栈序列得到？

① {d,e,c,f,b,g,a}

② {f,e,g,d,a,c,b}

③ {e,f,d,g,b,c,a}

④ {c,d,b,e,f,a,g}

（5）编写一个算法，用来判别表达式中开、闭括号是否配对出现。

（6）设将整数以万计 1、2、3、4 依次进栈，但只要出栈时栈非空，则可将出栈操作按任何次序夹入其中，回答下有问题：

① 若入栈次序为 push(1)、pop()、push(2)、push(3)、pop()、pop()、push(4)、pop()，则出栈的数字序列是什么？

② 请分析 1、2、3、4 的 24 种排列中，哪些序列可以通过相应的入出栈得到。

（7）链栈中为什么不设头指针？

（8）循环队列的优点是什么？如何判断它的空和满？

（9）简述队列的链式存储结构和顺序存储结构的优缺点。

（10）假设以一维数组 $s[n]$存储循环队列的元素，若要使这 n 个存储空间都得到利用，需要另设一个标志 flag，以 flag 为 0 或 1 来区分队头指针和队尾指针相同时队列是空还是满。编写与此结构相对应的初始化、入队列和出队列的算法。

（11）有一个铁路交换网络如图 3-27 所示。

图 3-27　铁路交换网络图

火车厢置于右边，各节都有编号如 1，2，3，⋯，n，每节车厢可以从右边开进栈，然后再开到左边，如 $n=3$，若将 1，2，3 按顺序入栈，再驶到左边，此时可得到 3，2，1 的顺序。请问：

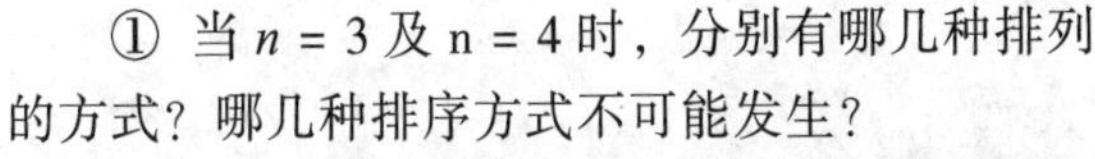

① 当 $n=3$ 及 n = 4 时，分别有哪几种排列的方式？哪几种排序方式不可能发生？

② 当 $n=6$ 时，325641 这样的排列是否可能发生？那 154623 的排列又是如何？

③ 找出一公式，当有 n 节车厢时，共有几种排列方式？

（12）编写下面定义的递归函数的递归算法，并根据算法画出求 $G(5,2)$时栈的变化过程。

$$g(m,n)=\begin{cases}0 & m=0,\ n\geqslant 0\\ g(m-1,2n) & m>0,\ n\geqslant 0\end{cases}$$

（13）分别在栈和队列（至少含有 3 个结点）中实现删除紧邻栈顶或队头的结点，并用 P 返回其值。

（14）用 C 语言编写一个递归程序用来计算 1*2+2*3+3*4+4*5+…+$(n-1)$*n。

第4章 串

串是字符串的简称，串的每个数据元素由一个字符组成。串是一种特殊的线性表。

在早期的程序设计语言中就引入了串的概念，随着计算机技术的发展，计算机越来越多地用于解决非数值处理问题，这些问题所涉及的主要操作对象是字符串（简称串）。例如，在管理信息系统中，用户的姓名和地址、商品的名称和规格等都是字符串，字符串已成为数据处理中不可缺少的数据对象。目前，大多数程序设计语言都支持串操作，可以执行各种运算并提供相应的串函数。然而在不同的应用中，处理的字符串有不同的特点，为了对字符串进行有效地处理，需要了解串的内部表示和处理过程，从而根据具体情况使用合适的存储结构。信息检索系统、中文信息处理系统、学习系统、自然语言翻译系统及音乐分析处理系统等都是基于串的基本运算来设计和开发的软件系统。

本章先介绍串的基本概念及串的几种存储方法，然后介绍串的基本运算及实现方法，接着讨论串的模式匹配算法，最后给出一个串操作应用的例子。

4.1 串的基本概念

1. 串

串（String）是由零个或多个字符组成的有限连续序列。简单地说，串就是一串字符。一般记为

$$S='s_1s_2\cdots s_n'$$

其中，S 是串的名字，单引号括起来的字符序列 $s_1s_2\cdots s_n$ 是串的值，字符个数 n 称为串的长度，每个 s_i（$1\leqslant i\leqslant n$）的取值范围是字母、数字或其他字符。单引号本身不是串的值，它是定界符，用于标志字符串的起始位置和终止位置。

2. 空串

空串（Null String）是由零个字符组成的串。空串中不包含任何字符。它的长度是0。

3. 空格串

空格串是由一个或多个空格组成的串。它不等于空串，它的长度是串中包含的空格数。字符串中空格也算在串长度中。为了清楚起见，有时用“□”表示实际的空格。

4. 子串

字符串中任意个连续的字符构成的子序列称为该字符串的子串。空串是任何串的子串。

5. 主串

主串包含子串的字符串称为主串。

6. 位置

一个字符在序列中的序号称为该字符在串中的位置。子串在主串中的位置则以子串的第一个字符在主串中的位置来表示。

7. 两串相等

两个字符串的长度相等且各对应位置上的字符都相同。串也可以比较大小。

例如：串 *a*='BAO'，*b*='DING'，*c*='BAODING'，*d*='BAO□DING'，则 *a*、*b*、*c*、*d* 的串长分别为 3、4、7、8。串 *a* 和串 *b* 都是串 *c*、串 *d* 的子串，其在主串 *c* 中的位置分别为 1 和 4，在主串 *d* 中的位置分别为 1 和 5，注意 *c* 不等于 *d*。

8. 串变量

下面这个语句

S='12345'

是一个合法的赋值语句，其含义是把串值赋给串变量，*S* 是串变量名，字符序列 12345 是串值。而另一个语句

S=12345

的含义是把 12345 赋给变量 *S*。它们的区别在于，前者的 *S* 为串变量，其取值为字符序列 12345；后者的 *S* 为算术变量，其取值为 12345。

以上介绍了有关串的一些基本概念，在理解概念的基础上，需要注意以下几点：

① 串值必须用单引号括起来，但单引号本身不属于串。单引号的作用只是为了避免字符串和变量名或数值常量混淆。

② 空串和空格串的区别：不含任何字符的串称为空串，其长度为 0。含有空格字符的串称为空格串，它的长度为串中空格符的个数。空格符可用来分隔一般的字符，便于人们识别和阅读，但计算串长时应包括这些空格符。空串在串处理中可作为任意串的子串。

③ 值为单个字符的字符串不等同于单个字符，例如，字符串'a'不等同于字符 a。

④ 两串相等包含两层意思：第一层意思是两个字符串的长度相等，第二层意思是各串对应位置上的字符相同。这也为比较两串相等提供了一种方法。

4.2 串的存储结构

串作为线性表的一个特例，既适用于线性表的存储结构，也适用于串。但是，由于串中数据元素是单个字符，因此存储表示有其特殊之处。

对串的存储可以有两种处理方式：一种是将串定义成字符型数组，串的存储空间分配在编译时完成，不能更改，这种方式称为串的静态存储结构；另一种是串的存储空间在程序运行时动态分配，这种方式称为串的动态存储结构。串的静态存储结构即串的顺序存储结构，串的动态存储结构有两种方式：一种是链式存储结构，另一种是称为堆结构的存储方式。

4.2.1 串的静态存储结构

串的顺序存储结构和线性表一样，可以用一组连续的存储单元依次存储串中的各个字符。

逻辑上相邻的字符，物理上也相邻。在 C 语言中，字符串的顺序存储可用一个字符型数组和一个整型变量表示，其中，字符型数组存储串值，整型变量存储串的长度。串的顺序存储结构表示如下：

```
/*串的顺序存储结构表示*/
#define MAXSTRLEN 256                   /*定义串允许的最大字符个数*/
struct string
{
    char ch_string[MAXSTRLEN];     /*MAXSTRLEN为串的最大长度*/
    int len;                       /*串的实际长度*/
}SString
```

串的实际长度不能超过定义的最大长度范围，超过最大长度的串值会被舍去，称为截断。当计算机按字节为单位编址时，一个机器字（存储单元）刚好存放一个字符，串中相邻的字符顺序存储在地址相邻的字节中；当计算机按字为单位编址时，一个存储单元由若干字节组成。这时，顺序存储结构有紧凑格式和非紧凑格式两种存储方式。

1. 紧凑格式

紧凑格式就是在存储单元中尽量的多存储字符。例如，*S*='Love China'，按紧凑格式可以存放在 3 个存储单元中（假设计算机的字长为 32 位，即 4 Bytes），如图 4-1 所示。

这种存储结构的优点是空间利用率高，缺点是对串中字符的处理效率低。

2. 非紧凑格式

非紧凑格式是一个存储单元只存放字符串的一个字符，存储中多余的空间置空不用。*S*='Love China'按非紧凑格式存储的示意图如图 4-2 所示。

L	o	v	e
	C	h	i
n	a		

图 4-1　紧凑格式存储示例

L			
o			
v			
e			
C			
h			
i			
n			
a			

图 4-2　非紧凑格式示例

非紧凑格式的优缺点与紧凑格式的优缺点恰好相反。在实际应用中，串的存储结构是采用紧凑格式还是非紧凑格式，应根据具体情况来定。

在串的存储中，可以利用串的存储密度来衡量空间的使用效率。串的存储密度定义为

存储密度=串值所占存储字节/实际分配的存储字节

很明显，紧凑格式存储密度是非紧凑格式存储密度的若干倍。

串的静态存储结构有如下两个缺点：

① 需要预先定义一个串允许的最大字符个数，当该值估计过大时，存储密度就会降低，较多的空间就会浪费。

② 由于限定了串的最大字符个数，使串的某些操作（如置换、连接等）受到很大限制。

4.2.2　串的动态存储结构

1．链式存储结构

串的链式存储结构是包含字符域和指针域的结点链接结构。其中，字符域用来存放串中的字符，指针域用于存放指向下一结点的指针。这样，一个串可用一个单链表来表示。用单链表存放串，链表中的结点数目等于串的长度。串 *S*='Study Data structures'采用链式存储结构的示意图，如图 4-3 所示。

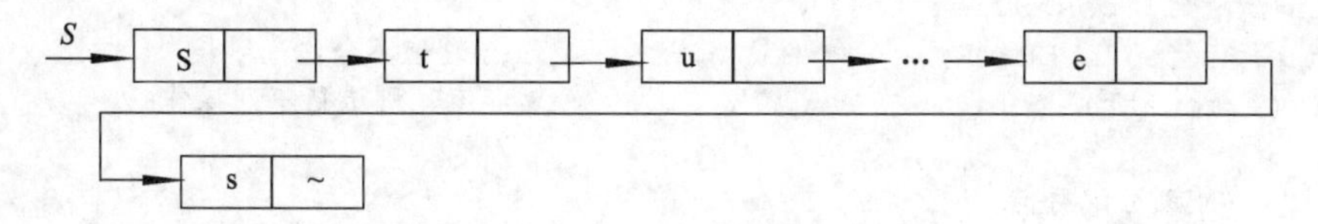

图 4-3　链式存储结构

串采用链式存储结构的优点是方便插入、删除运算，但是从图 4-3 中也可以发现这样一个问题，每个结点仅存放一个字符，而每个结点的指针域所占空间比字符域所占空间大数倍。这样存储结构的有效空间利用率不会太高。

为了提高链式存储结构的有效空间利用率，可采用一种称为块链结构的存储方法，即使每个结点存放若干个字符，以减少链表中的结点数量，从而提高空间使用效率。例如，每个结点存放 4 个字符，上例中 *S* 的存储结构如图 4-4 所示。

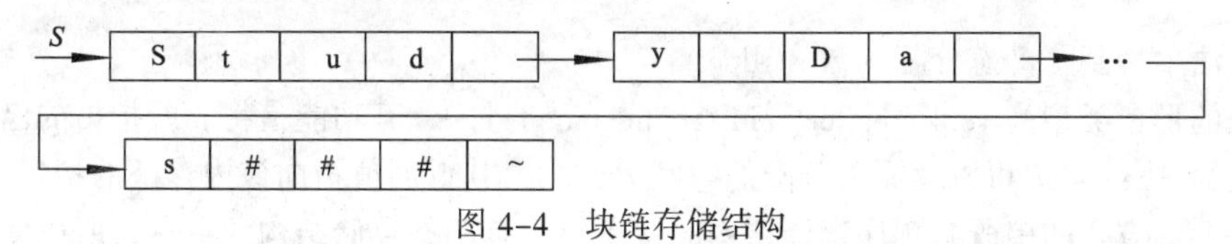

图 4-4　块链存储结构

图 4-4 中结点没有全部被串值填满，这时一般用不属于串值的某些特殊字符来填充，例如在本书中采用“#”符号。

总的来说，由于串的特殊性，使得采用链式存储结构存储串不太实用，所以并不常用链式存储结构方式存储串。

2．堆结构的存储方式

堆结构存储表示仍是以一组地址连续的存储单元存放串值字符序列。其实现方法是：系统将一个空间足够大、地址连续的存储空间作为串值的可利用空间，每建立一个新串时，系统就从这个可利用空间划分出一个大小和串长度相等的空间存储新串的串值。每个串的串值各自存储在一组地址连续的存储单元中。与顺序存储表示不同，它们的存储空间是在程序执行过程中动态分配的。堆存储结构也可以看做一种半动态存储结构。

```
/*串的堆结构存储表示*/
typedef struct
{
    char *ch;          /*如果是非空串，则按串长分配存储区，否则 ch 为 NULL*/
    int length;        /*串长度*/
}HString;
```

这种存储结构表示的串操作仍是基于字符序列的复制进行的。例如，串复制操作 StrCopy(&*T*,*S*)的实际算法是：当串 *T* 已存在时，先释放串 *T* 所占空间，当串 *S* 不为空时，先为串 *T* 分配与串 *S* 长度相等的存储空间，然后进行串值复制。以堆结构的存储方式实现串插入操作 StrInsert(&S,pos,T) 的算法如下：

```
typedef struct
{
    char *ch;                              /*如果是非空串，则按串长分配存储区，否则 ch 为 NULL*/
    int length;                            /*串长度*/
}HString;
/*在串 S 的第 pos 个字符之前插入串 T*/
Status StrInsert(HString &S,int pos,HString T)
{
     if(pos<1||pos>S.length+1)
          return ERROR;                        /*pos 的值不合法*/
     if(T.length)                              /*T 非空，则进行下列操作*/
     {
        /*重新分配存储空间，插入 T*/
          if(!(S.ch=(char *)realloc(S.ch,(S.length+T.length)*sizeof(char))))
              exit(OVERFLOW);
          for(i=s.length-1;i>=pos-1;--i)
          S.ch[i+T.length]=S.ch[i];            /*插入位置之后所有的元素后移*/
          /*在 pos 位置插入串 T*/
          S.ch[pos-1..pos+T.length-2]=T.ch[0…T.length-1];
          S.length+=T.length;                  /*修改串的长度*/
     }
    return OK;
}
```

这个算法中用到了动态分配函数 realloc()。

此函数的形参类型为 void *realloc(void *p，unsigned size)，其功能是将 *p* 所指出的已分配内存区的大小改为 size。size 可以比原来分配的空间大或小，其返回值指向该内存区的指针。

堆结构存储方式的串既有顺序存储结构的特点，又有动态存储结构的特点，所以使用起来更显灵活，因此在串处理的应用程序中，经常选用串的这种存储方式来存储串。

4.3　串的基本运算

本节主要讨论串的基本运算并给出其实现的算法。

4.3.1　常见的基本运算

常用的串的基本运算有以下几种。假设有以下串：

```
s1='I am a student'
s2='child'
s3='student'
```

1．串赋值 Assign(&*T*,*S*)

T 和 *S* 都是 HString 型的串变量，该操作是将串 *S* 的值赋给串 *T*。

例如 Assign(*t*,*s*3)之后，t='student'。

2．串连接 Concation(& *T*,*S*1,*S*2)

*S*1、*S*2 和 *T* 都是 HString 型的串变量，该操作是由串 *S*1 连接串 *S*2 得到的串 *T*。

例如 Concation(&*t*,*s*1,'Yes or No')后，*t*='I am a student Yes or No'。

3．求子串 SubString(&Sub,*S*,pos,len)

将串 *S* 第 pos 个字符开始长度为 len 的字符序列复制到串 Sub 中，记为 SubString(&Sub,*S*,pos,len)。

例如 *S*='wybbshrshchzhyg'，SubString(&Sub,*S*,8,6)='shchzh'。

4．串复制 StrCopy(&*T*,*S*)

串复制操作就是由串 *S* 复制得到串 *T*。

例如 StrCopy(*t*,*s*1)后，*t*='I am a student'。

5．串比较 StrCompare(*S*,*T*)

串比较操作就是比较串 *S* 和 *T* 两个串的长度是否相等且各对应位置上的字符是否都相等，并返回相应的值。

例如 StrCompare(*s*2,s3)，其返回值为 0（表示串不相等）。

6．求串长 StrLength(*S*)

该操作返回串 *S* 的实际长度。

例如 StrLength(*s*2)，其值为 5。

此外，串的操作还有插入子串，删除子串，子串定位和子串置换等，这里就不详细阐述了。

4.3.2　实现串的基本运算的算法

下面介绍几个实现串的基本运算的算法。

1．串赋值 Assign(&*T*,*S*)

实现串赋值操作的算法如下：

```
typedef struct
{
   char *ch;                              /*如果是非空串，则按串长分配存储区，否则 ch 为 NULL*/
   int length;                            /*表示串的长度*/
}HString
/*将串 S 的值赋给串 T*/
status Assign(HString&T,char *S)
{
   char c;
   if(T.ch)
      free(T.ch);                         /*释放 T 的原有空间*/
   for(i=0,c=S;c;++i;++c);                /*求 S 的长度 i*/
   if(!i)
   {
      T.ch=Null;
      T.length=0;
   }
   else
   {
      if(!(T.ch=(char  *)malloc(i  *sizeof(char))))
         exit(overflow);
      T.ch[0…i-1]=S[0…i-1];
      T.length=i;
   }
   return OK;
}
```

2．串连接 Concation(& *T*,*S*1,*S*2)

*S*1、*S*2 和 *T* 都是 SString 型的串变量，该操作是由串 *S*1 连接串 *S*2 得到串 *T*。这里最主要的是进行相应的“串值复制”操作，同时需要按前述约定，对超长部分实施“截断”操作。将 *S*1 和 *S*2 连接成 *T*，可能产生如下 3 种情况：

① S1.len+S2.len≤MAXSTRLEN，得到串 *T* 为正确结果，如图 4-5（a）所示。

② S1.len<MAXSTRLEN，S1.len+S2.len >MAXSTRLEN，此时需要将串 *S*2 的一部分截断，得到的串 *T* 包含串 *S*1 和串 *S*2 的一部分子串，如图 4-5（b）所示。

③ S1.len =MAXSTRLEN，此时得到的结果等于 *S*1 的值，如图 4-5（c）所示。

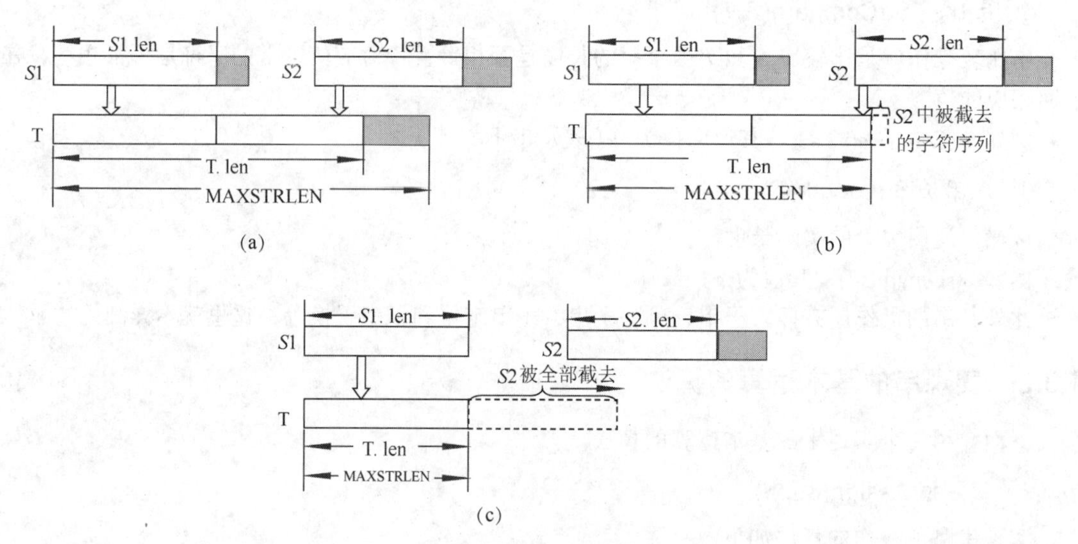

图 4-5　串的连接操作

对上面的情况分别进行处理，得到的串连接运算的算法如下：

```
#define MAXSTRLEN 256                    /*定义串允许的最大字符个数*/
struct string
{
    char ch_string[MAXSTRLEN];           /*MAXSTRLEN为串的最大长度*/
    int len;                             /*串的实际长度*/
} SString

/*将串S1,S2连接起来赋予串T*/
Struct  String  Concation(SString &T,SString S1,SString S2)
{
    if(S1.len+S2.len<=MAXSTRLEN)
    {
      /*正常连接,S2未截断*/
      T.ch_string[1…S1.len]=S1.ch_string[1…S1.len];
      T.ch_string[S1.len+1…S1.len+S2.len]=S2.ch_string[1...S2.len];
      T.len=S1.len+S2.len;
      /*uncut标志S2是否被截断，uncut值为TRUE时表示没有被截断*/
      uncut=TRUE;
    }
    else
    if(S1.len<MAXSTRLEN)
    {
```

```
    /*S2被截断*/
    T.ch_string[1…S1.len]=S1.ch_string[1…S1.len];
    T.ch_string[S1.len+1…MAXSTRLEN]=S2.ch_string[1…MAXSTRLEN-S1.len];
    T.len =MAXSTRLEN;
    /*uncut 标志S2是否被截断，uncut值为FALSE时表示被截断*/
     uncut=FALSE;
   }
   else
   {
     /*仅取S1*/
     T.ch_string[1...MAXSTRLEN]=S1.ch_string[1...MAXSTRLEN];
     T.len=MAXSTRLEN
     uncut=FALSE;
    }
   return uncut;
}
```

3．求子串 SubString(&Sub,*S*,pos,len)

求子串的算法比较简单，只需要注意所给的参数应符合操作的初始条件，下面是实现求子串的算法：

```
#define MAXSTRLEN 256              /*定义串允许的最大字符个数*/
struct string
{
   char ch_string[MAXSTRLEN];      /*MAXSTRLEN为串的最大长度*/
   int len;                        /*串的实际长度*/
}SString
/*用Sub返回串S的第pos个字符起长度为len的子串*/
struct string SubString(SString &Sub,SString S,int pos,int len)
/*pos的允许范围是1≤pos≤S.len 并且0≤len≤S.len-pos+1*/
{
    if(pos<1||pos>S.len)||len<0||len>S.len-pos+1)
       return ERROR;
    Sub.ch_string[1…len]=S.ch_string[pos…pos+len-1];
    Sub.len=len;
    return OK;
}
```

在上述两个操作中，实际中心操作为“字符序列的复制”，操作的时间复杂度基于复制的字符序列长度。另外在操作中，如果串长度超过上界，则需要进行截断处理，这种情况在串的插入、置换时都有可能发生，这就是静态分配存储空间所不可避免的。有时不允许截断现象出现，这时可以采用动态分配串的存储空间。

4.4 模式匹配

串的模式匹配是一种重要的串运算。设 *s* 和 *t* 是给定的两个串，在串 *s* 中找到等于 *t* 的子串的过程称为模式匹配。其中，串 *s* 称为主串，如果在串中找到等于子串 *t*，则称匹配成功，否则称匹配失败。模式匹配的运算可以用一个函数来实现，一种简单直观的模式匹配算法是布鲁特（Brute）—福斯（Force）算法，简称 BF 算法。BF 算法的思想是：将 *s* 中的第一个字符与 *t* 中的第一个字符进行比较，如果不同，就将 *s* 中的第二个字符与 *t* 中的第一个字符进行比较……，直到 *s* 的某一个字

符和 t 的第一个字符相同；再将它们之后的字符进行比较，如果也相同，则如此继续往下比较；依此类推，重复上述过程。最后将出现两种情况：

① 在 s 中找到和 t 相同的子串，表明匹配成功。

② 将 s 的所有字符都检测完了，找不到与 t 相同的子串，表明匹配失败。

下面以一个例子说明模式匹配的过程。设目标串 s='addada'，模式串 t='ada'。s 的长度为 n（n=6），t 的长度为 m（m=3）。用指针 i 指示目标串 s 的当前比较字符位置，用指针 j 指示模式串 t 的当前比较字符位置，其模式匹配过程如图 4-6 所示。

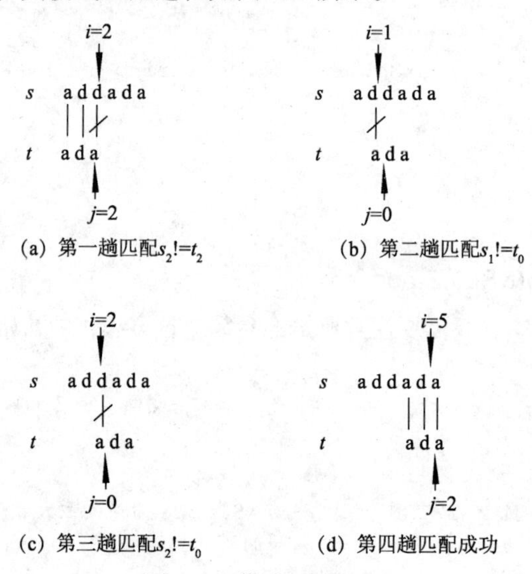

图 4-6 模式匹配过程

BF 模式匹配算法描述如下：

```
#define MAXSTRLEN 256              /*定义串允许的最大字符个数*/
struct string
{
   char ch_string[MAXSTRLEN];    /*MAXSTRLEN 为串的最大长度*/
   int len;                      /*串的实际长度*/
}SString
/*在主串 s 中定位查找子串 t 的 BF 模式匹配算法*/
int BFIndex(SString  s,SString  t)
{
 /*i，j 为串数组的指针，分别指示主串 s 和子串 t 当前待比较的字符位置*/
    int i,j,v;
    i=0;   /*主串指针初始化*/
    j=0;   /*子串指针初始化*/
    while(i<s.len&&j<t.len)
    {
        if(s.ch_string[i]=t.ch_string[j])
        {
            /*继续匹配下一个字符*/
            i++;
            j++;
        }
        else
        {
```

```
            /*主串和子串指针回退重新开始下一次匹配*/
            i=i-j+1;            /*新一轮匹配开始，t0对应的 s 的开始比较位置*/
            j=0;                /*从子串的第一个字符进行新匹配*/
        }
    }
    if(j>=t.len)
        v=i-t.len;              /*v 指向匹配成功的第一个字符*/
    else
        v=-1;                   /*模式匹配不成功*/
    return (v);
}
```

4.5　串在文本编辑中的应用

在日常生活中有很多方面需要进行编辑工作，如报刊、书籍、文稿等。计算机程序也需要进行编辑加工。利用计算机进行编辑工作，是指把所谓的文本（可以是一个程序、一组数据、一篇文章等）视为一个有限字符序列，运用关于串的各种运算，进行增、删、改等操作，以实现编辑加工。

作为串运算的应用实例，下面对文本编辑进行简单介绍。为了编辑的方便，可以利用换页符和换行符把文本划分为若干页，每页有若干行（也可以直接化为若干行）。如果把文本看做一个字符串，称为文本串，否则就是文本串的子串，行又是页的子串。

例如，有下列一段源程序：

```
main()
{
    float i,j,min;
    scanf("%f,%f",&i,&j);
    if(i>j)  min=j;
    else  min=i;
}
```

把此程序看做一个文本串，输入到内存后如图 4-7 所示。图中“↓”为换行符。为了方便管理，在进入文本编辑时，编辑程序先为文本串建立相应的页表和行表，页表的每一项给出了页号和该页的起始行号，行表的每一项则给出了每一行的行号、起始地址和该行子串的长度。假设图 4-7 中文本串只占一页，且起始行号为 100，则该文本串的行表如图 4-8 所示。

m	a	i	n	(	)	{	↓			f	l	o	a	t	
i	,	j	,	m	i	n	;	↓			s	c	a	n	f
(	“	%	f	,	%	f	”	,	&	i	,	&	j	)	;
↓			i	f		i	>	j			m	i	n	=	j
;	↓			e	l	s	e			m	i	n	=	i	;
↓	}	↓													

图 4-7　文本格式示例图

文本编辑过程如下：

首先，输入文本。与此同时，编辑程序将建立行表。假设此例的行号从 100 开始，每当给出一个行号，编辑程序就先检查行表。如果给出的行号在行表中，则需要进行的处理为删除或修改；如果给出的行号不在行表中，则为插入一个新行。

行号	起始地址	长度
100	201	8
101	209	17
102	226	24
103	250	17
104	267	15
105	282	2

图 4-8　文本串的行表

插入一行时，一方面，要在文本末尾的空闲工作区写出该行的串值；另一方面，要在行表中建立该行的信息。为了维持行号由小到大的顺序，保证能迅速地查找行号，可能要移动行表中原有的一些行号，以便插入新行号。例如，插入行号为 99，则行表中从 100 开始的行号全部需要往下移动。

删除一行时，只要在行表中删除这个行号就等于从文本中抹去了这一行，因为对文本的访问是通过行表实现的。例如，要删除第 103 行，则行表中从 104 行起的行号应往上移动，以覆盖行号 103 及其相应的信息。

文本编辑是串操作的应用，其基本操作算法请读者自行编写。

小　结

串是一种特殊的线性表，它的结点仅由一个字符组成。串的应用非常广泛，凡是涉及字符处理的领域都要使用串。很多高级语言都具有较强的串处理功能，C 语言更是如此。

本章主要介绍了串的有关概念，存储结构及串的基本运算和实现。堆结构存储方式的串既有顺序存储结构的特点，又有动态存储的特点，所以使用起来更显灵活，因此，在串处理的应用程序中，经常选用串的这种存储方式来存储串。读者应着重掌握堆结构存储方式及串的几种基本运算。

习　题　4

1．判断题（判断下列各题是否正确，如果正确在括号内打“√”，否则打“.”）

（1）如果两个串含有相同的字符，则说明它们相等。（　　）

（2）如果一个串中的所有字符均在另一串中出现，那么则说明前者是后者的子串。（　　）

（3）设有两个串 p 和 q，其中 q 是 p 的子串，把 q 在 p 中首次出现的位置作为子串 q 在 p 中的位置的算法称为匹配。（　　）

2．选择题（从下列选项中选择正确的答案）

（1）串是（　　）。

A. 少于一个字母的序列　　B. 任意个字母的序列

C. 不少于一个字符的序列　　D. 有限个字符的序列

（2）设字符串 $s1$='ABCDEFG'，$s2$='PQRST'，T、sub1、sub2 为空串，则运算 s=Concation(T,SubString(sub1,$s1$,2,SubLength($s2$)),SubString(sub2,$s1$,SubLength($s2$),2))后的串 T 的值为（　　）。

A. 'BCDEF'　　B. 'BCDEFG'　　C. 'BCPQRST'

D. 'BCDEFEF'　　E. 'BCQR'

（3）串的长度是（　　）。

A. 串中不同字母的个数　　B. 串中不同字符的个数

C. 串中所含字符的个数，且大于0　　D. 串中所含字符的个数

（4）如果某串的长度小于一个常数，则采用（　　）存储方式最为节省空间。

A. 链式　　B. 堆结构　　C. 顺序

（5）设有两个串 *p* 和 *q*，求 *q* 在 *p* 中首次出现的位置的运算（　　）。

A. 连接　　B. 模式匹配

C. 求子串　　D. 求串长

（6）串的连接运算不满足（　　）。

A. 分配律　　B. 交换律　　C. 结合律

3．综合题

（1）空白串与空串有什么区别？字符串中的空白符号有什么意义？

（2）假定串采用块链接表示，试写出删除一个子串的算法。

（3）比较串的3种存储方式的优点和缺点。

（4）已知：*s*='xyz*'，*t*='(x+y)*z'。试利用连接、求子串和置换等基本运算，将 *s* 转换为 *t*。

（5）试分别写出算法 insert(*a*,*i*,*b*)和算法 delete(*a*,*b*)。其中，insert(*a*,*i*,*b*)是将串 *b* 插入在串 *a* 中位置 *i* 之后；delete(*a*,*b*)是将串 *a* 中的子串 *b* 删除。

第5章 数组

在介绍数组之前，先来复习一下线性表。线性表又称顺序表或有序表，其特性是每一项数据是依据它在链表的位置所形成的一个线性排列次序，所以 $x[i]$会出现在 $x[i+1]$之前。

线性表经常发生的操作如下：

① 取出列表中的第 i 项，$0 \leqslant i \leqslant n-1$。

② 计算列表的长度。

③ 由左至右或由右至左读此列表。

④ 在第 i 项加入一个新值，使原来的第 $i,i+1,\cdots,n$ 项变为第 $i+1,i+2,\cdots,n+1$ 项，开始项及其后的数据项都要向后移动一位。

⑤ 删除第 i 项，使其原来的第 $i+1,i+2,\cdots,n$ 项变为第 $i,i+1,\cdots,n-1$ 项，即在第 i 项之后的数据都会往前移动一位。

在 C 程序语言中常利用数组实现线性表，C 的数组是从 0 开始的。

线性表中的数据元素本身也是一个数据结构，数组是线性表的推广。矩阵问题是科学计算中常遇到的问题，矩阵在程序设计中采用数组结构存储，一些特殊矩阵采用特殊方法存储。

5.1 数组及其基本操作

数组的逻辑结构是一种线性结构，确切地说，数组是一个定长的线性表。

5.1.1 数组的概念

1. 数组的定义

数组是由一组相同类型的数据元素构成的有限序列，且存储在地址连续的内存单元中。数据元素既可以是整数、实数等简单类型，也可以是数组等构造类型。数据元素在数组中的相对位置由其下标确定。若数组只有一个下标，这样的数组称为一维数组，如果把数据元素的下标顺序变成线性表中的序号，则一维数组就是一个线性表。当数组的每一个数组元素都含有两个下标时，该数组称为二维数组。例如，$m \times n$ 阶矩阵就是一个二维数组。

可以把一个二维数组看做每个数据元素都是相同类型的一维数组的一维数组，这样，也可以把二维数组看做一个线性表。依此类推，一个三维数组可以看做一个每个数据元素都是相同类型的二维数组的一维数组。

基于上述的角度，可以定义 n 维数组，即将二维数组看做一个定长线性表：它的每个数据元素也是一个线性表。例如，图 5-1（a）是一个二维数组，以 m 行 n 列的矩阵表示，它可以看做一个线性表：

$$A=(a_1,a_2,\ldots,a_p) \qquad (p=m \text{ 或 } n)$$

其中，每个数据元素 a_j 是一个列向量形式的线性表，如图 5-1（b）所示。

$$a_j=(a_{1j},a_{2j},\ldots,a_{mj}) \qquad 1\leqslant j\leqslant n$$

或者，也可以说 a_i 是一个行向量形式的线性表，如图 5-1（c）所示。

$$a_i=(a_{i1},a_{i2},\ldots,a_{in}) \qquad 1\leqslant i\leqslant m$$

在 C 语言中，一个二维数组类型可以定义为其分量类型为一维数组类型的一维数组类型，即

```
typedef Element Type Array2[m][n];
```

等价于

```
typedef ElementType Array1[n];
typedef Array1 Array2[m];
```

同理，一个 n 维数组类型可以定义其数据元素为 n-1 维数组类型的一维数组类型。

$$A_{m\times n}=\begin{pmatrix} a_{11} & a_{12} & \cdots & a_{1n} \\ a_{21} & a_{22} & \cdots & a_{2n} \\ \cdots & \cdots & \cdots & \cdots \\ a_{m1} & a_{m2} & \cdots & a_{mn} \end{pmatrix}$$

(a) 矩阵形式表示

$$A_{m\times n}=\left(\begin{pmatrix} a_{11} \\ a_{21} \\ \vdots \\ a_{m1} \end{pmatrix} \begin{pmatrix} a_{12} \\ a_{22} \\ \vdots \\ a_{m2} \end{pmatrix} \cdots \begin{pmatrix} a_{1n} \\ a_{2n} \\ \vdots \\ a_{mn} \end{pmatrix}\right)$$

(b) 列向量的一维数组表示

$$A_{m\times n}=\left((a_{11} \quad a_{12} \quad \cdots \quad a_{1n}),(a_{21} \quad a_{22} \quad \cdots \quad a_{2n}),\cdots,(a_{m1} \quad a_{m2} \quad \cdots \quad a_{mn})\right)$$

(c) 行向量的一维数组表示

图 5-1　二维数组示意图

2. 数组的主要性质

归纳上述内容，可得出数组的下述主要性质：

① 数组中的数据元素数目固定。一旦定义了一个数组，它的维数和维界就不能再改变，只能对数组进行存取元素和修改元素值的操作了。

② 数组中的数据元素具有相同的数据类型。

③ 数组中的每个数据元素都和一组唯一的下标值对应。

④ 数组是一种随机存储结构，可根据元素下标随机存取数组中的任意数据元素。

3. 数组的基本操作

每个数组必须具备以下两种基本操作：

（1）随机存储

随机存储是指给定一组下标，可将一个数据元素存到该组下标对应的内存单元中。例如，数组 a 定义如下：

```
int a[3][2];
```

若给定一组下标(1,1)，要把数据元素 10 存到 a 数组相应下标的内存单元中，操作如下：

```
a[1][1]=10;
```

（2）随机读取

随机读取是指从给定的一组下标所对应的内存单元中读取出一个数据元素。例如，变量 c 和

数组 a 定义如下：

```
int c,a[3][3];
```

要从给定的 a 数组的一组下标(2,1)所对应的内存单元中取出数据元素赋给变量 c，操作如下：

```
c=a[2][1];
```

另外，有些高级程序设计语言还支持数组的如下操作：

（1）数组列表

数组列表是指列出数组中的每个数据元素。

（2）矩阵运算

矩阵运算一般包括矩阵加、矩阵减、矩阵乘和矩阵求逆等运算。

5.1.2 数组的基本操作

数组不做插入和删除操作，当数组建立后，数组元素的个数和元素之间的关系就不再发生变化。数组没有加工类型的操作，仅可以改变数组元素的值，不可以改变数组的结构。因此，对数组一般只有取数组元素值和修改数组元素值两个主要操作。数组的基本操作如下：

① InitArray(&A,n,c_1,…,c_n)：构造 n 维数组 A，并返回 OK。

② DestoryArray（&A）：销毁数组 A。

③ Value(A,&e,c_1,…,c_n)：如果 A 是 n 维数组，e 是数组元素变量，c_1,…,c_n 为 n 个下标值。

操作结果：如果各个下标不超界，那么将数组 A 的所指定数组元素值赋予 e。

④ Assign(&A,e,c_1,…,c_n)：如果 A 是 n 维数组，e 是数组元素变量，c_1,…,c_n 为 n 个下标值。

操作结果：如果各个下标不超界，那么 e 赋值为所指定的 A 的数组元素值。

在上面操作中，以&开头的参数为引用参数。

5.2 数组的存储结构

数组具有有序性，即数组中每个元素是有序的，并且元素之间的次序不能改变。因此，在计算机内存中必须使用一片连续的存储单元来表示数组，称为数组的顺序分配，将这种存储方式称为数组的顺序存储结构。若用一维数组来表示多维数组，则需要使用向量作为数组的存储结构。

数组的顺序存储结构是将数组元素顺序地存放在一片连续的存储单元中。在数组的顺序存储结构中，数组元素的存取是随机的。也就是说，存取数组中任一元素的时间是相等的，只要给出某个元素的地址，便可访问该元素。下面介绍如何确定数组中元素的地址。

由于存储单元是一维的结构，而数组可以是一维的结构，也可以是多维的结构，则用一组连续存储单元存放数组的数据元素就有个次序规定问题。例如，图 5-1（a）所示的二维数组既可以看做图 5-1（c）所示的一维数组，也可看做图 5-1（b）所示的一维数组。所以对二维数组可有两种存储方式：一种以列序为主序的存储方式，如图 5-2（a）所示；一种是以行序为主序的存储方式，如图 5-2（b）所示。在 C 语言中都是以行序为主序的存储结构方式。

对于数组，一旦规定了维数和各维的长度，便可为它分配存储空间。反之，只要给出一组下标，便可求得相应数组元素的存储位置。下面以行序为主序的存储结构为例说明如何求得相应数组元素的存储位置。

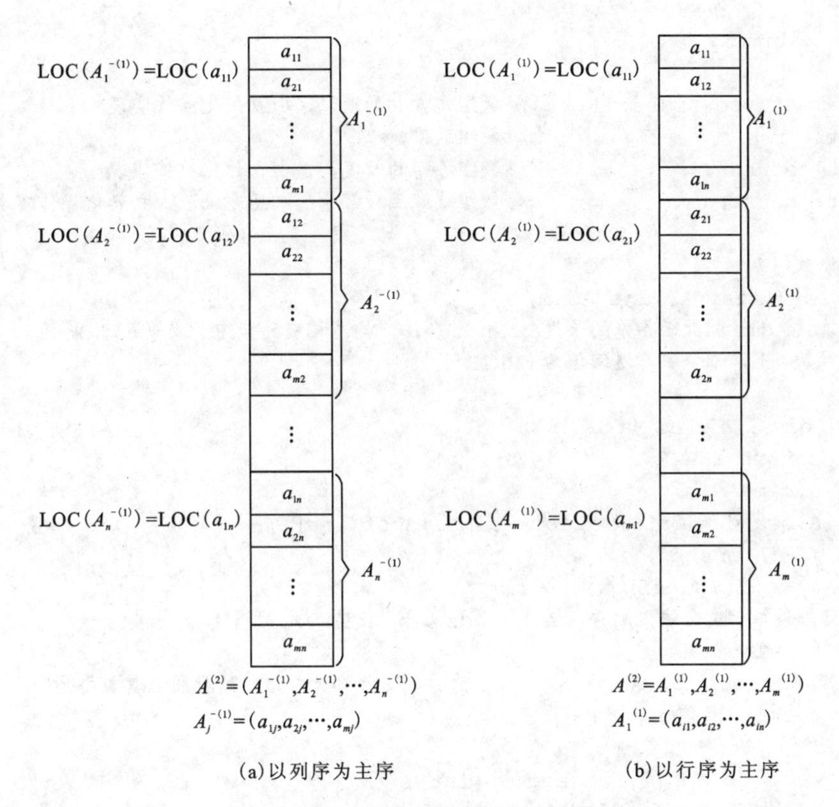

图 5-2　二维数组的两种存储方式

假定每个数据元素占 L 个存储单元，则二维数组 $\boldsymbol{A}$ 中任一 a_{ij} 的存储位置可用下式确定：

$$LOC[i,j]=LOC[0,0]+(b_2\times i+j)\times L$$

式中，LOC[i,j]是 a_{ij} 的存储位置；LOC[0,0]是 a_{00} 的存储位置，即二维数组 A 的起始存储位置，又称基址。

与二维数组类似，三维数组 $a[t_1][t_2][t_3]$可以看做一个 t_1 个 $t_2\times t_3$ 的二维数组，给定了数组的第一个元素的起始地址及每个元素所占的存储单元数，就可推出任一元素的存储地址。将上式推广到一般情况，就可得到 n 维数组的数据元素存储位置的计算公式：

$$LOC[j_1,j_2,\cdots,j_n]=LOC[0,0,\cdots,0]+(b_2\times\cdots\times b_n\times j_1+b_3\times\cdots\times b_n\times j_2+\cdots+b_n\times j_{n-1}+j_n)\times L$$
$$=LOC[0,0,\ldots,0]+(\sum_{i=1}^{n-1} j_i\prod_{k=i+1}^{n} b_k+j_n)\times L$$

上式又称 n 维数组的映像函数。式中可看出，数组元素的存储位置是其下标的线性函数。

数组的顺序存储算法如下：

```
#define MAX ARRAY DIM 10        /*假设数组维数的最大值为10*/
typedef struct
{
   ElementType *base;           /*数组元素初始地址，由初始化操作实现*/
   int dim;                     /*数组的维数*/
   int *bounds;                 /*数组各维的长度，也由初始化操作实现*/
   int *const ;                 /*数组映像函数常量的初始地址，由初始化操作实现*/
}Array;
```

实现数组的初始化算法如下：

```
#define MAXDIM 10               /*假设数组维数的最大值为10*/
```

```
typedef struct
{
   ElementType *base;        /*数组元素初始地址，由初始化操作实现*/
   int dim;                  /*数组的维数*/
   int *bounds;              /*数组各维的长度，也由初始化操作实现*/
   int *const;               /*数组映像函数常量的初始地址，由初始化操作实现*/
}Array;
/*初始化数组 A*/
InitArray(Array &A,int Adim)
/*如果维数 Adim 和数组各维的长度 bounds 合法，构造相应的数组 A，并返回 OK 值*/
/*如果维数 Adim 不合法，返回值为 ERROR*/
{
   if(Adim<1||Adim>MAXDIM)
      return ERROR;
      A.dim=Adim;
      A.bounds=(int*)malloc(Adim*sizeof(int));
      if(!A.bounds)
         exit(overflow);
   /*如果各维长度合法，则存入 A.bounds，并求出 A 的元素总数 totalnum*/
      totalnum=1;
      va_start(ap, Adim);  /*ap 为存放变长参数表信息的数组，其类型为 va_list*/
      for(i=0;i<Adim;i++)
      {
         A.bounds[i]=va_arg(ap,int);
         if(A.bounds[i]<0)
            return(underflow);
         totalnum=A.bounds[i];
      }
      va_end(ap);
      A.base=(ElemType*)malloc(dim*sizeof(ElemType));
      if(!A.base)
         exit(overflow);
         A.const=(int*)malloc(dim*sizeof(int));
      if(!A.const)
         exit(overflow);
      A.const [Adim-1]=1;  /*指针的增减以元素的大小为单位*/
      for(i=Adim-2;i>=0,i--)
         A.const[i]=A.bounds[i+1]*A.const[i+1];
      return  OK;
}
```

【例】现有 200 名考生，每人参加 5 门课程考试，写出任一考生的总分数和任一门课程总分数的算法。

把考生的考试成绩用一个 $m\times n$ 的二维数组存储，则第 i 行（$0\leqslant i<m$）第 j 列（$0\leqslant j<n$）列中存放的是第 i 个考生的第 j 门课程的考试成绩，数据结构如下：

```
#define M 200                  /*考生的人数*/
#define N 5                    /*每个考生参加考试的课程门数*/
int Ascore[M][N];              /*存放考生成绩的二维数组*/
```

实现其功能的算法如下：

```
/*求第 i 名考生的总分数*/
int StuScore(int Ascore[],int i)
```

```
{
    int j,StuSum;
    StuSum=0;                                  /*赋初值*/
    for(j=0;j<N;j++)
        StuSum=StuSum+Ascore[i×N+j];           /*求第i名考生的总分*/
        return(StuSum);
}
/*求j门课程总分数*/
int CourseTotal(int Ascore[],intj)
{
    int i,CourseSum;
    CourseSum=0;                               /*赋初值*/
    for(i=0;i<M;i++)
        CourseSum=CourseSum+Ascore[i×N+j];     /*求j门课程的总分*/
        return(CourseSum);
}
```

5.3 数组在矩阵运算中的应用

矩阵运算在科学和工程计算领域有着非常广泛的应用，尤其在数字信号处理、模式识别、数据压缩等领域。而在数据结构中，重点研究的是在计算机内如何表示和使用矩阵，以及如何对矩阵进行高效运算。实际软件开发中，通常使用二维数组作为矩阵的存储结构。实际情况中，矩阵中的元素值是有一些规律可循，在对其进行数值分析后，可以发现其中有很多值相同，针对这种情况，为了节约存储空间，通常对这类矩阵按照一定的方式进行压缩存储。

① 特殊矩阵：其数据元素的值表现出多处相同或多数元素值为零，并且这些特殊数据元素在矩阵中的分布存在一定规律，则称这样的矩阵为特殊矩阵。

② 稀疏矩阵：一个矩阵中的非零元素远远少于零元素的矩阵。

③ 压缩存储：是指为多个值相同的元素只分配一个存储空间，而对零元素不分配存储空间。压缩存储必须能够体现矩阵的逻辑结构。

下面介绍几种特殊矩阵和稀疏矩阵的压缩存储结构。

5.3.1 特殊矩阵的压缩存储

1. 对称矩阵的压缩存储

若一个 n 阶矩阵 $\boldsymbol{A}$ 中的元素满足下述关系

$$a_{ij}=a_{ji} \qquad 1\leqslant i,j\leqslant n$$

时，称为对称矩阵。图5-3所示为一个四阶对称矩阵。

$$\begin{pmatrix} 1 & 2 & 3 & 4 \\ 2 & 1 & 4 & 3 \\ 3 & 4 & 1 & 4 \\ 4 & 3 & 4 & 1 \end{pmatrix}$$

图5-3 四阶对称矩阵

根据对称矩阵的特点，可以将矩阵中存在的每一对对称元素分配一个存储空间，那样就只需要 $n(n+1)/2$ 个元素存储空间就可以将 n^2 个元素保存。在表示对称矩阵时，只需要以行序为主序存储其下三角（包括对角线）中的元素。

假设以一维数组 array $[n(n+1)/2]$作为 n 阶对称矩阵 $\boldsymbol{A}$ 的存储结构，则 array $[k]$和矩阵中的元素 a_{ij} 之间存在着下述一一对应的关系：

$$k=\begin{cases}\dfrac{i(i-1)}{2}+j-1 & i\geqslant j\\ \dfrac{j(j-1)}{2}+i-1 & i<j\end{cases}$$

对于任意给定的一组下标(i,j)，可在 array 中找到矩阵元素 a_{ij}；反之，对所有的 $k=0,1,2,\ldots,n(n+1)/2-1$，都可以确定 array[$k$]中的元素在矩阵中的位置$(i, j)$。因此，可以称 array[$n(n+1)/2$]为 n 阶对称矩阵 $\boldsymbol{A}$ 的压缩存储，如图 5-4 所示。

	a_{11}	a_{21}	a_{22}	a_{31}	…	$a_{n,0}$	…	$a_{n,n}$
$k=$	0	1	2	3		$\frac{n(n-1)}{2}$		$\frac{n(n+1)}{2}-1$

图 5-4　对称矩阵的压缩存储

2．三角矩阵的压缩存储

（1）下三角矩阵

在一个 n 阶矩阵中，矩阵中的元素 A 满足当 $i<j$ 时，$a_{ij}=0$，这个矩阵则被称为下三角矩阵。如图 5-5（a）所示，下三角矩阵中的右上方元素均为零元素。

（2）上三角矩阵

在一个 n 阶矩阵中，矩阵中的元素 A 满足当 $i>j$ 时，$a_{ij}=0$，这个矩阵则被称为上三角矩阵。如图 5-5（b）所示，上三角矩阵中，它的主对角线的左下方元素均为零元素。

$$\begin{pmatrix}2&0&0&0&0\\3&2&0&0&0\\4&3&3&0&0\\5&4&4&4&0\\6&5&5&5&5\end{pmatrix}\qquad\begin{pmatrix}1&1&1&1&1\\0&2&2&2&2\\0&0&3&3&3\\0&0&0&4&4\\0&0&0&0&5\end{pmatrix}$$

(a)下三角矩阵　　(b)上三角矩阵

图 5-5　三角矩阵

在上三角矩阵中，按行优先顺序存放上三角矩阵中的元素 a_{ij} 时，a_{ij} 元素前有 i 行（从第 0 行到第 i-1 行），一共有$(n-0)+(n-1)+(n-2)+\ldots+(n-i)=i\times(2n-i+1)/2$ 个元素；在第 i 行上，a_{ij} 之前有 $j-i$ 个元素（即 a_{ij}，a_{ij+1}，…，$a_{i,j-1}$），因此有 array $[i\times(2n-i+1)/2+j-i]=a_{ij}$ 地址 k 的计算公式为

$$k=\begin{cases}i\times(2n-i+1)/2+j-i & i\leqslant j\\ n\times(n+1)/2 & i>j\end{cases}$$

在三角矩阵中，零元素占据了整个矩阵的 1/2，为节省存储空间，它的存储除了和对称矩阵一样，只存储其下（上）三角中的元素外，还需要再加一个存储常数 c 的存储空间。

三角矩阵中 a_{ij} 和 array[k]之间的对应关系如下：

$$k=\begin{cases}i\times(i+1)/2+j & i\geqslant j\\ n\times(n+1)/2 & i<j\end{cases}$$

3．对角矩阵的压缩存储

对角矩阵所有的非零元均集中在以对角线为中心的带状区域中的 n 阶方阵，即除了主对角线上和直接在对角线上、下方若干条对角线上的元素外，其他元素皆为零。如图 5-6 所示，可按某个原则（或以行为主，或以对角线的顺序）将对角矩阵压缩到一维数组中。

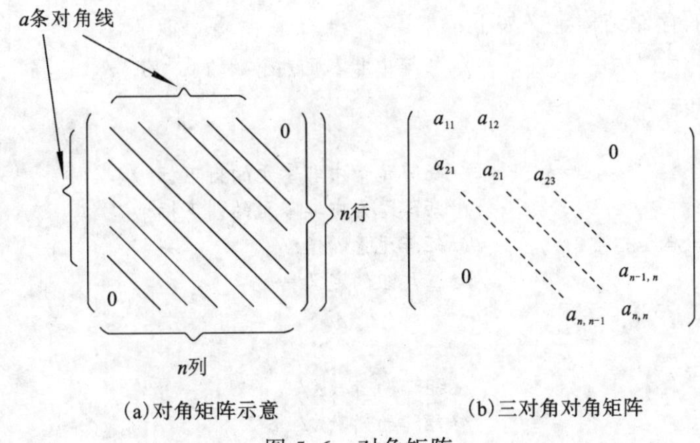

图 5-6　对角矩阵

总而言之，对特殊矩阵（如对称矩阵、三角矩阵、对角矩阵等）的压缩方法是：找出这些特殊矩阵中元素的分布规律，把有分布规律的、相同值的元素（包括零元素）压缩存储到一个存储空间中。这样的压缩存储只需要按公式映射，即可实现矩阵元素的随机存取。

5.3.2　稀疏矩阵的压缩存储

判断一个矩阵为稀疏矩阵的方法是：阶数较大的矩阵中非零元素个数比矩阵元素的总个数小很多时，即可称之为稀疏矩阵。图 5-7 所示的 $\boldsymbol{M}$ 和 $\boldsymbol{T}$ 矩阵就是稀疏矩阵，因为 $\boldsymbol{M}$ 和 $\boldsymbol{T}$ 各具有 36 个元素，分别只有 7 个和 8 个非零元素。如果用二维数组表示稀疏矩阵，将造成存储空间的浪费，因此需要寻找规律，对其进行压缩存储。

矩阵中的每个元素都可以用其行标和列标来表示各自的位置。按照压缩存储的概念，只需要存储稀疏矩阵的非零元素即可。因此，除了存储非零元素的值外，还必须记下元素所在行和列的位置(i,j)。这样，一个三元组(i,j,a_{ij})唯一确定了矩阵 $\boldsymbol{A}$ 的一个非零元素。因此，稀疏矩阵可由表示非零元素的三元组及其行列数唯一确定。例如，下列三元组表

$$((1,1,9),(1,3,9),(2,5,6),(3,1,-8),(4,3,44),(5,2,33),(6,1,22))$$

加上 6×6 行列值便可作为图 5-7 中矩阵 $\boldsymbol{M}$ 的另一种描述。而由上述三元组表的不同表示方法可引出稀疏矩阵不同的压缩存储方法。

$$\boldsymbol{M}_{6\times6}=\begin{pmatrix} 9 & 0 & 9 & 0 & 0 & 0 \\ 0 & 0 & 0 & 0 & 6 & 0 \\ -8 & 0 & 0 & 0 & 0 & 0 \\ 0 & 0 & 44 & 0 & 0 & 0 \\ 0 & 33 & 0 & 0 & 0 & 0 \\ 22 & 0 & 0 & 0 & 0 & 0 \end{pmatrix}$$

图 5-7　稀疏矩阵 $\boldsymbol{M}$

1. 三元组顺序表

对于任何一个稀疏矩阵，若把它的每个非零元素表示为三元组，并按行号的递增顺序（同一行按列的递增顺序）排列，那么就构成一个稀疏矩阵的三元组线性表。

三元组顺序表的存储结构定义如下：

```
#define MAXSIZE 256              /*矩阵中非零元素个数的最大值*/
typedef struct
{
    int i;                       /*矩阵元素中非零元的行下标*/
    int j;                       /*矩阵元素中非零元的列下标*/
    ElementType e;               /*矩阵元素的值*/
}Triple;                         /*三元组的定义*/
typedef struct
{
    int mu;                      /*矩阵的行数*/
    int nu;                      /*矩阵的列数*/
    int tu;                      /*矩阵的非零元素个数*/
    Triple data[MAXSIZE+1];      /*data 为非零元三元组表，data[0]没有用*/
}Tabletype;                      /*三元组顺序表的定义*/
```

data 域中表示的非零元素三元组若是以行序为主序顺序排列的，则是一种下标按行列有序的存储结构。从下面的介绍中容易得出这种存储结构可简化大多数矩阵的运算算法。矩阵的运算包括矩阵转置、矩阵相加、矩阵相减、矩阵相乘、矩阵求逆等。这里仅介绍在行列有序的存储结构下实现矩阵运算中的矩阵转置运算和矩阵相乘运算的方法。

（1）矩阵转置

矩阵转置是一种最简单的矩阵运算。对于一个 $m \times n$ 的矩阵 $\boldsymbol{M}$，它的转置矩阵 $\boldsymbol{N}$ 是一个 $n \times m$ 的矩阵，且 $\boldsymbol{N}(i,j)=\boldsymbol{M}(j,i)$，$1 \leqslant i \leqslant n$，$1 \leqslant j \leqslant m$。例如，图 5-8 中的矩阵 $\boldsymbol{M}$ 和 $\boldsymbol{N}$ 互为转置矩阵。

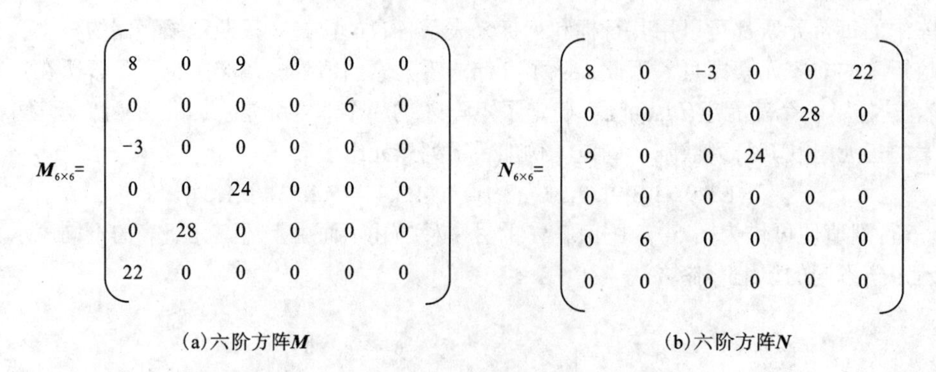
$$\boldsymbol{M}_{6\times6}=\begin{pmatrix} 8 & 0 & 9 & 0 & 0 & 0 \\ 0 & 0 & 0 & 0 & 6 & 0 \\ -3 & 0 & 0 & 0 & 0 & 0 \\ 0 & 0 & 24 & 0 & 0 & 0 \\ 0 & 28 & 0 & 0 & 0 & 0 \\ 22 & 0 & 0 & 0 & 0 & 0 \end{pmatrix} \quad \boldsymbol{N}_{6\times6}=\begin{pmatrix} 8 & 0 & -3 & 0 & 0 & 22 \\ 0 & 0 & 0 & 0 & 28 & 0 \\ 9 & 0 & 0 & 24 & 0 & 0 \\ 0 & 0 & 0 & 0 & 0 & 0 \\ 0 & 6 & 0 & 0 & 0 & 0 \\ 0 & 0 & 0 & 0 & 0 & 0 \end{pmatrix}$$

(a)六阶方阵$\boldsymbol{M}$ (b)六阶方阵$\boldsymbol{N}$

图 5-8 互为转置矩阵的稀疏矩阵 $\boldsymbol{M}$ 和 $\boldsymbol{N}$

显然，一个稀疏矩阵的转置矩阵仍然是一个稀疏矩阵。设 a 和 b 是 Tabletype 型的变量，分别表示矩阵 $\boldsymbol{M}$ 和 $\boldsymbol{N}$。分析图 5-8 中 $\boldsymbol{M}$ 和 $\boldsymbol{N}$，可以得知 a 和 b 之间的差异，要实现三元组顺序表的转置，只需要实现以下三点：

① 将矩阵的行列值相互交换。

② 将每个三元组中的 i 和 j 相互调换。

③ 重新排列三元组之间的顺序即可实现矩阵的转置。

前两条是容易实现的，关键的是如何实现第三条，即如何使 b.data 中的三元组是以 $\boldsymbol{N}$ 的行（$\boldsymbol{M}$ 的列）为主序依次排列。

i	j	e
1	1	8
1	3	9
2	5	6
3	1	-3
4	3	24
5	2	28
6	1	22

a.data

i	j	e
1	1	8
3	1	9
5	2	6
1	3	-3
3	4	24
2	5	28
1	6	22

b.data

针对上述三点，提出如下解决方法：

按照 b.data 中三元组的次序，依次在 a.data 中找到相应的三元组，然后进行转置，即按照矩阵 ***M*** 的列序进行转置。为了找到 ***M*** 的每列中所有的非零元素，需要从三元组表 a.data 的第一行起整个扫描一遍。由于在 a.data 中是以 ***M*** 的行序为主序来存储每个非零元素的，所以得到的 b.data 恰是应有的顺序，这样就不需要考虑重新排序。

矩阵转置算法如下：

```
#include <stdio.h>
#include <stdlib.h>
#define MAXSIZE 20                 /*假设矩阵中非零元素个数的最大值为 20*/
typedef struct
{
   int i;                          /*矩阵元素中非零元素的行下标*/
   int j;                          /*矩阵元素中非零元素的列下标*/
   int e;                          /*矩阵元素的值*/
}Triple;                           /*三元组的定义*/
typedef struct
{
   int mu;                         /*矩阵的行数*/
   int nu;                         /*矩阵的列数*/
   int tu;                         /*矩阵的非零元素个数*/
   Triple data[MAXSIZE+1];         /*data 为非零元三元组表，data[0]没有用*/
}Tabletype;                        /*三元组顺序表的定义*/
/*输出矩阵 m*/
void out_matrix(struct Tabletype m);
/*将矩阵 a 转置，并将结果存入指针 b 指向的矩阵中*/
void TransposeSMatrix(struct Tabletype a,struct Tabletype *b);
/*主函数*/
main()
{/*声明并初始化矩阵 a*/
   struct Tabletype a={6,7,8,{{1,2,12},{1,3,9},{3,1,-3},{3,6,14},{4,3,24},
                      {5,2,18},{6,1,15},{6,4,-7}}};
   struct Tabletype b;       /*声明矩阵 b*/
   out_matrix(a);
   TransposeSMatrix(a,&b);   /*对矩阵 a 转置，并将结果存入矩阵 b*/
   printf("The followed matrix is the TransposeSMatrix of the front
        matrixe\n");
   out_matrix(b);
   exit(0);
}
```

```
void out_matrix(struct Tabletype m)
{
    int i,j,k;
    k=0;
    for(i=1;i<=m.mu;i++)
    {
        for(j=1;j<=m.nu;j++)
            /*非零元素*/
            if((m.data[k].i==i)&&(m.data[k].j==j))
            {
                printf("%5d",m.data[k].e);
                k++;
            }
            /*零元素*/
            else
                printf("%5d",0);
        printf("\n");
    }
}
void TransposeSMatrix(struct Tabletype a,struct Tabletype *b)
{
    int p,q,col;
    (*b).mu=a.nu;
    (*b).nu=a.mu;
    (*b).tu=a.tu;
    if((*b).tu)
    {
        q=1;                           /*b.data 的下标*/
        for(col=1;col<=a.nu;col++)
            for(p=1;p<a.tu;p++)        /*p 为 a 的下标*/
                if(a.data[p].j==col)   /*以*b.data[q]的 i 域次序搜索*/
                {
                    (*b).data[q].i=a.data[p].j;
                    (*b).data[q].j=a.data[p].i;
                    (*b).data[q].e=a.data[p].e;
                    q++;
                }
    }
}
```

对这个程序进行分析，可以得知最主要的工作在 p 和 col 的二重循环中完成，所以算法的时间复杂度为 $O(\mathrm{nu}\times\mathrm{tu})$，也即与 $\boldsymbol{M}$ 的列数和非零元素个数的乘积成正比。一般矩阵的转置算法为

```
for(col=1;col<=nu;col++)
    for(row=1;row<=mu;row++)
        N[col,row]=M[row,col];
```

其时间复杂度为 $O(\mathrm{mu}\times\mathrm{nu})$。当非零元的个数 tu 和 mu×nu 数量级相同时，上述程序的时间复杂度为 $O(\mathrm{mu}\times\mathrm{nu}^2)$（例如，在 100×500 的矩阵中有 tu=20 000 个非零元素），虽然节省了存储空间，但时间复杂度却提高了，对其他几种矩阵运算也是一样。可见常规的非稀疏矩阵应采用二维数组存储，只有在 tu<<mu×nu 的情况下，才可采用三元组顺序存储结构。此结论也同样适用于下面介绍的三元组的十字链表。

（2）矩阵相乘

两个矩阵相乘是另一种常用的矩阵运算。

已知：**M** 是 $m1 \times n1$ 的矩阵，**N** 是 $m2 \times n2$ 的矩阵。

当 $n1=m2$ 时，矩阵 **M** 和 **N** 的乘积为

$$\boldsymbol{Q}=\boldsymbol{M} \times \boldsymbol{N}$$

其中，**Q** 是 $m1 \times n2$ 的矩阵。两个矩阵相乘的算法如下：

```
for(i=1;i<=m1;i++)
   for(j=1;j<=n2;j++)
   {
      Q[i][j]=0;
      for(k=1;k<=n1;k++)
         Q[i][j]+=M[i][k]×N[k][j];
   }
```

这个算法的时间复杂度为 $O(m1 \times n1 \times n2)$。

但是，当 **M** 和 **N** 是稀疏矩阵并且用三元组表存储矩阵时，就不能使用上述算法了。假设 **M** 和 **N** 分别为

$$\boldsymbol{M}=\begin{pmatrix} 3 & 0 & 0 & 5 \\ 0 & -1 & 0 & 0 \\ 2 & 0 & 0 & 0 \end{pmatrix} \qquad \boldsymbol{N}=\begin{pmatrix} 0 & 2 \\ 1 & 0 \\ -2 & 4 \\ 0 & 0 \end{pmatrix}$$

$\boldsymbol{Q}=\boldsymbol{M} \times \boldsymbol{N}$ 的结果为

$$\boldsymbol{Q}=\begin{pmatrix} 0 & 6 \\ -1 & 0 \\ 0 & 4 \end{pmatrix}$$

M、**N**、**Q** 对应的三元组 a.data、b.data 和 c.data 分别如下：

i	j	e
1	1	3
1	4	5
2	2	−1
3	1	2

a.data

i	j	e
1	2	2
2	1	1
3	1	−2
3	2	4

b.data

i	j	e
1	2	6
2	1	−1
3	2	4

c.data

从 **M** 和 **N** 求得 $\boldsymbol{Q}=\boldsymbol{M} \times \boldsymbol{N}$，可分以下两种情况进行：

第一种情况，矩阵 $\boldsymbol{Q}=\boldsymbol{M} \times \boldsymbol{N}$，**Q** 中的元素 $\boldsymbol{Q}[i,j]$可由下式表示

$$\boldsymbol{Q}[i,j]=\sum_{k=1}^{n_1} M(i,k) \times N(k,j) \qquad 1 \leqslant i \leqslant m1, 1 \leqslant j \leqslant n2 \qquad (5\text{-}1)$$

上述算法中，不管 $\boldsymbol{M}[i,k]$和 $\boldsymbol{N}[k,j]$的值是否为零，都需要对它们进行一次乘法运算，但是如果这两者中有一个为零时，它们的乘积就等于零了。为了提高运算效率，对稀疏矩阵进行矩阵相乘运算时，应避免这种无效的操作，也就是说，为求 c（即 **Q**）的值，只需要在 a.data（即 M.data）和 b.data（即 N.data）中找到相应的各对元素，即 a.data 中的 j 值和 b.data 中的 i 值相等的各对元素相乘即可。例如，a.data[1]表示矩阵元素(1,1,3)只需要和 b.data[1]表示的矩阵元素(1,2,2)相乘，而

a.data[2]表示的矩阵元素(1,4,5)就不需要和 b 中的任何元素相乘，因为 b.data 中 i 为 4 的元素都为零元素。由上面的分析可以得知，为了得到非零元素的乘积，只需要对 a.data[1…a.tu]中的每个元素$(i,k,a[i,k])$（$1\leqslant i\leqslant m1,1\leqslant k\leqslant n1$），找到 b.data 中所有相应的元素$(k,j,a[k,j])$（$1\leqslant k\leqslant m2,1\leqslant j\leqslant n2$）相乘即可。

为了便于在 b.data 中寻找矩阵 ***N*** 中第 k 行的所有非零元素，与前面转置算法相似，附设一个向量 rpos[1…*m*2]。首先，求出矩阵 ***N*** 中各行非零元素的个数 num[1…*m*2]，然后求得 ***N*** 中各行的第一个非零元在 b.data 中的位置。显然有

$$\begin{cases} \text{rpos}[1]=1; & \\ \text{rpos}[\text{col}]=\text{rpos}[\text{col}-1]+\text{num}[\text{col}-1]; & 2\leqslant \text{col}<\text{b.mu} \end{cases} \tag{5-2}$$

例如，矩阵 ***N*** 的 rpos 向量的值如图 5-9 所示。

row	1	2	3	4
num[row]	1	1	2	0
rpos[row]	1	2	3	5

图 5-9　矩阵 ***N*** 的 rpos 值

既然 rpos[row]表示 ***N*** 的第 row 行中第一个非零元素在 b.data 中的序号，则 rpos[row+1]−1 就表示第 row 行中最后一个非零元素在 b.data 中的序号。为了表示 ***N*** 的第 *m*2 行中最后一个非零元素在 b.data 中的序号，需要在向量 rpos 中增加一个分量 rpos[m2+1](b.mu=m2)，且 rpos[m2+1]=rpos[m2] +num[m2]。

第二种情况，对稀疏矩阵相乘，可以按如下基本操作步骤操作：对于 a 中每个非零元素 a.data[*p*](*p*=1,2,…,a.tu)，在 b 中找到所有满足条件 a.data[*p*].j=b.data[*q*].i 的元素 b.data[*q*]，然后求出 a.data[*p*].e 和 b.data[*q*].e 的乘积。从式（5-1）可以得知，乘积矩阵 ***Q*** 中每个元素的值是一个累计和，这个乘积只是 ***Q***[*i,j*]的一部分。为了便于操作，可以对每个元素增加一个存储累计和的变量，设其初始值为零，然后对数组 a 进行扫描，求得相应元素的乘积之后，累加到适当的求累计和的变量上。

需要注意的是，两个稀疏矩阵相乘的乘积不一定是稀疏矩阵。反之，即使式（5-1）中每个分量值 ***M***[*i,k*]×***N***[*k,j*]不为零，其累加值 ***Q***[*i,j*]也有可能为零。因此，乘积矩阵 ***Q*** 中的元素是否为非零元素，只有在求得其累加和后才能得知。由于 ***Q*** 中元素的行号和 ***M*** 中元素的行号一致，a 中元素排列是以 ***M*** 的行序为主序的，因此可对 ***Q*** 进行逐行处理，设累计求和的中间变量 ctemp[1…a.nu]存放 ***Q*** 的一行，然后再压缩到 Q.data 中去。

由以上分析，可以获得两个稀疏矩阵相乘（***Q***=***M***×***N***）的过程。

2．十字链表

稀疏矩阵的三元组线性表也可采用链式存储结构，尤其是当矩阵的非零元个数和位置在操作过程中变化较大时，例如，将矩阵 ***B*** 加在矩阵 ***A*** 上，由于非零元的插入和删除将会引起 A.data 中元素的移动。因此，这种类型的矩阵采用链式存储结构表示三元组的线性表更为恰当。

稀疏矩阵的链接存储表示方法有多种，有十字链表的一种存储方法较为常用。在该方法中，每个非零元素用一个结点表示，此结点用 5 个域来表示，其中 i、j 和 e 这 3 个域分别表示该非零元所在的行、列和非零元素的值，right 域用来指示同一行中的下一个非零元素，down 域用来指示同一列中的下一个非零元素。行指针域将稀疏矩阵中同一行上的非零元素链接成一个线性链表，列指针将稀疏矩阵中同一列上的非零元素链接成一个线性链表，每一个非零元既是某个行链表上的一个结点，同时又是某个列链表上的一个结点，整个矩阵构成了一个十字交叉的链表，所以称之为十字链表，可用两个分别存储行链表的头指针和列链表的头指针的一维数组表示。

采用十字链表存储结构，可以较方便地实现矩阵结点的插入和删除操作。

小　结

多维数组是一种简单的非线性结构，它的存储结构比较简单，绝大多数高级语言采用顺序存储方式表示数组，存放顺序有的是行优先，有的是列优先。

在多维数组中，使用最多的是二维数组，它和科技计算中广泛应用的矩阵相对应。对于某些特殊的矩阵，用二维数组表示会浪费空间，本章介绍了相应的压缩存储方法。对元素分布有一定规律的特殊矩阵，通常是将其压缩存储到一维数组中，利用该矩阵和二维数组间元素下标的对应关系式，很容易直接算出元素的存储地址。对于稀疏矩阵，通常采用三元组顺序表和十字链表来存放元素。

习　题　5

1．判断题（判断下列各题是否正确，若正确在括号内打“√”，否则打“×”）

（1）数组是同类型值的集合。（　　）

（2）数组是一组相继的内存单元。（　　）

（3）数组是一种复杂的数据结构，数组元素之间的关系，既不是线性的，也不是树形的。（　　）

（4）插入和删除操作是数据结构中最基本的两种操作，所以这两种操作在数组中也经常使用。（　　）

（5）使用三元组表表示稀疏矩阵的元素，有时并不能节省存储空间。（　　）

2．选择题（从下列选项中选择正确的答案）

（1）设有一个 10 阶的对称矩阵 ***A***，采用压缩存储方式，以行序为主存储，a_{11} 为第一个元素，其存储地址为 1，每个元素占 1 个地址空间，则 a_{85} 的地址为（　　）。

A．13　　B．33　　C．18　　D．40

（2）一个 $n \times n$ 的对称矩阵，如果以行或列为主序存入内存，则其容量为（　　）。

A．$n \times n$　　B．$n \times n/2$　　C．$n \times (n+1)/2$　　D．$(n+1) \times (n+1)/2$

E．$(n-1) \times n/2$　　F．$n \times (n-1)$

（3）二维数组 ***a*** 的每个元素是由 6 个字符组成的串，行下标 i 的范围从 0～8，列下标 j 的范围是从 1～10。从供选择的答案中选出正确答案填入下列关于数据存储叙述中的（　　）内。

① 存放 a 至少需要（　　）字节。

A．90　　B．180　　C．240　　D．270

E．540

② a 的第八列和第五行共占（　　）字节。

A．108　　B．114　　C．54　　D．60

E．150

③ 若 a 按行存放，元素 a[8,5]的起始地址与当 a 按列存放的元素（　　）的起始地址一致。

A．a[8,5]　　B．a[3,10]　　C．a[5,8]　　D．a[0,9]

3．综合题

（1）假设有一个数组 A，其 $A(0, 0)$与 $A(2, 2)$的地址分别在$(1204)_8$与$(1244)_8$，求 $A(3, 3)$的地址（以八进制表示）。

（2）有一个三维数组 $A(-3:2, -2:4, 0:3)$，以行为主排列，数组的起始地址是 318，试求 $A(1,3,2)$所在的地址。

（3）有一个二维数组 $A(0:m-1,0:n-1)$，假设 $A(3,2)$在 1110，而 $A(2,3)$在 1115，若每个元素占一个空间，问 $A(1, 4)$所在的地址。

（4）若将一个对称矩阵（Symmetric Matrix）视为上三角形矩阵来存储，即 a_{11} 存储在 $A(1)$，$a_{12}=a_{21}$ 存储在 $A(2)$，a_{22} 存储在 $A(3)$，$a_{13}=a_{31}$ 存储在 $A(4)$，$a_{23}=a_{32}$ 存储在 $A(5)$，以及 a_{ij} 存储在 $A(k)$。

$$\begin{pmatrix} a_{11} & a_{12} & a_{13} & a_{14} \\ a_{21} & a_{22} & a_{23} & a_{24} \\ a_{31} & a_{32} & a_{33} & a_{34} \\ a_{41} & a_{42} & a_{43} & a_{44} \end{pmatrix} \qquad \begin{pmatrix} a_{11} & a_{12} & a_{13} & a_{14} \\ & a_{22} & a_{23} & a_{24} \\ & & a_{33} & a_{34} \\ & & & a_{44} \end{pmatrix}$$

试求 $A(i,j)$存储的地址（可用 max()与 min()函数来表示，其中，max()函数表示取 i, j 的最大值，min()函数则是取 i, j 最小值）。

（5）有一个正方形矩阵，其存放在一维数组的形式如下：

$$\begin{pmatrix} A(1) & A(2) & A(5) & A(10) & \cdots \\ A(4) & A(3) & A(6) & A(11) & \cdots \\ A(9) & A(8) & A(7) & A(12) & \cdots \\ A(16) & A(15) & A(14) & A(13) & \cdots \\ \vdots & \vdots & \vdots & \vdots & \end{pmatrix}$$

让 a_{ij} 存储在 $\boldsymbol{A}(k)$，试求 $\boldsymbol{A}(i,j)$所在的地址，可用 max()及 min()函数来表示。

（6）试回答下列问题：

① 设计一个算法将 $\boldsymbol{A}_{n\times n}$ 的下三角形存储于数组 $B(1:n(n+1)/2)$中。

② 设计一个算法从上述的数组 B 中取出 $\boldsymbol{A}(i, j)$。

（7）设 $B(n \times m)$是一个二维对称数组，为节省存储单元，只将上三角的元素存于内存中，试推导元素 $B\{i,j\}$（$0\leqslant i\leqslant n, 0\leqslant j\leqslant m$)的位置的公式。

（8）求三维数组按行优先顺序存储的地址公式。

（9）设有三对角矩阵 $A_{n\times n}$，将其三条对角线上的元素逐行地存储到向量 $\boldsymbol{B}[0...3n-3]$中，使得 $\boldsymbol{B}[k]=a_{ij}$,求：

① 用 i, j 表示 k 的下标变换公式。

② 用 k 表示 i,j 的下标变换公式。

第6章 树

数据结构可分为线性结构和非线性结构两大类。前面几章主要研究的是线性结构。一般来说，线性结构只能用来描述数据元素之间的线性顺序关系，很难反映元素之间的层次（分支）关系。本章将要介绍非线性数据结构，非线性结构是指在结构中至少存在一个数据元素，它具有两个或两个以上的直接后继或直接前驱。

树形结构一种非常重要的非线性数据结构，用于描述数据元素之间的层次关系。树结构在客观世界中广泛存在，如人类社会的族谱和各种社会组织机构都可用树来形象表示。经常用到的两种结构是树和二叉树。

本章先介绍树、二叉树的定义、性质及存储结构，重点介绍二叉树的存储结构及其各种操作，并研究树和森林与二叉树之间的转换关系，最后介绍树的应用。

6.1 树

本节首先介绍树的定义，然后在树介绍常用的术语和树基本操作。

6.1.1 树的定义

树是包含 n（$n>0$）个结点的有穷集合 K，且在 K 中定义了一个关系 N，N 满足以下条件：

① 有且仅有一个结点 K_0，它对于关系 N 来说没有前驱，称 K_0 为树的根结点，简称为根（Root）。

② 除 K_0 外，K 中的每个结点对于关系 N 来说有且仅有一个前驱。

③ K 中各结点对关系 N 来说可以有 m 个后继（$m\geqslant 0$）。

如果 $n>1$，除根结点外的其余数据元素被分为 m（$m>0$）个互不相交的集合 $T_1,T_2,\cdots$，T_m，其中，每个集合 T_i（$1\leqslant i\leqslant m$）本身又是一棵树。树 $T_1,T_2,\cdots,T_m$ 称为根结点的子树。

树也可以这样定义：树是由根结点和若干棵子树构成的。

例如，图 6–1（a）是只有一个根结点的树，而图 6–1（b）是有 13 个结点的树，其中 A 是根，其余结点分成 3 个互不相交的子集：$T_1=\{B,E,F,K,L\}$，$T_2=\{C,G\}$，$T_3=\{D,H,I,J,M\}$；T_1、T_2 和 T_3 都是根 A 的子树，且本身也是一棵树。例如 T_1，其根为 B，其余结点分为两个互不相交的子集；$T_{11}=\{E,K,L\}$，$T_{12}=\{F\}$。T_{11} 和 T_{12} 都是 B 的子树，而 T_{11} 中 E 是根结点，$\{K\}$和$\{L\}$是 E 的两棵互不相交的子树，其本身又是只有一个根结点的树。

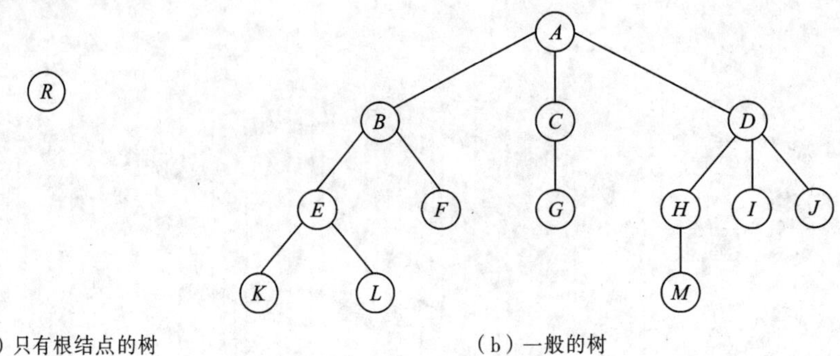

图 6-1　树的示例

可以看出，在树的定义中使用了递归的概念，即在树的定义中又用到树的定义，这就是树的固有特性，因此递归算法是树结构算法的显著特点。

从树的定义和图 6-1 的示例可以看出，树具有下面两个特点：

① 树的根结点没有前驱结点，且除了根结点外的所有结点有且只有一个前驱结点。

② 树结点可以有零个或多个后继结点。

由此可以得知，树结构描述的是层次关系。因此，图 6-2 所示的不是树结构。

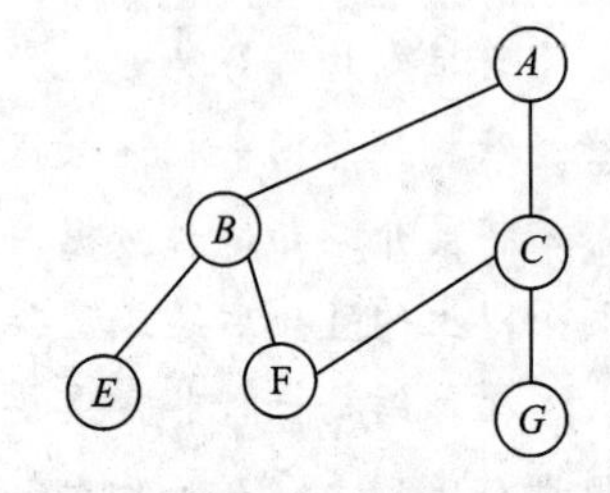

图 6-2　非树结构的示例

6.1.2　树的常用术语

1．树的结点

树的结点包含一个数据元素及若干指向其子树的分支。

2．结点的度

结点所拥有的子树的个数称为该结点的度。例如，在图 6-1（b）所示的树中，A 的度为 3，C 的度为 1，F 的度为 0。

3．终端结点

叶子度为 0 的结点，又称终端结点。在图 6-1（b）所示的树中，结点 K、L、F、G、M、I、J 都是树的叶子。

4．非终端结点

度不为 0 的结点，又称分支结点。一棵树的结点除了叶子结点外，其余都是非终端结点。

5．孩子

结点的子树的根称为该结点的孩子。相应地，该结点称为孩子的双亲。例如，在图 6-1（b）所示的树中，D 为 A 的子树 T_3 的根，则 D 是 A 的孩子，而 A 则是 D 的双亲。

6．兄弟

同一个双亲的孩子之间互称兄弟。例如，在图 6-1（b）所示的树中，H、I 和 J 互为兄弟。

7．结点的祖先

结点的祖先是从根到该结点所经分支上的所有结点。例如，在图 6-1（b）所示的树中，M 的祖先为 A、D 和 H。

8. 子孙

以某结点为根的子树中的任意结点都称为该结点的子孙。例如，在图 6-1（b）所示的树中，B 的子孙为 E、K、L 和 F。

9. 层次

层次性是树形结构的主要特点。结点的层次从根开始定义起，根为第一层，根的孩子为第二层。如果某结点在第 L 层，则其子树的根就在第 L+1 层。其双亲在同一层的结点互为堂兄弟。例如，在图 6-1（b）所示的树中，结点 G 与 E、F、H、I、J 互为堂兄弟。

10. 树的深度

树中各结点层次的最大值称为该树的深度。例如，图 6-1（b）所示的树的深度为 4。这里需要说明的是，树的深度和树的度是两个不同的概念，树的度是树内各结点的度的最大值。例如，图 6-1（b）所示的树的度为 3。

11. 有序树

将树中结点的各子树看做从左向右是有次序的（即不能互换），则称该树为有序树；反之，则称为无序树。在有序树中最左边的子树的根称为第一个孩子，最右边的称为最后一个孩子。

12. 森林

森林是 m（$m\geqslant0$）棵互不相交的树构成的有限集合，即 $F=\{T_1, T_2, …, T_m\}$，其中，T_i（$i=1,2,…,m$）是树，当 m=0 时，F 是空森林。对树中每个结点而言，其子树的集合即为森林。反之，如果给森林 $F=\{T_1,T_2,…,T_m\}$中每棵树的根结点都赋予同一个双亲结点，则就构成一棵树。

6.1.3 树的基本操作

树的基本操作通常有以下几种：

① Initiate(t)：初始化一棵树 t。

② Root(x)：求结点 x 所在树的根结点。

③ Parent(t,x)：求树 t 中结点 x 的双亲结点。

④ Child(t,x,i)求树 t 中结点 x 的第 i 个孩子结点。

⑤ Insert(t,x,i,s)：把以 s 为结点的树插入树 t 中作为结点 x 的第 i 棵子树。

⑥ Delete(t,x,i)：在树 t 中删除结点 x 的第 i 棵子树。

⑦ Tranverse(t)：按某种方式访问树 t 中的每个结点，且使每个结点只被访问一次。这种操作称为遍历。

6.2 二 叉 树

二叉树是树形结构的一个重要类型，许多实际问题抽象出来的数据结构往往是二叉树的形式，即使是一般的树也能简单地转换为二叉树，而且二叉树的存储结构及其算法都较为简单，因此二叉树显得特别重要。

6.2.1 二叉树的定义

1. 二叉树

二叉树 T 是 n（$n\geqslant0$）个有限元素的集合，这个集合或者是空集，或者是由一个根结点和两棵分别称为左子树和右子树的互不相交的二叉树组成。即当 $T\neq\Phi$ 时，T 满足以下条件：

① 存在唯一的数据元素 $r\in T$，且 r 在 T 中没有直接前驱，则称 r 为 T 的根结点。

② 如果 $T-\{r\}\neq\Phi$，则 $T-\{r\}$ 存在划分 T_1，T_2：

$$T_1\cup T_2=T-\{r\}，T_1\cap T_2=\Phi$$

且 T_1，T_2 均为二叉树，并命 T_1 是 T（或 T 的根结点 r）的左子树，T_2 是 T（或 T 的根结点 r）的右子树。

图 6-3 给出了一棵二叉树的示意图。在这棵二叉树中，结点 R 为根结点，它的左子树是以结点 A 为根结点的二叉树，它的右子树是以结点 B 为根结点的二叉树，其中，以结点 A 为根结点的子树既有左子树又有右子树，而以结点 B 为根结点的子树只有右子树。

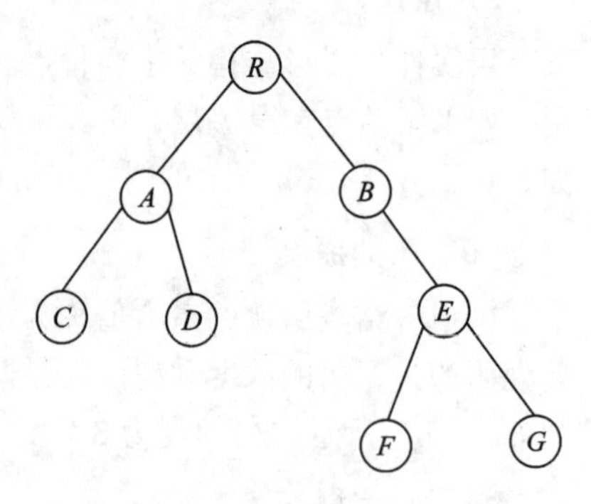

图 6-3　二叉树示意图

上述数据结构的递归定义表明二叉树或为空，或是由一个根结点加上两棵分别称为左子树和右子树的、互不相交的二叉树组成。由于这两棵子树也是二叉树，因此根据二叉树的定义，它们也可以是空树。由此，二叉树可以有 5 种基本形态，如图 6-4 所示。

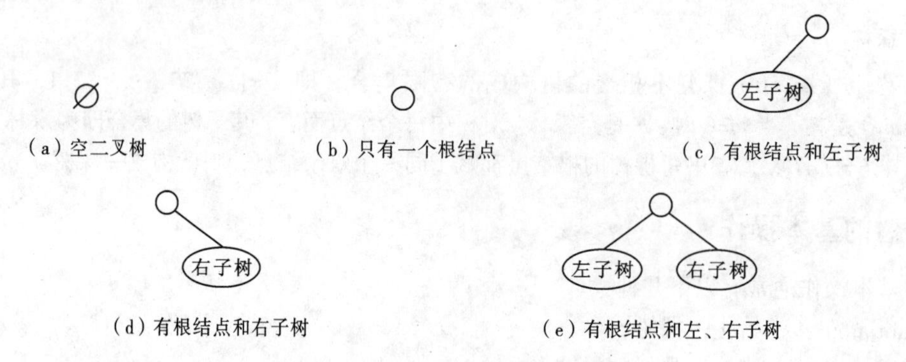

图 6-4　二叉树的 5 种基本形态

2．满二叉树

满二叉树的最后一层都是叶子结点，其他各层的结点都有左、右子树的二叉树。图 6-5 所示为一棵深度为 4 的满二叉树，这种树的特点是每层上的结点数都是最大结点数。

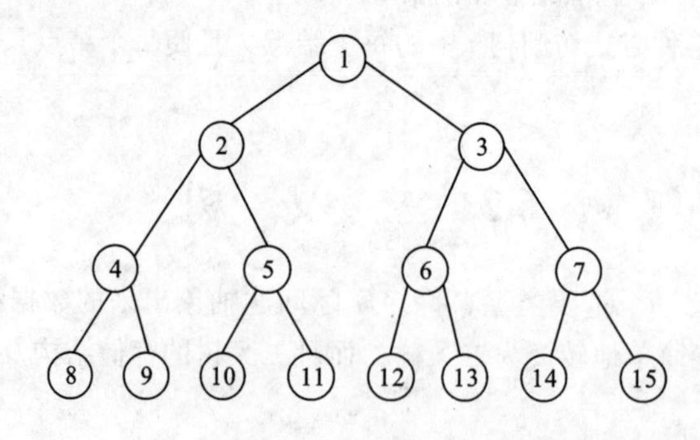

图 6-5　满二叉树

3．完全二叉树

如果一棵二叉树最多只有最后两层有度数小于 2 的结点，且最下层的结点都集中在该层最左边的若干位置上，那么该二叉树就是完全二叉树。显然，满二叉树也是完全二叉树。图 6-6（a）所示为一棵深度为 4 的完全二叉树，而图 6-6（b）所示为一棵非完全二叉树。

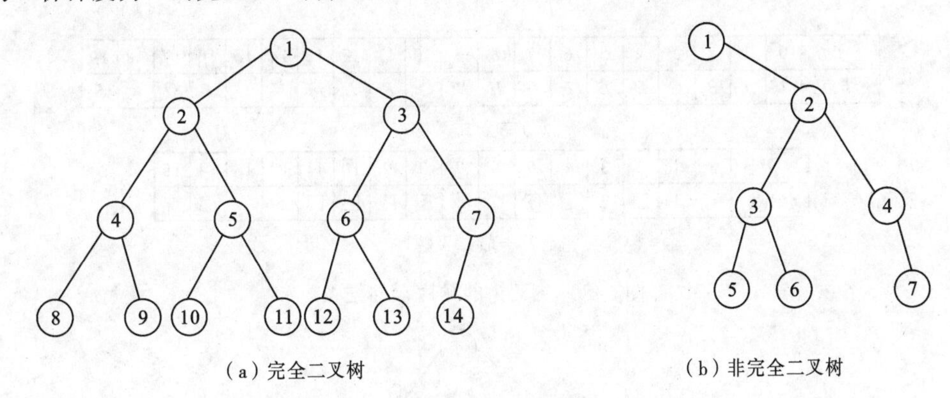

图 6-6　完全二叉树和非完全二叉树

6.2.2　二叉树的存储结构

1. 顺序存储结构

顺序存储结构是把二叉树的所有结点按照一定的次序顺序存储到一片连续的存储单元中。因此，必须把结点安排成一个适当的线性序列，使得结点在这个序列中的相互位置能反映出结点之间的逻辑关系。

在一棵有 n 个结点的完全二叉树中，从树根起，自上到下，每层从左到右给结点编号，就能得到一个足以反映整个二叉树结构的线性序列，如图 6-7 所示。

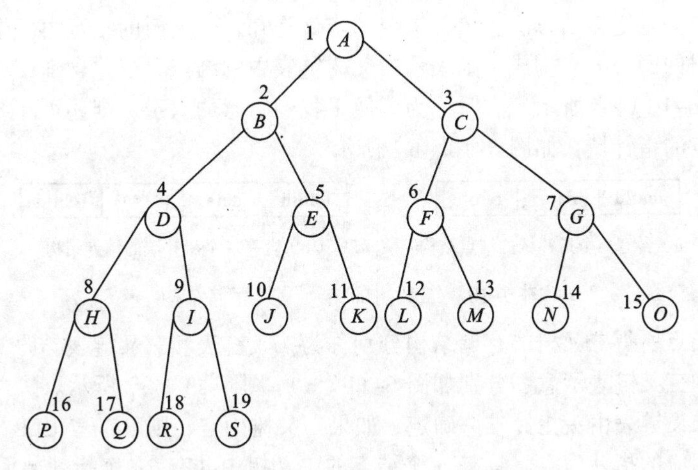

图 6-7　带有结点编号的完全二叉树

对完全二叉树而言，顺序存储结构既方便访问又节省存储空间。但是，一般的二叉树采用顺序存储时，为了能用结点在数组中的相对位置来表示结点之间的逻辑关系，也必须按完全二叉树的形式来存储树中的结点，即将其每个结点与完全二叉树上的结点相对照，存储在一维数组的相应分量中，这必将造成存储空间的浪费。因为在最坏的情况下，一个深度为 k 的且只有 k 个结点的右单支树（树中不存在度为 2 的结点）却需要长度为 2^k-1 个结点的存储空间。图 6-6（a）所示二叉树的顺序存储结构如图 6-8（a）所示；在为图 6-6（b）所示二叉树添上一些实际上并存在的“虚结点”后，使其成为图 6-9 所示的完全二叉树（图中方形结点为虚结点），其相应的顺序存储结构如图 6-8（b）所示，图中以“□”表示不存在此结点。由此可见，这种顺序存储结构仅适用于完全二叉树。

T	0	1	2	3	4	5	6	7	8	9	10	11	12	13	14	15	16	17	18	19
结点		A	B	C	D	E	F	G	H	I	J	K	L	M	N	O	P	Q	R	S

(a)完全二叉树

T	0	1	2	3	4	5	6	7	8	9	10	11	12	13	14	15
结点		1	□	2	□	□	3	4	□	□	□	□	5	6	□	7

(b)一般二叉树

图 6-8　二叉树的顺序存储结点

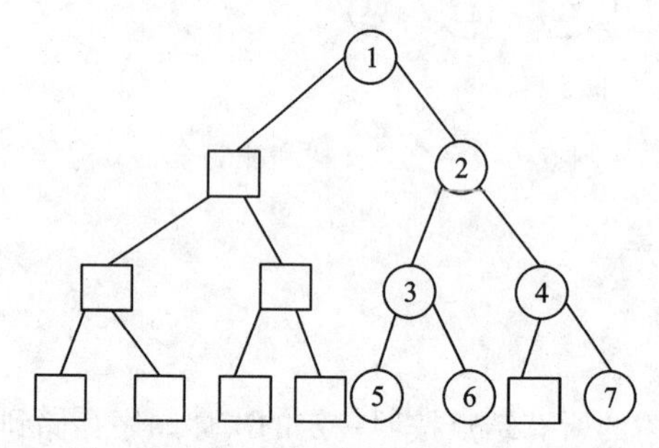

图 6-9　添上虚结点后的完全二叉树

2. 链式存储结构

从上面的介绍可知，用顺序存储方式存储一般二叉树会造成存储空间的浪费，并且若需要在树中经常插入和删除结点，由于大量地移动结点，顺序存储方式更是不可取的存储方式。因此，存储树最自然的方法是链接的方法。由二叉树的定义得知，二叉树的结点由一个数据元素和分别指向其左、右子树的两个分支构成，则表示二叉树链表中的结点至少包含 3 个域：数据域和左、右指针域，如图 6-10（a）所示。有时，为了便于找到结点的双亲，则还可在结点结构中增加一个指向其双亲结点的指针域，如图 6-10（b）所示。

lchild	data	rchild

（a）含有两个指针域的结点结构

lchild	data	parent	rchild

（b）含有 3 个指针域的结点结构

图 6-10　二叉树的结点及其存储结构

利用这两种结点所得二叉树的存储结构分别称为二叉链表和三叉链表，图 6-11（a）所示二叉树的二叉链表和三叉链表示意图分别如图 6-11（b）、图 6-11（c）所示。

显然，一个二叉链表由头指针唯一确定，如果二叉树为空，则 Root=NULL。如果结点的某个孩子不存在，则相应的指针为空。具有 n 个结点的二叉树中共有 $2n$ 个指针域，其中只有 $n-1$ 个用来指示结点的左、右孩子，其余 $n+1$ 个指针域为空。

```
/*二叉树的二叉链表存储表示*/
typedef struct BTreeNode
{
    TelemType data;
    Struct BTreeNode *lchild;    /*左孩子指针*/
    Struct BTreeNode *rchild;    /*右孩子指针*/
}*BTree;
```

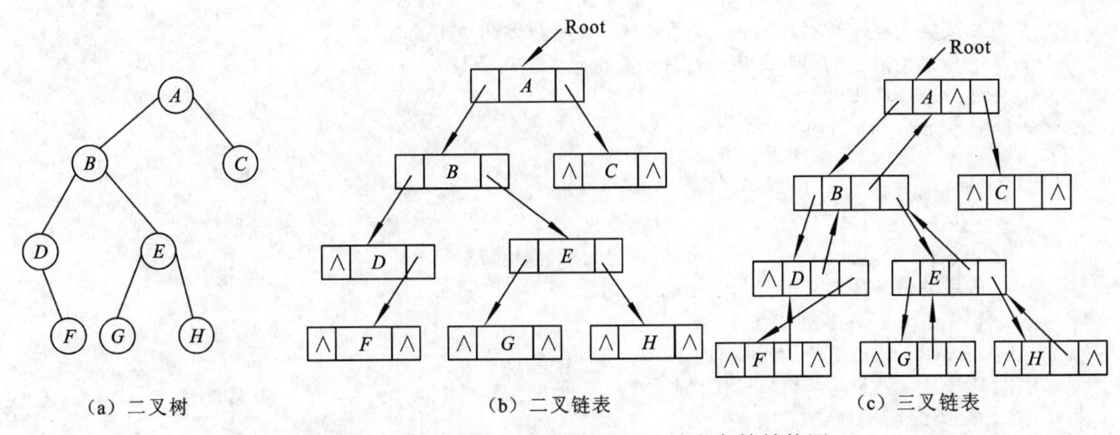

图 6-11　二叉树的二叉链表及三叉链表存储结构图

在不同的存储结构中，实现二叉树的操作方法也不同，如找结点 x 的双亲 PARENT(T,x)，在三叉链表中很容易实现，而在二叉链表中则需要从根指针出发巡查。因此，在具体应用中采用什么存储结构，除了根据二叉树的形态外，还应考虑需要进行何种操作。

6.2.3　二叉树的遍历

1．遍历

遍历（Traversal）就是按某指定规则访问树中每个结点，且使得每个结点均被访问一次，而且仅被访问一次。遍历是二叉树经常要遇到的一种操作。在遍历过程中，对结点的访问具有普遍的含义，可以是对结点做各种处理，也可以是输出各结点的数据域信息。另外，通过一次完整的遍历，可使二叉树中结点信息由非线性排列变为某种意义上的线性排列。也就是说，遍历操作使非线性结构线性化。对线性结构来说，遍历是一个容易解决的问题。而对二叉树则不然，由于二叉树是一种非线性结构，每个结点都可能有两棵子树，因而需要寻找一种规律来系统地访问树中的每个结点。

二叉树的定义是递归的，一棵非空的二叉树是由根结点、左子树和右子树 3 个基本部分组成，因此，遍历一棵非空二叉树的问题就归结为解决以下 3 个子问题：访问根结点、遍历左子树、遍历右子树。如果能依次遍历这 3 部分，便是遍历了整个二叉树。如果规定 L、D、R 分别表示“遍历根结点的左子树”、“访问根结点”和“遍历根结点的右子树”，则二叉树的遍历共有 DLR、LDR、LRD、DRL、RDL、RLD 共 6 种方案。如果规定先按左子树后右子树的顺序进行遍历，则遍历有前 3 种方式：DLR、LDR 和 LRD，它们分别被称为前序遍历、中序遍历和后序遍历。基于二叉树的递归定义，下面讨论 3 种次序的遍历方案（其中函数 visite(T->data)的作用是访问指针 T 所指向结点的数据域）。

2．前序遍历二叉树

前序遍历二叉树（DLR）的递归定义如下：

如果二叉树为空，则空操作；否则，进行如下操作：

① 访问根结点。

② 前序遍历根结点的左子树。

③ 前序遍历根结点的右子树。

下面给出了前序遍历二叉树基本操作的递归算法在二叉链表上的实现：

```
/*采用二叉链表存储结构，visite是对数据元素操作的应用函数*/
/*前序遍历二叉树T的递归算法，对每个数据元素调用函数visite*/
/*前序递归遍历二叉树T*/
void Preorder(BTree *T)
{
    if(T==NULL)
        return ;                    /*递归出口*/
    visite(T->data);                /*访问结点的数据域*/
    /*前序递归遍历二叉树 T->lchild*/
    if(T->lchild!=NULL)
        Preorder(T->lchild);
    /*前序递归遍历二叉树 T->rchild*/
    if(T->rchild!=NULL)
        Preorder(T->rchild);
}
```

3. 中序遍历二叉树

中序遍历二叉树（LDR）的操作定义如下：

如果二叉树为空，则空操作；否则进行如下操作：

① 中序遍历根结点的左子树。

② 访问根结点。

③ 中序遍历根结点的右子树。

中序遍历二叉树的递归算法如下：

```
/*中序递归遍历二叉树T*/
void Inorder(BTree *T)
{
    if(T==NULL)
        return;                     /*递归出口*/
    /*中序递归遍历二叉树T->lchild*/
    if(T->lchild!=NULL)
        Inorder(T->lchild);
    visite(T->data);                /*访问结点的数据域*/
    /*中序遍历二叉树T->rchild*/
    if(T->rchild!=NULL)
        Inorder(T->rchild);
}
```

4. 后序遍历二叉树

后序遍历二叉树（LRD）的操作定义如下：

如果二叉树为空，则空操作；否则进行如下操作：

① 后序遍历根结点的左子树。

② 后序遍历根结点的右子树。

③ 访问根结点。

后序遍历二叉树的递归算法如下：

```
/*后序递归遍历二叉树T*/
void Postorder(BTree *T)
{
    if(T==NULL)
        return;                     /*递归出口*/
```

```
    /*后序递归遍历二叉树 T->lchild*/
    if(T->lchild!=NULL)
        Postorder(T->lchild);
    /*后序遍历二叉树 T->rchild*/
    if(T->rchild!=NULL)
        Postorder(T->rchild);
    visite(T->data);            /*访问结点的数据域*/
}
```

6.2.4　二叉树遍历的应用

下面，以二叉树遍历的应用来加强对 3 种遍历操作的理解。

1．结点序列

图 6-12 所示的二叉树表示下述表达式

$$a+b*(c-d)-e/f$$

如果以先序遍历二叉树来遍历此二叉树，按访问结点的先后次序将结点排列起来，可得到二叉树的先序序列为

$$-+a*b-cd/ef \tag{6-1}$$

类似地，以中序遍历二叉树来遍历此二叉树，可得此二叉树的中序序列为

$$a+b*c-d-e/f \tag{6-2}$$

以后序遍历二叉树来遍历此二叉树，可得此二叉树的后序序列为

$$abcd-*+ef/- \tag{6-3}$$

从表达式来看，以上 3 个序列（6–1）、（6–2）、（6–3）恰好为表达式的前缀表示（波兰式）、中缀表示和后缀表示（逆波兰式）。

从上述二叉树遍历的定义可知，3 种遍历算法不同之处仅在于访问根结点和遍历左、右子树的先后关系。如果在算法中暂且抹去和递归无关的 visite 语句，则 3 个遍历算法完全相同。因此，从递归执行过程的角度来看，先序、中序和后序遍历也是完全相同的。

仿照递归算法执行过程中递归工作栈的状态变化状况可直接写出相应的非递归算法。在进行后序遍历的过程中，对于任何结点，在访问它之前应该将它压入栈，待其左子树和右子树都后序遍历完毕后才将其弹出栈并访问该结点。如果当前访问的结点是栈顶结点的左孩子，表明栈顶结点的左子树已后序遍历完毕，则应继续后序遍历栈顶结点的右子树。如果当前访问的结点是栈顶结点的右孩子，则表明栈顶结点的右子树也被后序遍历完毕，应该将其弹出，并访问该结点。

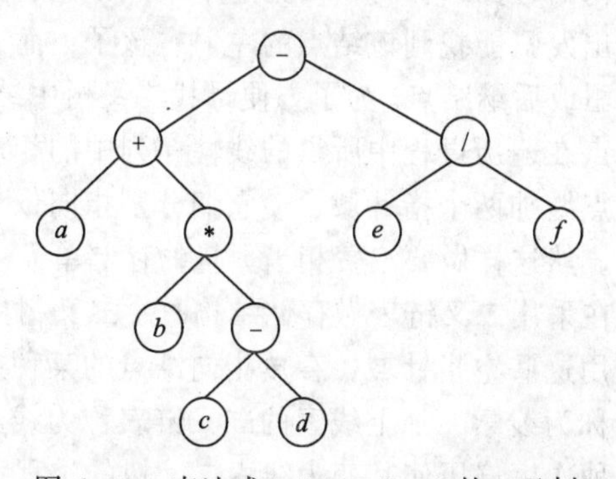

图 6–12　表达式(a+b*(c–d)–e/f)的二叉树

2. 查找数据元素

查找数据元素 Search(bt,x)，在 bt 为二叉树的根结点指针的二叉树中查找数据元素 x。查找成功时返回该结点的指针；查找失败时返回空指针。下面是实现此功能的算法：

```
/*在bt为根结点指针的二叉树中查找数据元素x*/
BTree *Search(BTree *bt,elemtype x)
{
    BTree *p;
    if(bt==NULL)
        return NULL;
    if(bt->data==x)
        return bt;          /*查找成功出口*/
    /*在bt->lchild为根结点的二叉树中查找数据元素x*/
    if(bt->lchild!=NULL)
    {
        p=Search(bt->lchild,x);
        if(p!=NULL)
            return p;
    }
    if(bt->rchild!=NULL) /*在bt->rchild为根结点的二叉树中查找数据元素x*/
    {
        p=Search(bt->rchild,x);
        if(p!=NULL)
            return p;
    }
    return NULL;          /*查找失败出口*/
}
```

总之，无论是前序、中序还是后序遍历二叉树，都需要遵循着一个规则，那就是按照一定的规则将二叉树上的结点排列在一个线性队上。这样一棵二叉树有且只有一个开始结点和一个终端结点，其他结点都有且只有一个前驱结点和一个后继结点。为了进一步理解树形结构中的前驱（双亲）结点和后继（孩子）结点的概念，6.3 节将研究线索二叉树。

6.3 线索二叉树

当用二叉链表作为二叉树的存储结构时，因为每个结点中只有指向其左、右孩子结点的指针域，所以从任何一个结点出发只能找到该结点的左、右孩子，而一般情况下不能直接找到该结点在某种遍历序列中的前驱或后继结点。为了方便寻找二叉树中结点的前驱结点和后继结点，可以通过一次遍历记下各结点在遍历过程中所得的线性序列中的相对位置。保存这种信息的一种简单的方法是：在每个结点增加两个指针域，使它们分别指向依某种次序遍历时所得的该结点的前驱结点和后继结点，显然这样做要浪费相当数量的存储单元。如果仔细分析一棵具有 N 个结点的二叉树，就会发现在采用二叉链表做存储结构时，二叉树中的所有结点共有 N+1 个空指针域。因此，人们可以利用这些空指针域，存放指向结点的某种遍历次序下的前驱和后继结点的指针，这种附加的指针称为线索，加上线索的二叉链表称为线索链表，相应的二叉树称为线索二叉树。对二叉树以某种次序遍历使其变为线索二叉树的过程称为线索化。

人们做如下规定：如果某结点的左指针域为空，令 Lchild 域指向依某种方式遍历时所得到的该结点的前驱结点，否则，其 Lchild 域指向其左孩子；如果某结点的右指针域为空，令 Rchild 域指向依某种方式遍历时所得到的该结点的后继结点，否则，令 Rchild 域指向其右孩子。这个规定可以通过在每一个结点中增加两个线索标志域 Ltag 和 Rtag，这样，结点的结构就变成如下所示的结构：

Lchild	Ltag	Data	Rtag	Rchild

其中：

$$\text{左线索标志 Ltag=}\begin{cases}0 & \text{Lchild 域指向结点的左孩子结点}\\1 & \text{Lchild 域指向结点的前驱结点}\end{cases}$$

$$\text{右线索标志 Rtag=}\begin{cases}0 & \text{Rchild 域指向结点的右孩子结点}\\1 & \text{Rchild 域指向结点的后继结点}\end{cases}$$

例如，图 6-13（a）所示的中序线索二叉树，它的线索链表如图 6-13（b）所示。图中的实线表示指针，虚线表示线索。结点 C 的左线索为空，表示 C 是中序序列的开始结点，它没有前驱结点；结点 E 的右线索为空，表示 E 是中序序列的终端结点，它没有后继结点。显然，在线索二叉树中，一个结点是叶子结点的充要条件是：它的左、右线索标志均是 1。

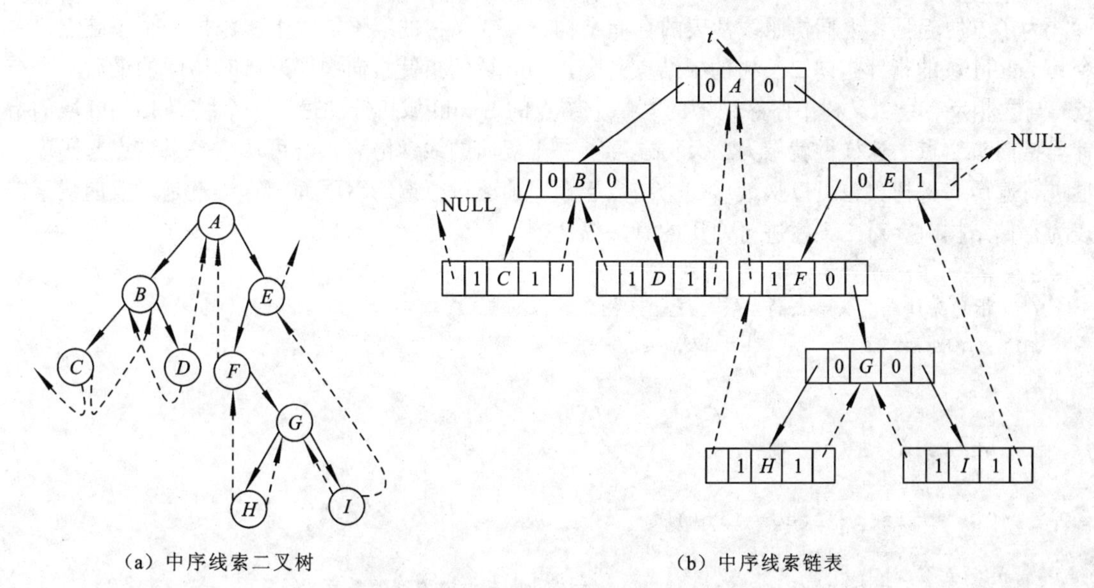

（a）中序线索二叉树　　　　（b）中序线索链表

图 6-13　中序线索二叉树及其存储结构

在线索树上进行遍历，只要先找到序列中的第一个结点，然后依次找结点后继直至其后继为空时为止。如何在线索树中找某结点的后继结点呢？以后序线索树为例，可分 3 种情况：

① 如果点 x 是二叉树的根，则其后继为空。

② 如果结点 x 是其双亲的右孩子或是其双亲的左孩子且其双亲没有右子树，则其后继即为双亲结点。

③ 如果结点 x 是其双亲的左孩子，且其双亲有右子树，则其后继为双亲的右子树上按后序遍历列出的第一个结点。

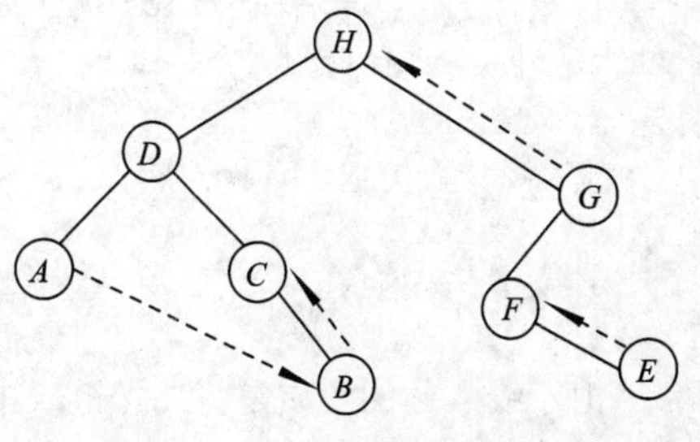

图 6-14　后序后继线索二叉树

例如，图 6-14 所示为后序后继线索二叉树，结点 C

的后继为结点 D，结点 F 的后继为结点 G，而结点 D 的后继为结点 E。可见，在后序线索化树上找后继结点时，要想知道结点的双亲，需要带标志域的三叉链表作为存储结构。

在实际应用中，如果某程序中所用二叉树需要经常遍历或查找结点在遍历所得线性序列中的前驱和后继结点时，应采用线索链表作存储结构。

```
/*二叉树的二叉线索存储表示*/
typedef enum
{
   Link,Thread
}PointerTag;                      /*Link=0 表示指针，Thread=1 表示线索*/
typedef struct BTreeNode
{
   TelemType data;
   Struct BTreeNode *Lchild;     /*左孩子指针*/
   Struct BTreeNode *Rchild;     /*右孩子指针*/
   PointerTag Ltag;              /*左标志*/
   PointerTag Rtag;              /*右标志*/
}*BTree;
```

为了方便起见，人们仿照线性表的存储结构，在二叉树的线索链表上也添加一个头结点，并令其 Lchild 域的指针指向二叉树的根结点，其 Rchild 域的指针指向中序遍历时访问的最后一个结点；与之相反，令二叉树中序序列中的第一个结点的 Lchild 域指针和最后一个结点 Rchild 域的指针均指向头结点。这样做就像为二叉树建立了一个双向的线索链表，既可从第一个结点起顺序后继进行遍历二叉树，也可以从最后一个结点起顺序前驱进行遍历。下面的算法就是以双向线索链表为存储结构时，对二叉树进行遍历的算法描述。

```
BTree *p;
/*T 指向头结点，头结点的左链 Lchild 指向其根结点*/
int InOrderTraverse_Thr(BTree *T)
{
   p=T->Lchild;                   /*用 p 指向根结点 T*/
   while(p!=T)                    /*二叉树不为空时*/
   {
      while(p->Ltag==Link)
         p=p->Lchild;
      if(!visite(p->data))        /*访问其左子树为空的结点*/
         return 0;
      while(p->Rtag==Thread&&p->Rchild!=T)
      {
         p=p->Rchild;
         visite(p->data);         /*访问后继结点*/
      }
      p=p->Rchild;
   }
   return 1;
}
```

由于线索化的实质是将二叉链表中的空指针改为指向前驱结点或后继结点的线索，而前驱结点或后继结点的信息只有在遍历时才能得到，所以说，线索化的过程即为在遍历的过程中修改空指针的过程。为了记下遍历过程中访问结点的先后关系，需要附设一个指针 pre 始终指向刚刚访问过的结点，如果指针 p 指向当前正在访问的结点，显然，*pre 是结点*p 的前驱，而*p 是*pre 的后继。下面给出将二叉树按中序进行线索化的算法思想，该算法与中序遍历算法类似，区别仅在于访问根结点时所作的处理不同。线索化算法中，访问当前根结点*p 所做的处理是：

① 如果结点*p 有空指针域，则将相应的标志置为 1。

② 如果结点*p 有中序前驱结点*pre（即*pre!= NULL），则有：

- 如果结点*pre 的右线索标志已建立（即 pre -> Rtag==1），则令 pre -> Rchild 指向其中序前驱结点*p 的右线索。
- 如果结点*pre 的左线索标志已建立（即 pre -> Ltag==1），则令 pre -> Lchild 指向其中序前驱结点*p 的左线索。

③ 将 pre 指向刚刚访问过的结点*p（即 pre=p）。这样，在下一次访问一个新结点*p 时，*pre 为其前驱结点。

6.4 树、森林和二叉树的关系

6.4.1 树的存储结构

在计算机中，树的存储方式有多种方式，既可以采用顺序存储结构，也可以采用链式存储结构，但是不管采用何种存储方式，都要求存储结构不但能存储本身的数据信息，还要能唯一反映出树中的逻辑关系。下面介绍几种基本的树的存储结构。

1. 双亲表示法

由树的定义可知，树中的每个结点都有唯一一个双亲结点，根据这一特性，可以用一组连续的空间（一维数组）存储树中的各个结点，同时在每个结点中附设一个指示器指向其双亲结点在链表中的位置，树的这种存储方法称为双亲表示法。用 C 语言描述形式如下：

```
#define Maxnode 256         /*结点数目的最大值*/
typedef struct
{
   TelemType data;          /*数据域*/
   int parent;              /*双亲位置域*/
}PTNode;
typedef struct
{
   PTNode node[Maxnode];
   int n;                   /*结点数*/
}PTree;
```

图 6-15 是一棵树及其双亲表示的存储结构示意图。

这种存储结构利用了每个结点（除根以外）只有唯一双亲的性质。这种存储结构很容易实现 PARENT(T,x)操作和 ROOT(x)操作。反复调用 PARENT 操作，直到遇见无双亲的结点时，便找到了树的根，这就是 ROOT(x)操作的执行过程。但是，在这种表示法中，求结点的孩子时需要遍历整个结构，另外，这种存储方式不能够反映各兄弟结点之间的关系。

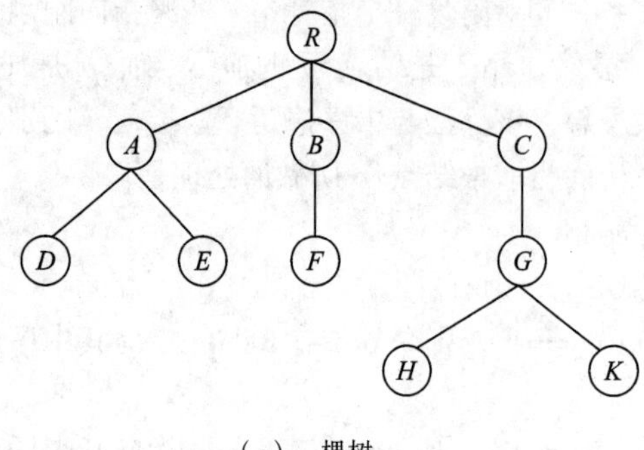

（a）一棵树

结点序号	0	1	2	3	4	5	6	7	8	9
data	*R*	*A*	*B*	*C*	*D*	*E*	*F*	*G*	*H*	*K*
父母	-1	0	0	0	1	1	2	3	7	7

（b）图 6-15（a）的存储结构示意图

图 6-15　树的双亲表示法示例

2. 孩子表示法

由于树中每个结点都有零个或多个孩子结点，因此可用多重链表，即每个结点有多个指针域，其中每个指针指向一棵子树的根结点，但是当采用多重链表表示结点及其孩子的关系时，每个结点内要设置多少个指向其孩子的指针是难以确定的。人们可以定义如下两种结点格式：

data	child1	child2	…	childd

data	degree	child1	child2	…	childd

如果采用第一种结点格式，则多重链表中的结点是同构的，其中 d 为树的度。由于树中很多结点的度小于 d，所以链表中有很多空链域，造成空间浪费，可以推算出，在一棵有 n 个结点度为 k 的树中必有 $n(k-1)+1$ 个空链域。如果采用第二种结点格式，则多重链表中的结点是不同构的，其中 d 为结点的度，degree 域的值同 d。此时，虽能节约存储空间，但操作不方便。

上述两种方法均不可取，较好的办法是为树中每一个结点建立一个孩子链表。把每个结点的孩子结点排列起来，看做一个线性表，且以单链表作为存储结构，则 n 个结点有 n 个孩子链表（叶子的孩子链表为空表），而 n 个头指针又组成一个线性表，为了便于查找，可以在结点中增加一个指针域，指向其孩子链表的表头，用C语言描述形式如下：

```
typedef struct CTNode
{
    int child;                  /*孩子结点的序号*/
    struct CTNode *next;
}*ChildPtr;                     /*孩子链表的结点*/
typedef struct
{
    TelemType data;             /*树结点的数据*/
     ChildPtr firstchild;       /*孩子链表头结点*/
}CTBox;
typedef struct
{
    CTBox nodes[Maxnode];
    int n;                      /*结点数*/
    int r;                      /*根的位置*/
}CTree;
```

图 6-16（a）是图 6-15 中树的孩子表示法。与双亲表示法相反，孩子表示法便于那些涉及孩子操作的实现，却不适用于 PARENT(T,x)操作。人们可以把双亲表示法和孩子表示法结合起来，

即将双亲表示和孩子链表合在一起。图 6–16（b）就是这种存储结构的示例，它和图 6–16（a）表示的是同一棵树。

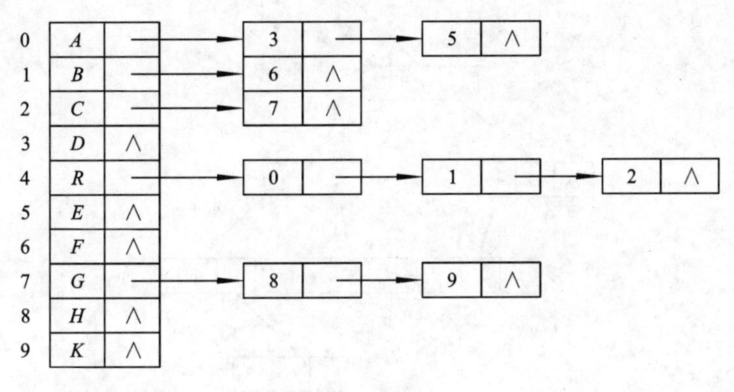

（a）孩子链表

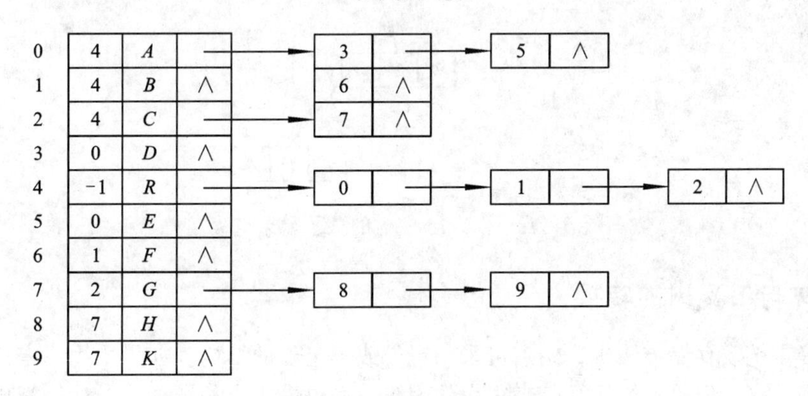

（b）带双亲的孩子链表

图 6–16　图 6–15 中树的另外两种表示法

3. 孩子兄弟表示法

在树中，每个结点除信息域外，再增加两个分别指向该结点的第一个孩子结点和下一个兄弟结点的指针域，树的这种存储结构称为孩子兄弟表示法，又称二叉树表示法或二叉链表表示法，即以二叉链表做树的存储结构。链表中结点的两个指针域分别指向该结点的第一个孩子结点和下一个兄弟结点，分别命名为 firstson 域和 nextsibling 域。

```
typedef struct CSNode
{
    ElemType data;
    Struct CSNode *firstson;
    Struct CSNode nextsibling;
}*CSTree;
```

图 6–17 是图 6–15 中树的孩子兄弟链表。利用这种存储结构便于实现各种树的操作。首先易于实现找结点孩子等操作。例如，如果要访问结点 x 的第 i 个孩子，则只要先从 firstson 域找到第一个孩子结点，然后沿着孩子结点的 nextsibling 域连续走 i–1 步，便可找到 x 的 i 个孩子。当然，如果为每个结点增设一个 PARENT 域，同样能方便地实现 PARENT(T,x)的操作。

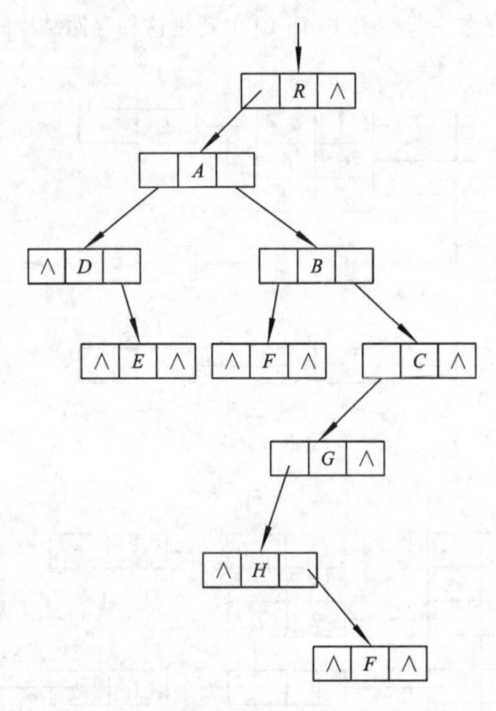

图 6-17　图 6-15 中树的孩子兄弟链表

6.4.2　森林与二叉树的转换

在树的多重链表存储方法中，结点可采用定长或不定长的结构。如果采用不定长结构，存储空间的利用率较高，但给数据运算带来很大的困难；如果采用定长结构，虽然运算比较方便，但存储空间浪费很大。可以推算，如果树的度为 k，树中结点个数为 n，则固定长度的结点结构中有 $n\times(k-1)+1$ 个指针域是空的。在实际应用中，一般先将树结构转换成二叉树，再以二叉树的方式存储。

1．树、森林转换成二叉树

在将一般树转化为二叉树时，人们自然会考虑以下两个问题：

① 一般树与二叉树之间是否能一一对应，即一般树用二叉树表示是否唯一，反之二叉树表示是否能还原为原来的一般树。

② 一般树的常用运算在二叉树表示中能否方便地实施。

由于二叉树和树都可用二叉链表作为存储结构，则以二叉链表作为媒介可导出树与二叉树之间的一个对应关系，也就是说，给定一棵树，可以找到唯一一棵二叉树与之对应，从物理结构来看，它们的二叉链表相同，只是解释不同而已。

另外，从树和二叉树的定义可知，树中每个结点可能有多个孩子，但二叉树中每个结点最多只能有两个孩子。要把树转换为二叉树，就必须找到一种结点与结点之间至多用两个量说明的关系。按照这种关系很自然地就能将树转换成对应的二叉树：

① 在所有兄弟结点之间加一连线。

② 对每个结点，除了保留与其长子（即第一个孩子）的连线外，去掉该结点与其他孩子的连线。

图 6-18 所示为树与二叉树之间的关系。

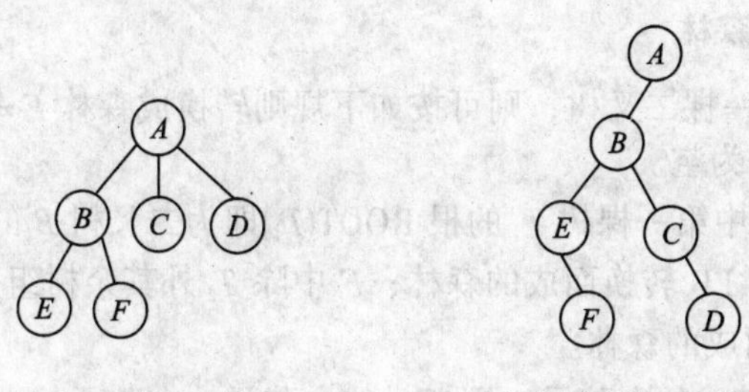

（a）一棵普通的树　　（b）对应的二叉树

图 6-18　树与二叉树之间的关系

将一个森林转换为二叉树的方法是：

① 先将森林中每一个树变换成二叉树。

② 然后将各个二叉树的根结点视为兄弟结点连在一起，这样就可以把一个森林转换成一棵二叉树。

图 6-19 所示为森林与二叉树的关系。

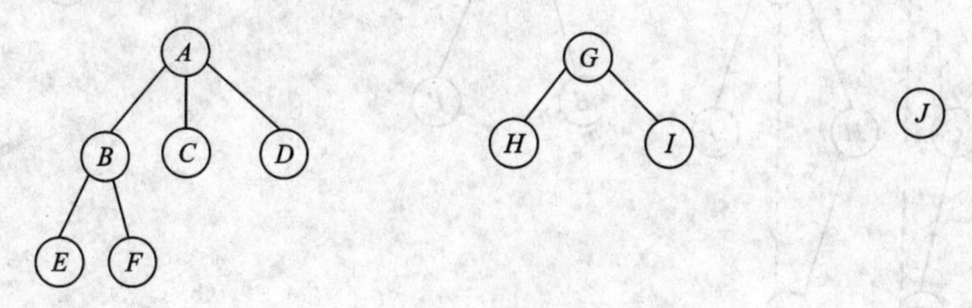

（a）一个森林

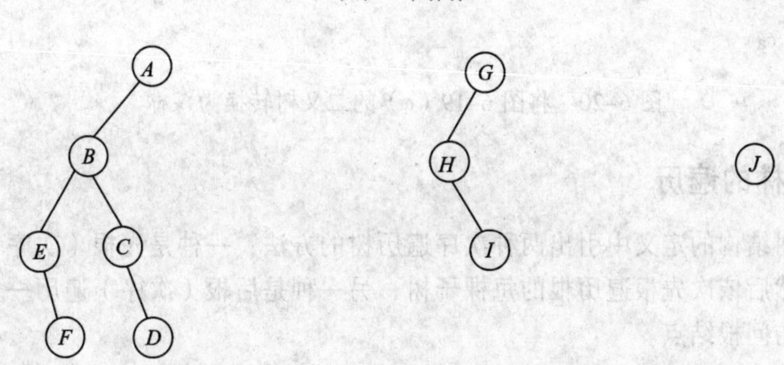

（b）森林中各个树所对应的二叉树

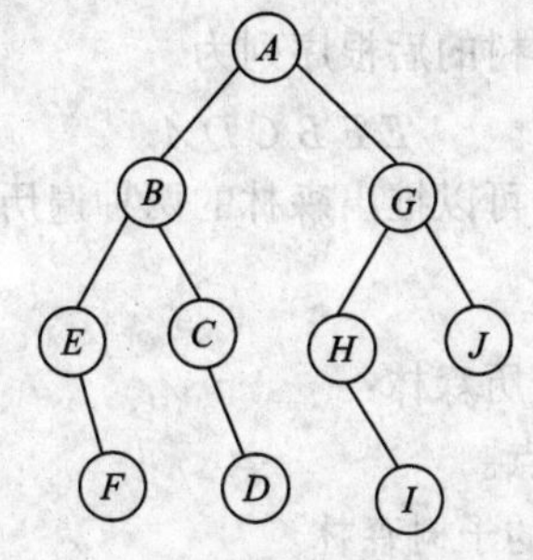

（c）森林对应的二叉树

图 6-19　森林与二叉树的关系

2．二叉树转换成树、森林

如果 B=(root,LB,RB)是一棵二叉树，则可按如下规则转换成森林 $F=\{T_1,T_2,\ldots,T_m\}$。

① 如果 B 为空，则 F 为空。

② 如果 B 非空，则 F 中第一棵树 T_1 的根 ROOT(T_1)即为二叉树 B 的根 root；T_1 中根结点的子树森林 F_1 是由 B 的左子树 LB 转换而成的森林；F 中除 T_1 外其余树组成的森林 $F'=\{T_1,T_2,\ldots,T_m\}$ 是由 B 的右子树 RB 转换而成的森林。

即如果结点 x 是其双亲 y 的左孩子，则把 x 的右孩子，右孩子的右孩子，…，都与 y 用连线连起来，最后去掉所有双亲到右孩子的连线。图 6-20 就是用这种方法将图 6-19（c）所示的二叉树处理后得到的森林。

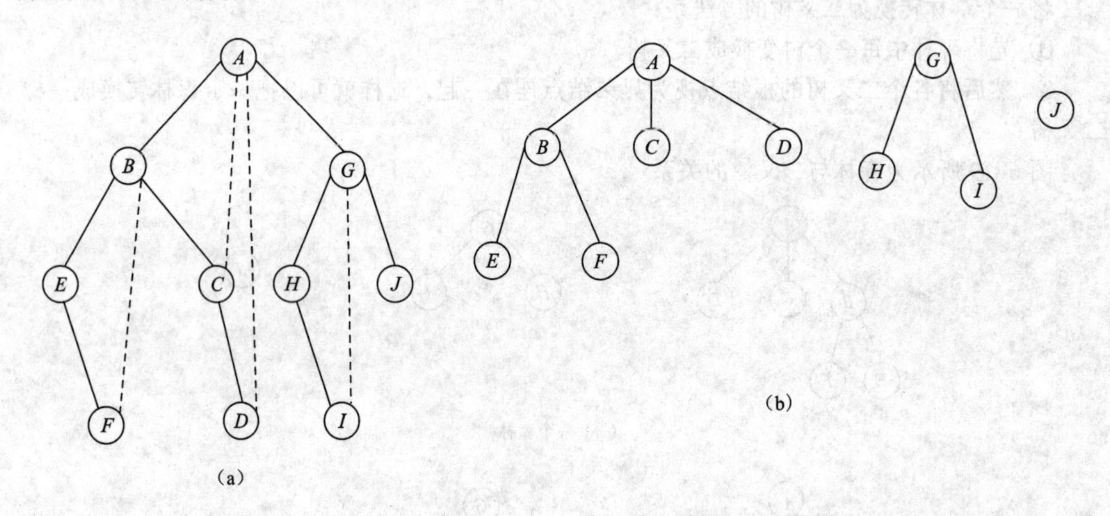

图 6-20　将图 6-19（c）的二叉树转换为森林

6.4.3　树和森林的遍历

人们可以从树结构的定义中引出两种次序遍历树的方法：一种是先根（次序）遍历树—先访问树的根结点，然后依次先根遍历根的每棵子树；另一种是后根（次序）遍历—先依次后根遍历每棵子树，然后访问根结点。

例如，对图 6-18 所示的树进行先根遍历，可得树的先根序列为

$$A\ B\ E\ F\ C\ D$$

如果对此树进行后根遍历，则得树的后根序列为

$$E\ F\ B\ C\ D\ A$$

按照森林和树相互递归的定义，可以推出森林的两种遍历方法：

1．前序遍历森林

如果森林非空，则按下面规则遍历森林：

① 访问森林中第一棵树的根结点。

② 先序遍历第一棵树中根结点的子树森林。

③ 先序遍历除去第一棵树之后剩余的树构成的森林。

2．后序遍历森林

如果森林非空，则按下面规则遍历森林：

① 后序遍历森林中第一棵树的根结点的子树森林。

② 访问第一棵树的根结点。

③ 后序遍历除去第一棵树之后剩余的树构成的森林。

如果对图 6-21（a）中森林进行先序遍历和后序遍历，则分别得到森林的先序序列为

$$ABCDEFIGJH$$

后序序列为

$$BDCAIFJGHE$$

而图 6-21（b）所示二叉树的前序序列和中序序列也分别为 $ABCDEFIGJH$ 和 $BDCAIFJGHE$。也就是说，前序遍历森林，和前序遍历其相应的二叉树，遍历的结果相同；后序遍历森林，和中序遍历相应的二叉树结果相同。

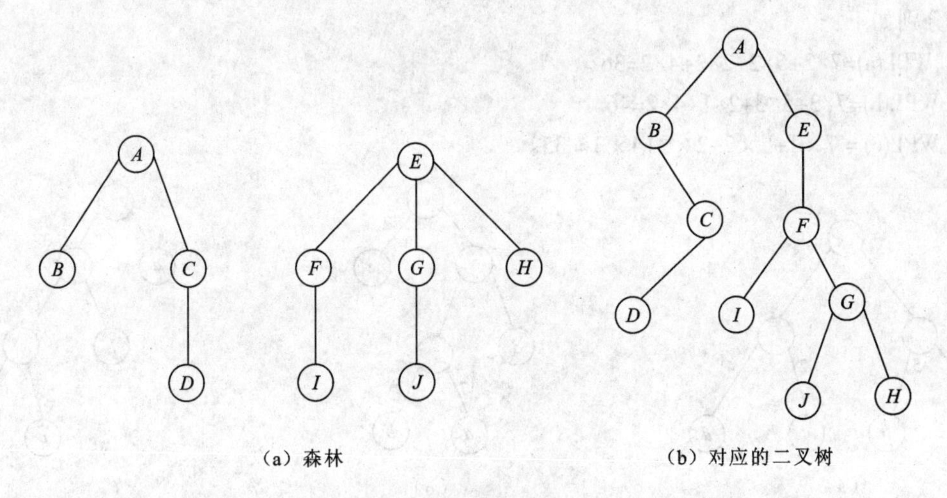

（a）森林　　（b）对应的二叉树

图 6-21　森林和对应的二叉树

由上述讨论可知，当用二叉链表作为树和森林的存储结构时，树和森林的先根遍历和后根遍历，可借用二叉树的先序遍历和中序遍历的算法来实现。

6.5　哈 夫 曼 树

哈夫曼（Huffman）树又称最优树，是一类带权路径长度最短的树，有着广泛的应用。

6.5.1　哈夫曼树的定义

定义哈夫曼树之前先定义几个与哈夫曼树有关的术语。

1．路径

树中一个结点到另一个结点之间的分支构成这两个结点之间的路径，并不是树中任意两个结点之间都存在路径，如兄弟之间就不存在路径，而根结点到树中任一结点之间都存在一条路径。

2．路径长度

路径长度是指路径上的分支数目。

3．树的路径长度

树的路径长度是指根结点到树中每个结点的路径长度之和。

4．树的带权路径长度

树的带权路径长度是指树中所有结点的带权路径长度之和。

如果二叉树中的叶结点都具有一定的权值，可将上述概念推广到一般情况。结点的带权路径长度为从该结点到树根之间的路径长度与结点上权的乘积。树的带权路径长度为树中所有叶子结点的带权路径长度之和，通常记为 $\mathrm{WPL}=\sum_{k=1}^{n}\omega_k l_k$。其中，$W_k$ 为第 k 个叶结点的权值，L_k 为第 k 个叶结点的路径长度。图 6-22（a）所示二叉树的带权路径长度值 WPL = 7 × 2+5 × 2+2 × 2+4 × 2 = 36。

如果给定一组具有确定权值的叶结点，可以构造出不同的带权二叉树。例如，给出 4 个叶结点 a、b、c、d，其权值分别为 2、4、5、7，可以构造出形状不同的多个二叉树。这些形状不同的二叉树的带权路径长度将各不相同。图 6-22 给出了其中 3 个不同形状的二叉树，它们的带权路径长度分别如下：

① WPL(a)=7×2+5×2+2×2+4×2=36。

② WPL(b)=7×3+5×3+2×1+4×2=46。

③ WPL(c) = 7 × 1+5 × 2+2 × 3+4 × 3 = 35。

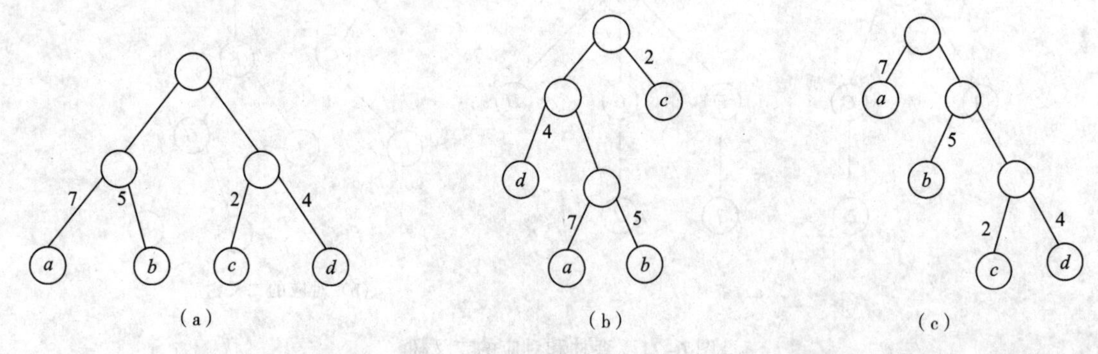

图 6-22　具有不同带权路径长度的二叉树

由此可见，对于一组带有确定权值的叶结点，构造出不同的二叉树的带权路径长度并不相同，其中，带权路径长度 WPL 最小的二叉树称为最优二叉树或哈夫曼树。从上例可以看出，图 6-22（c）所示的二叉树的带权路径长度 WPL 为最小，可以验证该树就是哈夫曼树，即其带权路径长度在所有带权为 7、5、2、4 的 4 个叶子结点的二叉树中均最小。

由上例可知，在叶子数目值相同的二叉树中，完全二叉树不一定是最优二叉树，最优二叉树也不一定是深度最小的二叉树。

6.5.2　哈夫曼树的构造

那么，如何构造哈夫曼树呢？根据哈夫曼树的定义，一棵二叉树要使其 WPL 值最小，必须使权值越大的叶结点越靠近根结点，而权值越小的叶结点越远离叶结点。哈夫曼最早给出了一个带有一般规律的算法，称为哈夫曼算法。其基本思想是：

① 根据给定的 n 个权值$\{W_1,W_2,\ldots,W_n\}$构成 n 棵二叉树的集合 $F=\{T_1,T_2,\ldots,T_n\}$，其中每棵二叉树 T_i 中只有一个带权为 W_i 的根结点，其左右子树均空。

② 在 F 中选取两棵根结点的权值最小的树作为左右子树构造一棵新的二叉树，且新置的二叉树的根结点的权值为其左、右子树上根结点的权值之和。

③ 在 F 中删除这两棵树，同时将新得到的二叉树加入 F 中。

④ 重复②和③，直到 F 中只剩下一棵二叉树为止。这棵树便是所要的哈夫曼树。

图 6-23 所示为构造一棵哈夫曼树的过程。

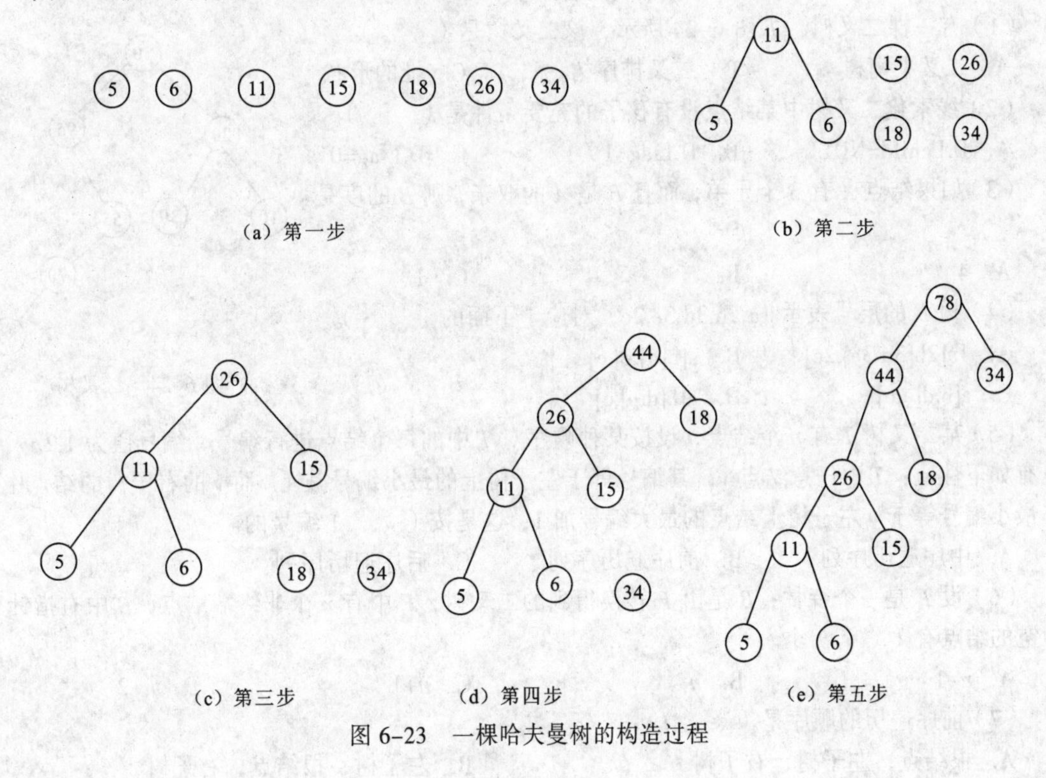

图 6-23　一棵哈夫曼树的构造过程

小　结

树和二叉树是一类具有层次或嵌套关系的非线性结构，被广泛地应用于计算机领域，尤其是二叉树，最重要、最常用。本章着重介绍了二叉树的概念、性质和存储表示；二叉树的 3 种遍历操作；线索二叉树的有关概念和运算。同时介绍了树、森林和二叉树之间的转换；树的 3 种存储表示方法；树和森林的遍历方法。最后讨论了最优二叉树（哈夫曼树）的概念及其构造。

习　题　6

1. 判断题（判断下列各题是否正确，如果正确在括号内打"√"，否则打"　"）

（1）二叉树是树的特殊形式。　　（　　）

（2）由树转换成二叉树，其根结点的右子树总是空的。　　（　　）

（3）前序遍历树和前序遍历与该树对应的二叉树，其结果不同。　　（　　）

（4）后序遍历树和中序遍历与该树对应的二叉树，其结果不同。　　（　　）

（5）前序遍历森林和前序遍历与该森林对应的二叉树，其结果不同。　　（　　）

（6）后序遍历森林和中序遍历与该森林对应的二叉树，其结果不同。　　（　　）

（7）在二叉树中插入结点后，该二叉树就不是二叉树。　　（　　）

（8）哈夫曼树是带权路径长度最短的树，路径上权值较大的结点离根较近。　　（　　）

（9）用一维数组存放二叉树时，总是以前序遍历存储结点。　　（　　）

2．选择题（从下列选项中选择正确的答案）

（1）有一棵二叉树，如图 6-24 所示，该二叉树是（　　）。

A．二叉平衡树　　B．二叉排序树　　C．堆的形状

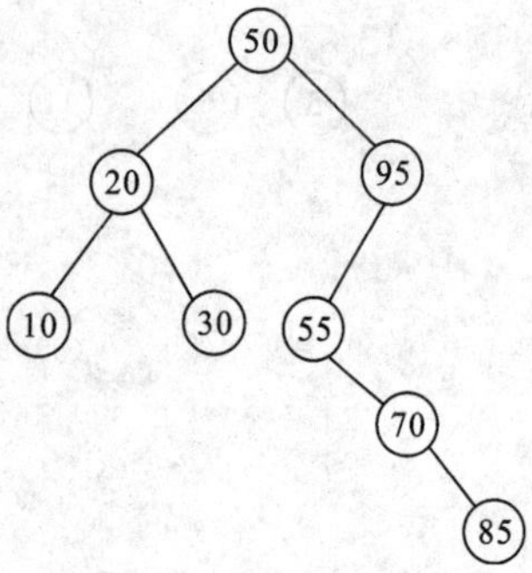

（2）线索化二叉树中某结点没有孩子的充要条件是（　　）。

A．D.Lchild=NULL　　B．D.Ltag=1　　C．D.Ltag=0

（3）如果结点 *A* 有 3 个兄弟，而且 *B* 是 *A* 的双亲，则 *B* 的度是（　　）。

A．4　　B．5　　C．1

（4）树 *B* 的层号表示 1a,2b,3d,3e,2c，对应于下面的（　　）。

A．1a[2b[3d,3e],2c]　　B．a[b[d],e],c]

C．a[b,d[e,c]]　　D．a[b[d,e],c]

图 6-24　二叉树

（5）某二叉树 *T* 有 *n* 个结点，设按某种顺序对 *T* 中的每个结点进行编号，编号值为 1,2,…,*n*。且有如下性质：*T* 中任意结点 *v*，其编号等于左子树上的最小编号减 1，而 *v* 的右子树的结点中，其最小编号等于 *v* 左子树上结点的最大编号加 1，这是按（　　）编号的。

A．中序遍历序列　　B．前序遍历序列　　C．后序遍历序列

（6）设 *F* 是一个森林；*B* 是由 *F* 转换得到的二叉树，*F* 中有 *n* 个非终端结点，*B* 中右指针域为空的结点有（　　）个。

A．*n*-1　　B．*n*　　C．*n*+1　　D．*n*+2

（7）前序遍历的顺序是（　　）。

A．根结点，左子树，右子树　　B．左子树，根结点，右子树

C．右子树，根结点，左子树　　D．左子树，右子树，根结点

（8）中序遍历的顺序是（　　）。

A．根结点，左子树，右子树　　B．左子树，根结点，右子树

C．右子树，根结点，左子树　　D．左子树，右子树，根结点

（9）后序遍历的顺序是（　　）。

A．根结点，左子树，右子树　　B．左子树，根结点，右子树

C．右子树，根结点，左子树　　D．左子树，右子树，根结点

（10）一棵非空的二叉树的前序序列和后序序列正好相反，则该二叉树一定满足（　　）。

A．其中任意一结点均无左孩子　　B．其中任意一结点均无右孩子

C．其中只有叶子结点　　D．是任意一棵二叉树

3．画图及计算题

（1）试分别画出具有 3 个结点的树和 4 个结点的二叉树的所有不同形态。

（2）试采用顺序存储方法和链接存储方法分别画出图 6-25 所示二叉树的存储结构。

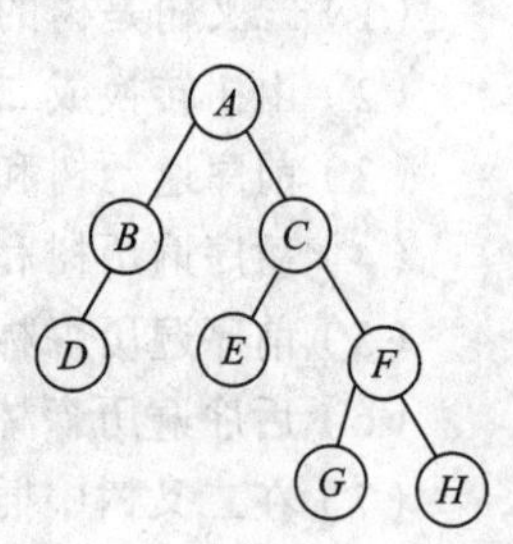

图 6-25　第（2）题图

（3）已知一棵二叉树的中序序列和后序序列分别为 *BDCEAFHG* 和 *DECBHGFA*。画出这棵二叉树。

（4）已知一棵度为 *n* 的树中有 n_1 个度为 1 的结点，n_2 个度为 2 的结点，…，n_m 个度为 *m* 的结点，问该树中有多少片叶子？

（5）对于图 6-26 中所示的一般树，给出它们的二叉树形态。

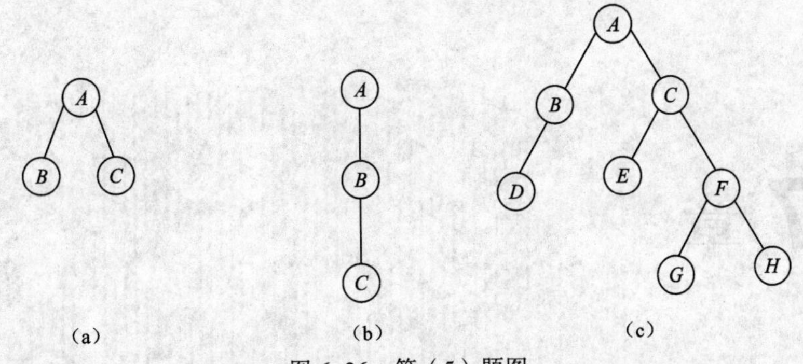

图 6-26　第（5）题图

（6）将图 6-27 的森林转换成二叉树。

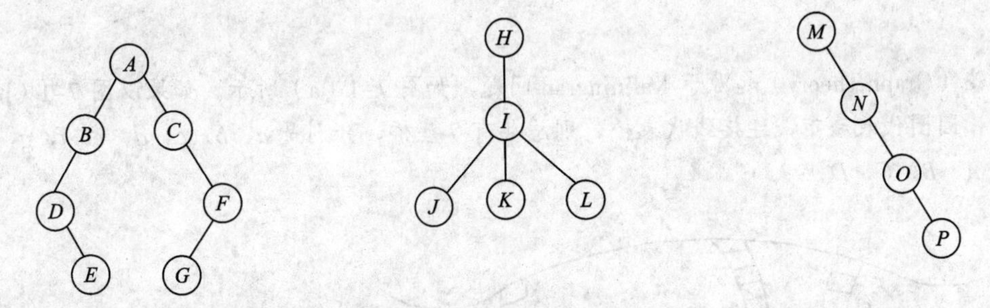

图 6-27　第（6）题图

（7）写出图 6-27 中森林的前序序列和后序序列。

（8）对于权值 w={14,15,7,4,20,3}，试给出相应的哈夫曼树，并计算其带权长度。

4．设计题

（1）设计一个算法，以判断二叉树 T 是否为二叉排序树（假设 T 中任意两个结点的值均不相等）。

（2）以二叉树作为存储结构，试编写求二叉树高度的算法。

（3）一棵 n 个结点的完全二叉树以数组作为存储结构，试编写非递归算法实现对该树进行前序遍历。

（4）试编写算法判断两棵二叉树是否等价。称二叉树 T_1 和 T_2 等价的条件是：如果 T_1 和 T_2 都是空的二叉树；或者 T_1 和 T_2 的根结点的值相同，并且 T_1 的左子树与 T_2 的左子树是等价的，T_1 和 T_2 的右子树是等价的。

（5）设计算法按后序序列打印二叉树 T 中所有叶子结点的值，并返回其结点个数。

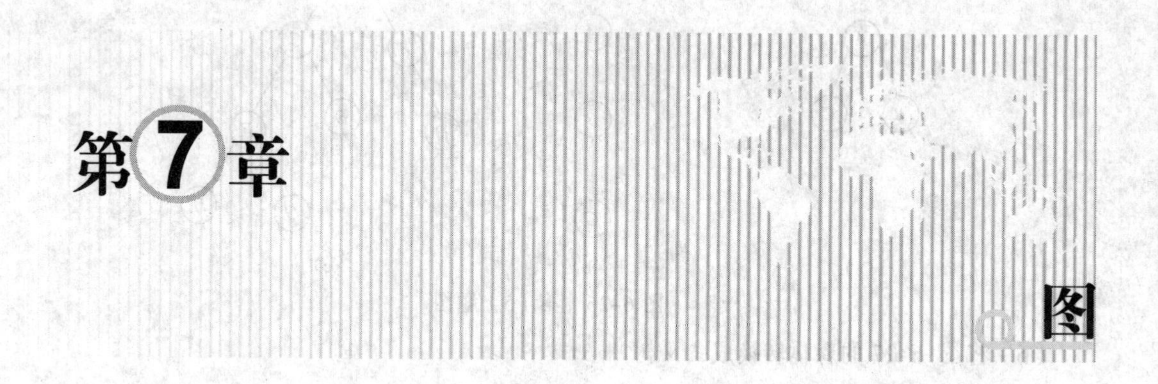

第7章 图

图论（Graph Theory）起源于 Kaliningrad 问题，如图 7-1（a）所示。如果以图 7-1（b）表示该问题，圆圈代表城市，连接线代表桥，则总共有 7 座桥，分别是 *a*、*b*、*c*、*d*、*e*、*f*、*g*，以及 4 座城市 *A*、*B*、*C*、*D*。

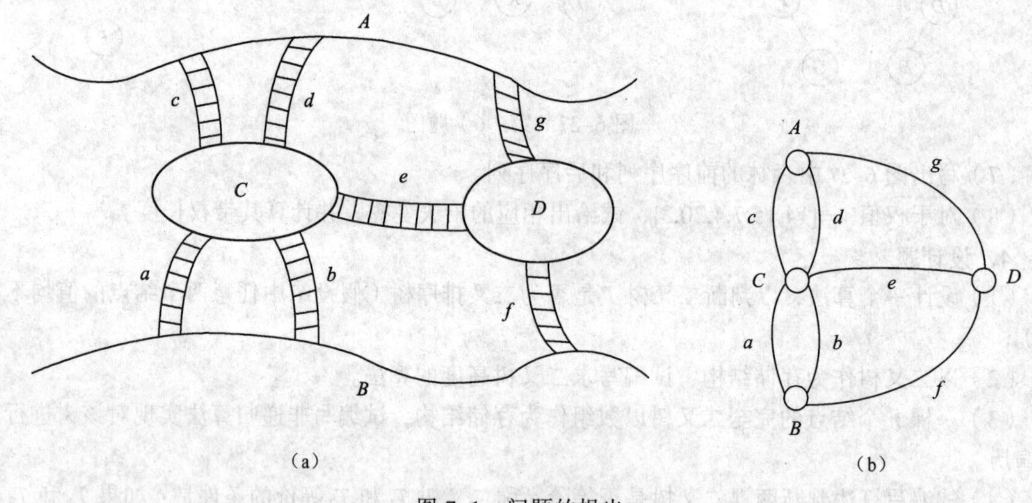

图 7-1　问题的提出

当时有一个有趣的问题是如何从某城市开始走遍全部的桥，然后再回到起始出发的城市，试问图 7-1（b）可以实现吗？瑞士数学家 Leonhard Euler 认为不能。

假设图 7-1（b）中圆圈为结点，连接线为度，如结点 *C* 的度为 5。如果上述问题成立，必须每个顶点具备偶数的度，这被称为欧拉回路（Eulerian Cycle）。因此，图 7-2 可以从某一座城市经过所有的桥后，再回到原来的城市，因为每个顶点都具有偶数度。

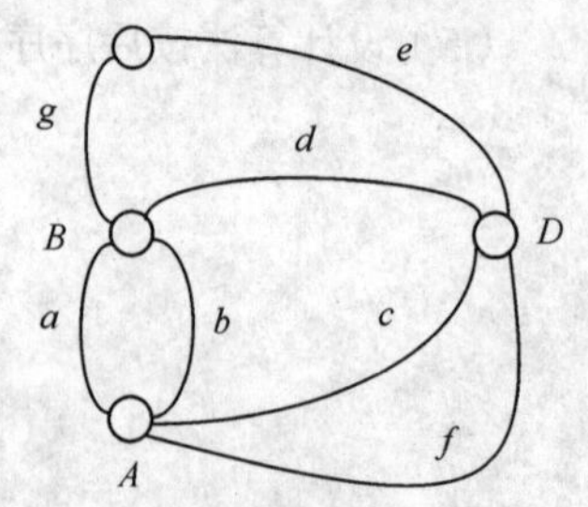

图 7-2　欧拉回路

在程序设计中经常遇到复杂的非线性数据元素关系，如集成电路设计、交通道路规划、作业调度等，这种元素之间的关系不只有一个直接前驱或直接后继，在数据结构中，这种比线性表和树更为复杂的数据结构称为图，图是一种复杂的非线性数据结构。图和树的区别是：树描述的是数据元素（结点）之间的层次关系，每层的数据元素可与下一层中多个元素相关，但只与上一层中一个元素相关，而图的结点之间的关系是任意的，图的任意两个数据元素之间都有可能相关。图以简单的方式来描述问题、系统和状况等。

本章将介绍图的基本概念，重点介绍图的存储结构及其基本算法，并重点介绍最小生成树、最短路径和关键路径等图的应用。

7.1　图的概念及其操作

通过本节内容的学习，可以了解图的基本概念，并学习对图的操作内容。

7.1.1　图的概念

1. 图

图是一种复杂的非线性数据结构，它的定义为 $G=(V,E)$，其中，V 是图的结点的非空有限集，E 是图的边的有限集。图由有限个结点（Vertices）的集合 V 及结点与结点间相连的边（Edges）的集合 E 组成，图 7–3 列举了 4 种典型图。

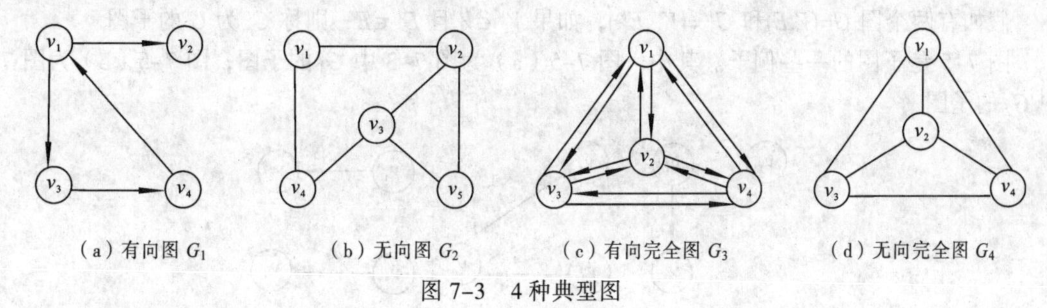

图 7–3　4 种典型图

2. 无向图

无向图的每条边都没有方向，边的两个顶点没有次序关系，即两个顶点对(v_1,v_2)和(v_2,v_1)代表同一边，图 7–3（b）所示的 G_2 是一个无向图。

$$G_2=(V,E)$$

其中，$v=\{v_1,v_2,v_3,v_4,v_5\}$，$e=\{(v_1,v_2),(v_1,v_4),(v_2,v_3),(v_2,v_5),(v_3,v_4),(v_3,v_5)\}$。

对于无向图，E 的取值范围是 0～$n(n-1)/2$。有 $n(n-1)/2$ 条边的无向图称为无向完全图，如图 7–3（d）所示的 G_4。

3. 有向图

有向图中的每条边都是有方向的，边的两个顶点有次序关系，即$<v_1,v_2>$和$<v_2,v_1>$代表两条边。图 7–3（a）中所示的 G_1 是一个有向图。

$$G_1=(V, E)$$

其中，$v=\{v_1,v_2,v_3,v_4\}$,$e=\{\langle v_1,v_2\rangle,\langle v_1,v_3\rangle,\langle v_3,v_4\rangle,\langle v_4,v_1\rangle\}$。

用 n 表示图的顶点数目，用 e 表示边或弧的数目。如果不考虑顶点到其自身的弧或边，即如果$<v_i,v_j>\in E$，则 $v_i\neq v_j$。那么对于有向图，E 的取值范围是 0～$n(n-1)$。有 $n(n-1)$条弧的有向图称为有向完全图，如图 7–3（c）所示的 G_3。

4．权

将与图的边或弧相关的数称为权，权反映了这条边或弧的某种特征的数据，实际上是两点之间属性的体现。例如，权可以表示两点之间的距离、时间或某种代价等。

5．网

将带权的图称为网，图 7-4 所示的图就是一个网。

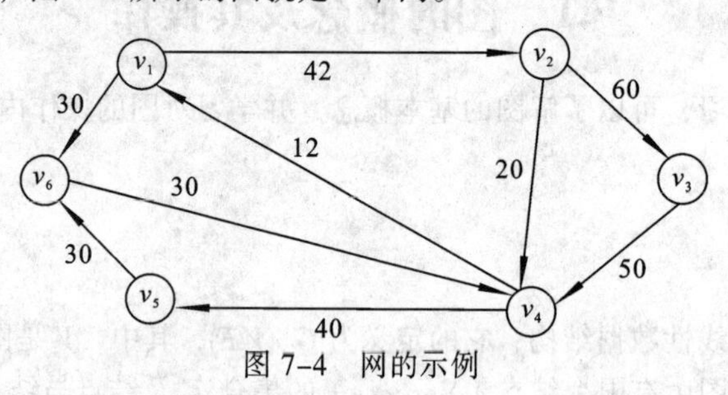

图 7-4　网的示例

6．子图

假如有两个图 $G=(V,E)$和 $G'=(V',E')$，如果 $V' \in V$ 且 $E' \in E$，则称 G' 为 G 的子图。

图 7-5 是子图的一些例子。其中，图 7-5（a）为图 7-3 中 G_1 的子图；图 7-5（b）为图 7-3 中 G_2 的子图。

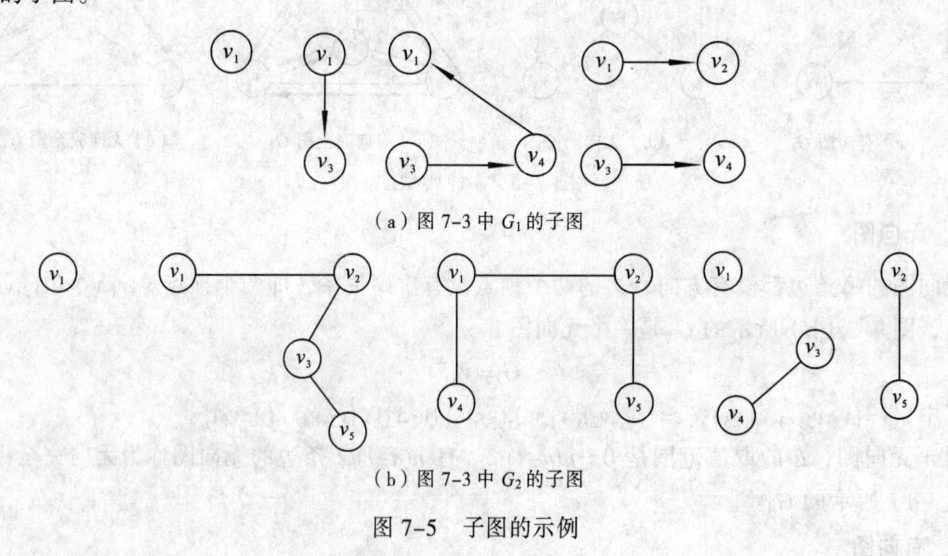

图 7-5　子图的示例

7．弧头和弧尾

如果有向图中存在$<v_i, v_j>$，则称弧的始点 v_i 为弧尾，弧的终点 v_j 为弧头。

8．出边和入边

如果有向图中存在$<v_i, v_j>$，则称该弧为始点 v_i 的出边，终点 v_j 的入边。

9．入度

以顶点 v 为头的弧的数目，称为 v 的入度，记为 ID(v)。

10．出度

以顶点 v 为尾的弧的数目称为 v 的出度，记为 OD(v)。

11．顶点的度

对于无向图 $G=(V, E)$，如果边 $(v,v')\in E$，则称顶点 v 和 v' 互为邻接点，即 v 和 v' 相邻接。边 (v,v') 和顶点 v 与 v' 相关联。顶点 v 的度是指与顶点 v 相关联的边的数目，记为 $\mathrm{TD}(v)$。例如，G_2 中 v_3 的度是 3。对于有向图 $G=(V,E)$，顶点的度 $\mathrm{TD}(v)=\mathrm{ID}(v)+\mathrm{OD}(v)$。例如，图 7-3（a）中顶点 v_1 的入度 $\mathrm{ID}(v_1)=1$，出度 $\mathrm{OD}(v_1)=2$，度 $\mathrm{TD}(v_1)=\mathrm{ID}(v_1)+\mathrm{OD}(v_1)=3$。如果顶点 v_i 的度记为 $\mathrm{TD}(v_i)$，那么一个有 n 个顶点、e 条边或弧的图，满足如下关系：

$$e=\frac{1}{2}\sum_{i=1}^{n}\mathrm{TD}(v_i)$$

12．路径

无向图 $G=(V,E)$ 中从顶点 v 到顶点 v' 的路径是一个顶点序列 $(v,v_{i,0},v_{i,1},v_{i,2},\cdots,v_{i,m},v')$，其中，$(v_{i,j-1},v_{i,j})\in E$，$1\leqslant j\leqslant m$。如果 G 是有向图，则路径也是有向的顶点序列，应满足 $<v_{i,j-1},v_{i,j}>\in E$，$1\leqslant j\leqslant m$。

13．路径的长度

路径的长度是指路径上的边或弧的数目。

14．回路或环

回路或环是指第一个顶点和最后一个顶点相同的路径。

15．简单路径

简单路径是指序列中顶点不重复出现的路径，即不存在回路的路径。

16．简单回路

简单回路是指路径的长度≥2，且路径的起始点和终止点是同一顶点的路径，简单回路中只有一条回路。例如，在图 7-3 所示的 G_3 中，(v_3,v_1,v_2,v_4,v_1) 是一条从 v_3 到 v_1 的路径，其长度为 4；(v_1,v_2,v_4,v_1) 是一条从 v_1 到 v_1 的简单路径，其长度为 3，也是一条简单回路。

17．连通图

在无向图中，如果从顶点 v 到顶点 v' 有路径，则称 v 和 v' 是连通的。如果图中任意两个顶点 v_i，$v_j\in V$，v_i 和 v_j 都是连通的，则称 G 是连通图；否则称为非连通图。无向图 G 的极大连通子图称为 G 的连通分量。图 7-3（d）所示的 G_4 就是一个连通图，而图 7-6（a）所示的 G_5 则是非连通图，但 G_5 有 3 个连通分量，如图 7-6（b）所示。

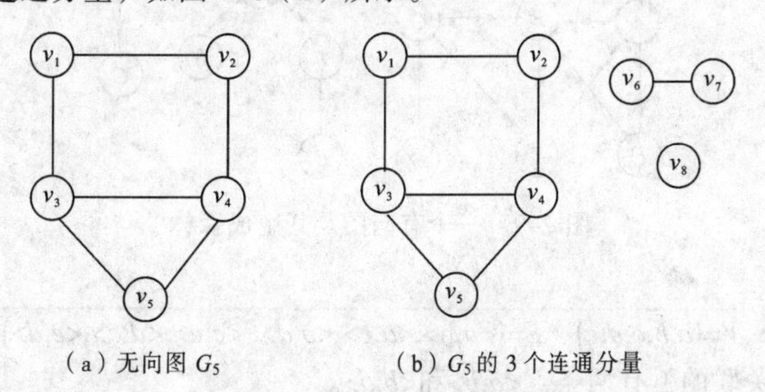

（a）无向图 G_5　　（b）G_5 的 3 个连通分量

图 7-6　无向图及其连通分量

18．连通分量

连通分量是指无向图中极大连通子图。

19．强连通图

在有向图 G 中，如果对于每对顶点 $v_i,v_j \in V$，$v_i \neq v_j$，从 v_i 到 v_j 和从 v_j 到 v_i 都存在路径，则称 G 是强连通图。换言之，强连通图中任意两个顶点之间都至少存在一条某种意义上的通路。

20．强连通分量

有向图中的极大连通子图称为有向图的强连通分量。例如，图 7-3（a）所示的 G_1 虽然不是强连通图，但它有两个强连通分量，如图 7-7（a）、（b）所示的两个强连通分量。

21．生成树

一个连通图的生成树是一个极小连通子图，该子图是以图中所有顶点作为树结点，并从图中顶点之间的全部弧中进行选择，构成一棵树的 n-1 条边来构建该连通图的生成树。图 7-8 是 G_5 中最大连通分量的一棵生成树。如果在树的两个结点之间添加一条边，这棵生成树就将构成了一个环，因为两个结点之间有了两条路径。一棵有 n 个顶点的生成树有且仅有 n-1 条边，如果一个图有 n 个顶点并少于 n-1 条边，那么就是非连通图。如果它多于 n-1 条边，则一定有环。但是，有 n-1 条边和 n 个顶点的图不一定是生成树。

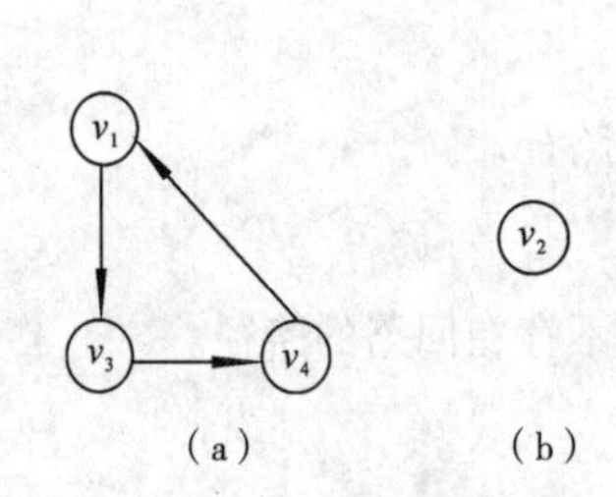

图 7-7　G_1 的两个强连通分量

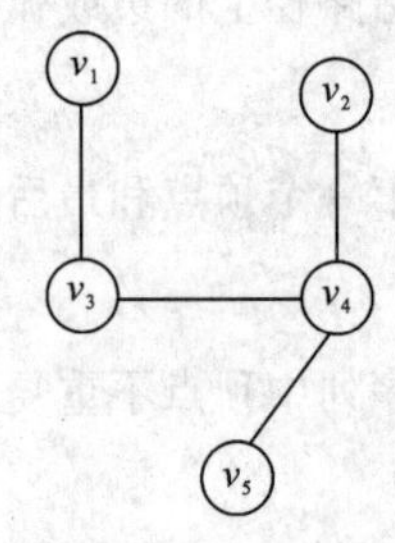

图 7-8　G_5 中最大连通分量的一棵生成树

22．有向树

如果一个有向图有一个顶点入度为 0，其余顶点入度为 1，则该有向图是一棵有向树。

23．生成森林

一个有向图的生成森林由若干棵有向树组成，含有图中全部顶点，但是足以构成若干棵不相交的有向树的弧，如图 7-9 所示。

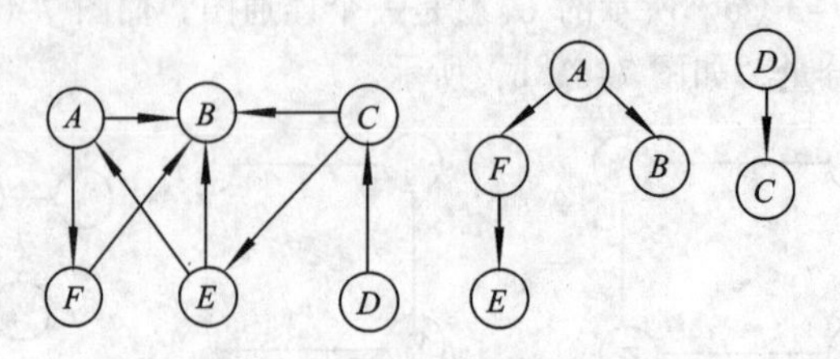

图 7-9　一个有向图及其生成森林

【例】图的联系。

对于图 $G=(V,E)$，$V=\{a,b,c,d,e\}$，$E=\{<a,b>,<a,c>,<b,d>,<c,e>,<d,c>,<e,d>\}$，则有下述结果。

① 与顶点 b 相关联的弧有两条：$<a,b>$和$<b,d>$。

② 不存在从顶点 c 到 b 的路径。

③ ID(d)=2，OD(d)=1，TD(d)=3。

④ 不是强连通分量。

⑤ 有 3 个强连通图分量，如图 7-10 所示。

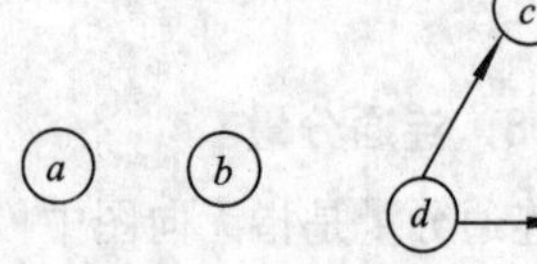

图 7-10　3 个强连通图

7.1.2　图的基本操作

图的主要基本操作如下：

① CreatGraph(&G,V,VR)：按 V 和 VR 的定义建造图 G。

② DestroyGraph(&G)：销毁图 G。

③ LocateVex(G,u)：如果图 G 中存在顶点 u,则返回该顶点在图中的位置；否则返回其他信息。

④ GetVex(G,v)：返回顶点 v 的值。

⑤ PutVex(&G,v,value)：对 v 赋值 value。

⑥ InsertVex(&G,v)：在图 G 中增添新顶点 v。

⑦ DeleteVex(&G,v)：删除 G 中顶点 v 极其相关的弧。

⑧ InsertArc(&G,v,w)：在图 G 中增添弧 $<v,w>$，如果 G 是无向图，则还增添对称弧 $<w,v>$。

⑨ DeleteArc(&G,v,w)：删除图 G 的弧 $<v,w>$，如果 G 是无向图，则还删除对称弧 $<w,v>$。

7.2　图的存储结构

图是一种复杂的非线性数据结构，它的各个顶点的度差别很大，顶点之间的逻辑关系也很复杂，任意两个顶点之间都可能存在特定的通路。图的信息包括顶点信息和描述各顶点之间关系的边的信息，因此在存储图时，要完整、准确地反映这两方面的信息。图的存储结构又称图的存储表示或图的表示，主要有 4 种常用的存储方法：邻接矩阵、邻接表、十字链表、邻接多重表。在进行图的存储时，要综合分析数据的性质和操作，以及图本身的结构特点来选择合适的存储方式。

7.2.1　邻接矩阵

邻接矩阵是表示图中顶点之间相邻关系的矩阵。邻接矩阵存储结构是指将图的顶点的信息存储在二维数组中，各个顶点之`间的关系（图的各个边或弧）存储在矩阵中。

设图 $G=(V,E)$有 n 个顶点，则 G 的邻接矩阵是 n 阶方阵，性质如下：

$$A[i][j]=\begin{cases}1 & \text{当顶点 } v_i \text{ 与顶点 } v_j \text{ 之间有边时}\\ 0 & \text{当顶点 } v_i \text{ 与顶点 } v_j \text{ 之间无边时}\end{cases}$$

图 7-3 中 G_1 和 G_2 的邻接矩阵如图 7-11 所示。通常来说，图在使用二维数组的形式表示时，需要存储 n 个顶点的信息和 n^2 个边的信息。因为无相连通图的邻接矩阵对称，所以在存储图时可以采用只存储矩阵的下三角（或上三角）元素的压缩存储方式，这种方式只需要 $n(n-1)/2$ 个存储单元。

$$\boldsymbol{G}_1=\begin{pmatrix}0&1&1&0\\0&0&0&0\\0&0&0&1\\1&0&0&0\end{pmatrix}\qquad \boldsymbol{G}_2=\begin{pmatrix}0&1&0&1&0\\1&0&1&0&1\\0&1&0&1&1\\1&0&1&0&0\\0&1&1&0&0\end{pmatrix}$$

图 7-11　图的邻接矩阵

图用邻接矩阵的方法表示有两个优点：一是可以判定任意两个顶点之间是否有边（或弧）相连，二是可以求得各个顶点的度。对于无向图而言，顶点 v_i 的度是邻接矩阵中第 i 行（或第 i 列）的元素之和，即

$$\mathrm{TD}(v_i)=\sum_{j=1}^{n}A[i][j]$$

对于有向图而言，它的顶点之间的连线（弧）是具有方向性的，所以它的邻接矩阵一般是一个非对称矩阵。因此，需要用 $n\times n$ 个存储单元来存储。当有向图采用邻接矩阵存储结构时，根据图的邻接矩阵可以确定图中各顶点的出度和入度，其关系为：第 i 行的元素之和为顶点 v_i 的出度 $\mathrm{OD}(v_i)$，第 j 列的元素之和为顶点 v_j 的入度 $\mathrm{ID}(v_j)$。

由上述邻接矩阵的定义，可以给出网的邻接矩阵的定义。如果网 $G=(V,E)$含有 n（$n\geqslant1$）个顶点 $V=(v_1,v_2,\ldots,v_n)$，则元素为

$$A[i][j]=\begin{cases}W_{ij} & \text{当顶点 } v_i \text{ 与顶点 } v_j \text{ 之间有边，且边的权值为 } W_{ij} \text{ 时}\\ \infty & \text{当顶点 } v_i \text{ 与顶点 } v_j \text{ 之间无边时}\end{cases}$$

其中，W_{ij} 表示边上的权值，∞表示一个计算机允许的、大于所有边上的权值的数。

例如，图 7-12 列出了一个有向网和它的邻接矩阵。

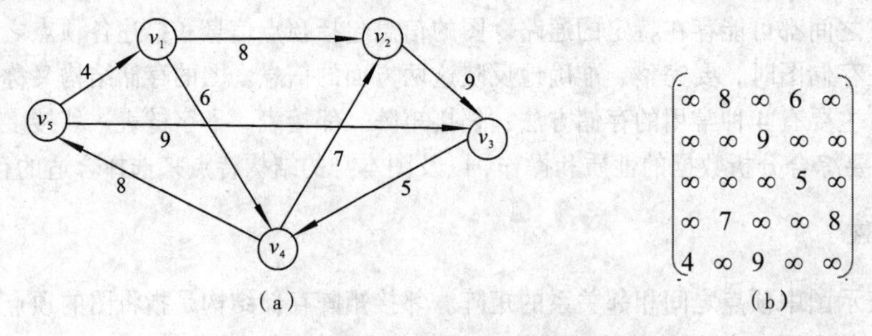

图 7-12　网及其邻接矩阵

在用邻接矩阵表示图时，有两部分内容需要存储：一是存储用于表示顶点间相邻关系的邻接矩阵，二是通过顺序表的形式来存储顶点信息。其形式描述如下：

```
#define  maxnode  15          /*最大的顶点数*/
typedef  struct
{
  elemtype Vertex;            /*顶点信息*/
}vertextype;
typedef struct
{
   int adj;                   /*顶点之间相关的信息，如果顶点相邻，则 adj=1;否则 adj=0*/
}arctype;
typedef struct
{
  vertextype vexs[maxnode]
  arctype arcs[maxnode] [maxnode]
}graph;
```

建立邻接矩阵的算法比较简单，只需要定义一个 $n\times n$ 的数组，输入数据即可。下面给出建立一个无向网络的算法。

```
#define maxnode 15            /*最大的顶点数*/
#define e 8                   /*图的边数*/
```

```
typedef struct
{
   elemtype Vertex;      /*顶点信息*/
}vertextype;
typedef struct
{
    int adj;
}arctype;
typedef struct
{
    vertextype vexs[maxnode]
    arctype arcs[maxnode][maxnode]
}Graph;
/*建立无向网络*/
CreatGraph(ga)
Graph *ga;
{
    int i,j,k,n;
    float w;
    n=maxnode;                              /*图中顶点个数*/
    for(i=0;i<n;i++)
         ga->vexs[i]=getchar();             /*读入顶点信息，建立顶点表*/
    for(i=0;i<n;i++)
         for(j=0;j<n;j++)
    ga->arcs[i][j]=0;                       /*邻接矩阵初始化*/
    for(k=0;k<e;k++)                        /*读入 e 条边*/
    {
        scanf("%d%d%f",&i,&j,&w);           /*读入边(vi,vj)上的权 w*/
        ga->arcs[i][j]=w;
        ga->arcs[j][i]=w;
    }
}
```

该算法的执行时间是 $O(n+n^2+e)$，其中，$O(n^2)$的时间消耗在邻接矩阵的初始化操作上，因为 $e < n^2$，所以算法的时间复杂度为 $O(n^2)$。

7.2.2　邻接表

利用邻接矩阵存储图需要知道图中顶点的个数，所以这种方法是静态的。但是当图的结构是在解决问题的过程中动态产生时，则每增加或删除一个顶点都需要改变邻接矩阵的大小，邻接矩阵方法的效率就很低了。除此之外，当图的邻接矩阵为一个稀疏矩阵时，由于邻接矩阵占用的存储单元数目只与图中顶点的个数有关，而与边（弧）的数目无关，所以造成存储空间的浪费。

为了解决上述问题，可以采用顺序存储结构和链式存储结构相结合的邻接表的存储方法。具体存储方法是，图的顶点的信息采用顺序存储，而图中边的信息采用链式存储方法。在邻接表中，用一个一维数组，其中每个数组元素包含两个域，其结构如下：

Vertex	FirstArc

其中，Vertex 域用来存储顶点信息， FirstArc 是存放与该结点相邻接的所有顶点组成的单链表的头指针的指针域；邻接单链表中每个结点表示依附于该顶点的一条边称为边结点。边结点的结构如下：

Adjvertex	Weight	Nextarc

边结点由 3 个域组成，其中邻接点域（Adjvertex）存放依附于该边的另一个顶点在一维数组中的序号，对于有向图，存放的是该边结点所表示的弧的弧头顶点在一维数组中的序号；Weight 域存放边和该边（或弧）有关的信息，如权值等，当图中边（或弧）不含有信息时，该域可省略；Nextarc 域为指向依附于该顶点的下一个边结点的指针。图 7-13（a）、（b）所示图的邻接表分别为图 7-3 中 G_1 和 G_2 的邻接表。

在无向图的邻接表中，顶点 v_i 的度恰为第 i 个链表中的结点数，而在有向图中，第 i 个链表中的结点个数只是顶点 v_i 的出度，为了求入度必须遍历整个邻接表。在所有链表中其邻接点域的值为 i 的结点的个数是顶点 v_i 的入度。有时为了便于确定顶点的入度或以顶点 v_i 为头的弧，可以建立一个有向图的逆邻接表，即对每一个顶点 v_i 建立一个链接以顶点 v_i 为头的弧的表。例如，图 7-13（c）所示为有向图 G_1 的逆邻接表。

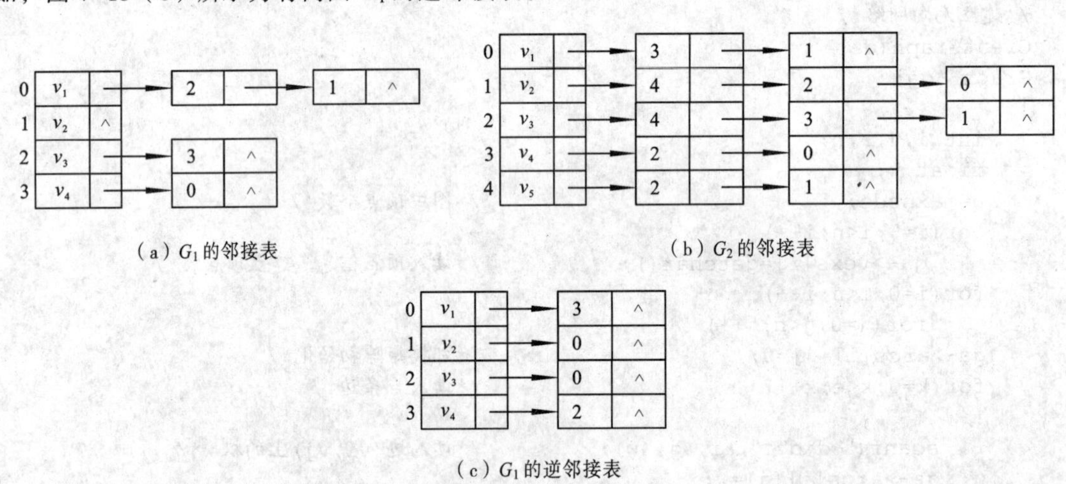

（a）G_1 的邻接表　　（b）G_2 的邻接表

（c）G_1 的逆邻接表

图 7-13　邻接表和逆邻接表

一个图的邻接表存储结构的描述形式说明如下：

```
#define maxnode 256                /*图中顶点最大数*/
typedef struct arc
{
    int adjvertex;                 /*弧头结点在数组中的序号*/
    int weight;                    /*当为网时有此项*/
    struct arc *nextarc;
}arctype;
typedef struct
{
    elemtype vertex;               /*顶点信息*/
    arctype *firstarc;
}vertextype;
typedef vertextype adjlisttype[maxnode];
```

如果无向图中有 n 个顶点、e 条边，则它的邻接需要 n 个头结点和 $2e$ 个表结点。显然在边稀疏（$e\leqslant\frac{1}{2}n(n-1)$）的情况下，用邻接表表示图比邻接矩阵节省存储空间，当和边相关的信息较多时，更是如此。

寻找图中任一顶点的第一个邻接点和下一个邻接点在邻接表中容易实现，而确定任意两个顶点 v_i 和 v_j 之间是否有边或弧相连，由于需要搜索第 i 个和第 j 个链表，因此邻接矩阵更为方便。

建立无向图的邻接表存储结构的程序如下，在该程序中，假设顶点信息为整型数值。

```
#define maxnode 30
#include <stdio.h>
typedef int elemtype
typedef struct arc
{
   int adjvertex;
   struct arc *nextarc;
}arctype;
typedef struct
{
   elemtype vertex;
   arctype *firstarc;
}vertextype;
typedef vertextype adjlisttype[maxnode];
/*主函数*/
main()
/*建立无向图 graph 的邻接表存储结构*/
{
    int i,j,n,e,k;
    int v1,v2;
    arctype *p,*q;
    adjlisttype graph;
    /*输入图中顶点的个数 n 和边数 e*/
    printf("\n 输入图中顶点的个数 n 和边数 e:\n");
    scanf("%d%d",&n,&e);
    /*输入图中顶点的数据*/
    printf("\n 输入图中顶点的数据:\n");
    for(k=0;k<n;k++)
    {
       scanf("%d",&graph[k].vertex);
       graph[k].firstarc=NULL;
    }
    /*输入各边并将相应的边结点插入到链表中*/
    printf("\n 输入图中的各边,次序为弧尾编号,弧头编号:\n")
    for(k=0;k<e;k++)
    {
       scanf("%d%d",&v1,&v2);
       i=locvertex(graph,v1);
       i=locvertex(graph,v2);
       q=(arctype *)malloc(sizeof(arctype));
       q->adjvertex=j;
       q->nextarc=graph[i].firstarc;
       graph[i].firstarc=q;
       p=(arctype *)malloc(sizeof(arctype));
       p->adjvertex=i;
       p->nextarc=graph[j].firstarc;
       graph[j].firstarc=p;
    }
    /*显示图的邻接表结构*/
```

```
    printf("\n 图的邻接表结构为:\n");
    for(i=0;i<n;i++)
    {
        printf("i=%d",i);
        v1=graph[i].vertex;
        printf("Vertex:%d",v1);
        p=graph[i].firstarc;
        while(p!=NULL)
        {
            v2=p->adjvertex;
            printf("-->%d",v2);
            p=p->nextarc;
        }
        printf("\n")
    }
}
/*求顶点 v 在图 graph 中的序号*/
int LocVertex(adjlisttype graph,int v)
{
    int k;
    for(k=0;k<maxnode;k++)
    {
        if(graph[k].vertex==v)
            return(k);
    }
}
```

在建立邻接表或逆邻接表时，建立邻接表的时间复杂度要分为两种情况求出：一种是如果输入的顶点信息即为顶点的编号，那么建立邻接表的时间复杂度为 $O(n+e)$；另一种是需要通过查找才能得到顶点在图中位置，那么此时的时间复杂度为 $O(n \times e)$。

7.2.3 十字链表

十字链表是一种将有向图的邻接表和逆邻接表结合起来存储有向图结点的一种链式存储结构。在十字链表中，有向图的每个顶点和每条弧都对应于十字链表中的一个结点。十字链表的结点结构如图 7-14 所示。

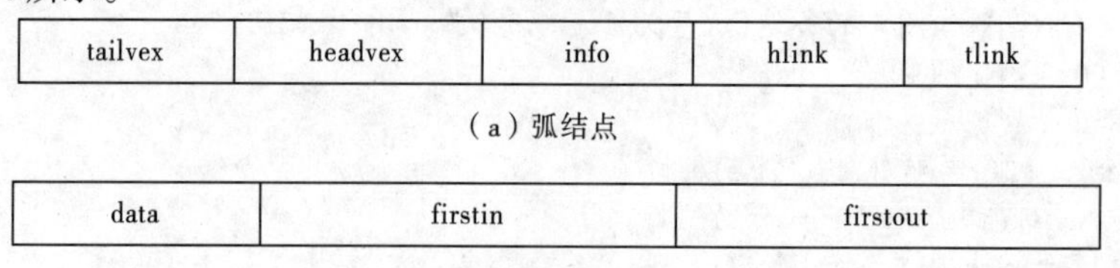

tailvex	headvex	info	hlink	tlink

（a）弧结点

data	firstin	firstout

（b）顶点结点

图 7-14　十字链表的结点结构

其中，在弧结点中共有 5 个域：头域 headvex 存放该弧的弧头顶点在图中的位置，尾域 tailvex 存放该弧的弧尾顶点在图中的位置，链域 hlink 指向与该弧具有相同弧头的下一条弧的边结点，而链域 tlink 指向与该弧具有相同弧尾的下一条弧的边结点，info 域指向该弧的相关信息（如权值等）。从上面很容易看出，图中弧头相同的弧在同一个链表上，弧尾相同的弧在同一个链表上。

头结点即为顶点结点，它由 3 个域组成：data 域存放与顶点有关的信息（如顶点名称等）；firstin 和 firstout 域为两个链域，firstin 域存放以该顶点为弧头的单链表的头指针，firstout 域存放以该结点为弧尾的单链表的头指针。图 7–15（a）所示有向图的十字链表如图 7–15（b）所示。

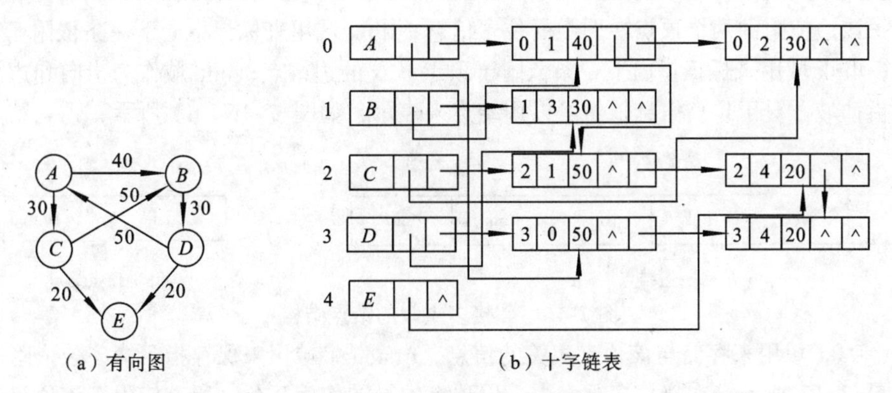

（a）有向图　　（b）十字链表

图 7–15　有向图的十字链表

从图 7–15 中很容易找出以 v_i 为尾的弧，也可以很容易找出以 v_i 为头的弧，因而也就容易计算顶点的出度和入度。有向图的十字链表存储表示形式说明如下：

```
#define vtxnum 256                      /*图中顶点的最大数*/
struct arctype
{
    int tailvex;                        /*该弧的尾顶点位置*/
    int headvex;                        /*该弧的头顶点位置*/
    struct arctype *hlink;              /*弧头相同的弧的链域*/
    struct arctype *tlink;              /*弧尾相同的弧的链域*/
    infotype *info;                     /*该边信息指针*/
}arctype;
struct vertextype
{
    elemtype vertex;
    struct arctype *firstin;            /*指向该顶点的第一条入弧*/
    struct arctype *firstout;           /*指向该顶点的第一条出弧*/
}vertextype;
struct
{
    vertextype xlist[vtxnum];           /*表头向量*/
    int vexnum;                         /*有向图的当前顶点数*/
    int arcnum;                         /*有向图的当前弧数*/
}
```

十字链表是有向图的一种有效的存储结构，在输入 n 个顶点和 e 条弧的信息之后即可建立该有向图所对应的十字链表。

7.2.4　邻接多重表

邻接多重表是另一种常见的链式存储无向图的方法。在使用邻接表存储无向图时，可以较容易得到顶点和边的相关信息，但是在对图进行一些操作时会表现出很多不便，例如删除边的操作，因为在邻接表中每条边(v_i,v_j)有两个结点，分别在第 i 个和第 j 个链表中，如果要删除这条边，就需要对邻接表进行两次扫描，找到表示同一条边的两个边结点并进行删除，显然给操作很烦琐。而邻接多重表是对邻接表的一种改进，邻接多重表的结构与十字链表类似。在邻接多重表中，每条边用一个结点表示，它由图 7–16（a）所示的 6 个域组成。

其中，边结点的 mark 作为标志域，作用是表示该边是否已经被访问过；而 ivex 和 jvex 两个域用来标识该边依附的两个顶点在图中的位置信息；ilink 域用来标识指向下一条依附于顶点 ivex 的边结点；jlink 域用来标识指向下一条依附于顶点 jvex 的边结点；info 域作为指向和边相关的各种信息的指针域。对于顶点信息依然可以用结点来表示，如图 7-16（b）所示，顶点结点由两个域组成。

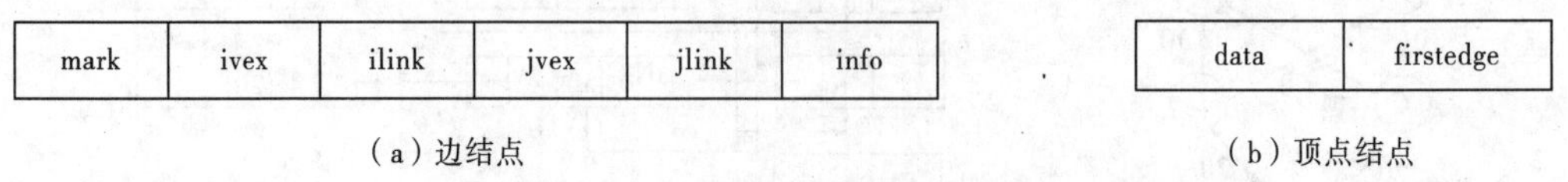

图 7-16　邻接多重表的结点结构

其中，Data 域用来存储与该顶点相关的信息，firstedge 域用来保存指示第一条依附于该顶点的边。如图 7-17 所示，在邻接多重表中，以顶点的异同作为区分，所有依附于该顶点的边串联在同一个链表中；但是由于每条边都依附于两个顶点，所以每个边结点都至少同时链接在两个不同顶点对应的链表中。因此，无向图的邻接多重表和邻接表两种存储方式的差别在于对于边的存储方式上。在邻接表中用两个结点表示一条边，而在邻接多重表中只用一个边结点来表示。因此，在使用邻接多重表来存储无向图时，除了在边结点中增加一个标志域外，其他各种基本操作的实现和邻接表相似。下面是对邻接多重表的类型说明：

```
/*无向图的邻接多重表存储表示*/
#define maxvex 256
typedef emnu{unvisit,visit} visitif;
typedef struct EdgeBox
{
   visitif mark;                /*访问标记*/
   int ivex;                    /*依附该边的一个顶点的位置*/
   int jvex;                    /*依附该边的另一个顶点的位置*/
   struct EdgeBox *ilink;       /*指向依附该顶点的下一条边*/
   struct EdgeBox *jlink;       /*指向依附该顶点的下一条边*/
   infotype *info;              /*该边信息指针*/
};
typedef struct VexBox
{
   vertextype data;
   EdgeBox *firstedge;          /*指向依附该顶点的第一条边*/
};
typedef struct
{
   VexBox adjmulist[maxvex];
   int vexnum;                  /*无向图的当前顶点数*/
   int edgenum;                 /*无向图的当前边数*/
};
```

图 7-17　图 7-3 中 G_2 的邻接多重表

7.3　图的遍历

图的遍历就是从图中任意顶点出发访遍图中其余顶点，且使每一个顶点仅被访问一次的过程。图的遍历和树的遍历操作相似。

由于图的任何一对顶点都可能存在通路，所以在沿着某条路径搜索时，很有可能存在重复访问顶点的情况。例如图 7–3 中的 G_2，由于图中存在回路，因此在访问了 v_1、v_2、v_3、v_4之后，沿着边(v_4,v_1)又访问到 v_1。为了避免图顶点重复访问的情况出现，在遍历图的过程中需要记录下已访问的顶点，可为每次遍历建立一个相应的辅助数组 visited[1...*n*]，*n* 为顶点数，将数组的每个元素的初始值设置为 0，表示未被访问，当遍历时访问到了顶点 v_i，则将 visited[*i*]置为 1，表示 *i* 结点已被访问过。同时，在图结构中，一个顶点可以和其他多个顶点相连，当某个顶点访问过后，需要确定如何选取下一个要访问的顶点问题。

图的遍历是指按照图的存储结构访问图中的各个结点，在遍历时不能只按照图对应的存储结构中各个顶点的存储顺序对顶点进行遍历，还要考虑图本身的结构特点，按照一定的规则来进行。遍历图的规则一般分为两种：深度优先搜索和广度优先搜索。

7.3.1　深度优先搜索

深度优先搜索遍历与树的先序遍历非常类似。遍历开始前的初始状态是图中所有顶点未曾被访问过，则深度优先搜索遍历图的过程如下：首先访问指定的起始顶点 v_0，从 v_0 出发在访问了任意一个和 v_0 邻接的顶点 w_1 之后，再从 w_1 出发，访问和 w_1 邻接且未被访问过的任意顶点 w_2，然后从 w_2 出发，重复上述过程，直到图中所有和 v_0 有路径相通的顶点都被访问过。如果仍存在未被访问过的顶点，则选择一个未曾被访问过的顶点作为起始点，重复采用深度优先搜索遍历图中顶点，直到图中所有顶点都被访问到，结束遍历。

由于在这种遍历的过程中，尽可能地沿“前进”的方向搜索，所以称为深度优先搜索。

对图 7–18（a）进行深度优先搜索法遍历，假设从顶点 v_1 出发，在访问 v_1 之后选择邻接点 v_2，则从 v_2 出发进行搜索。依此类推，接着从 v_4、v_8、v_5 出发进行搜索。在访问了 v_5 之后，由于 v_5 的邻接点都已被访问，则搜索到 v_8，于是访问 v_6，依此类推，访问 v_3 和 v_7。可得到顶点的访问顺序如下：

$$v_1 \to v_2 \to v_4 \to v_8 \to v_5 \to v_6 \to v_3 \to v_7$$

再对图 7–18（b）进行深度优先搜索法遍历，可得到一种顶点的访问顺序如下：

$$v_5 \to v_7 \to v_6 \to v_2 \to v_4 \to v_3 \to v_1$$

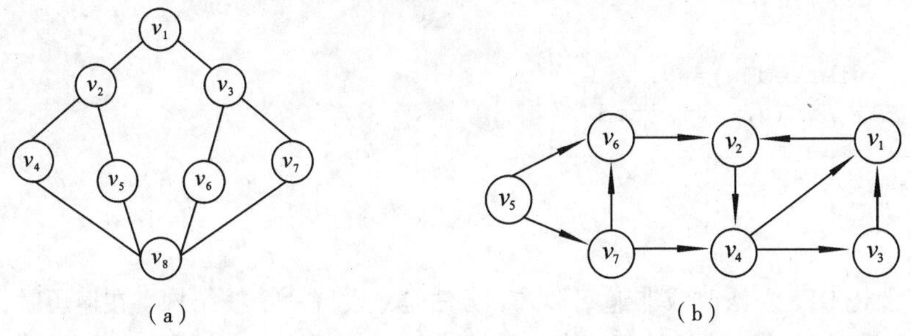

图 7–18　无向图和有向图

显然，这是一个递归的过程，借助于访问标志数组 visited[*i*]，图的深度优先搜索算法如下：

```
#define maxnode 256          /*图中顶点最大数*/
```

```
typedef struct arc
{
    int adjvertex;              /*弧头结点在数组中的序号*/
    int weight;                 /*当为网时有此项*/
    struct arc *nextarc;
}arctype;
typedef struct
{
    elemtype vertex;            /*顶点信息*/
    arctype *firstarc;
}vertextype;
typedef vertextype adjlisttype[maxnode];
/*遍历有 n 个结点的图 g*/
void depthtraver(adjlisttype g,int n)
{
    int v;
    int visited[maxnode]
    /*标志数组初始化*/
    for(v=1;v<=n;v++)
        visited[v]=0;
    /*用循环方法控制非连通图的所有顶点均可被访问到*/
    for(v=1;v<=n;v++)
    {
        if(visited[v]==0)
        dfs(g,v,visited);
    }
}
/*深度优先搜索图 g 的递归算法，v 为出发顶点的下标序号*/
/*visited 为顶点是否访问过的标志数组*/
void dfs(adjlisttype g,int v,int visited[])
{
    arctype *p;
    int w;
    visited[v]=1;                   /*标记第 v 个结点已被访问*/
    printf("%5d",g[v].vertex);
    p=g[v].firstarc;
    w=p->adjvertex;
    while(p!=NULL)
    {
        if(visited[w]==0)
            dfs(g,w,visited);
        p=p->nextarc;
        w=p->adjvertex;
    }
}
```

也可以将上述 DFS 算法改成非递归形式。方法是：设置一个栈结构，在遍历时，每访问一个顶点 *w*，就将 *w* 压入栈中，然后访问 *w* 的一个未被访问的邻接点。如果在遍历的过程中，某顶点 *w* 的所有邻接点都已被访问过，那么就从栈顶删去该顶点，然后继续访问当前栈顶元素的一个未被访问过的邻接点。当栈为空时，遍历操作结束。

深度优先搜索遍历图的时间耗费取决于所采用的存储结构。对于具有 n 个顶点 e 条边的连通图，可以证明，当用二维数组表示邻接矩阵作为图的存储结构时，搜索一个顶点的所有邻接点需要花费 $O(n)$，故从 n 个顶点出发搜索需花费是 $O(n^2)$，其时间复杂度为 $O(n^2)$；当用邻接表作为图的存储结构时，找邻接点所需时间为 $O(e)$，其中 e 为无向图中边的数或有向图中弧的数。因此，当以邻接表作为存储结构时，深度优先搜索遍历图的时间复杂度为 $O(n+e)$。

7.3.2 广度优先搜索

广度优先搜索遍历与树的按层次遍历的过程相类似，是对图进行遍历的另一种常用方法。

其规则是：首先访问指定的起始顶点 v_0，从 v_0 出发，访问 v_0 的所有未被访问过的邻接顶点 w_1，w_2，…，然后再依次从 w_1，w_2…出发，访问它们所有未被访问过的邻接顶点，直到图中所有被访问过的顶点的邻接顶点都被访问过。如果此时图中还有未被访问过的顶点，则从一个未被访问过的顶点出发，重复上述过程，直到图中所有的顶点都被访问过为止。实际上，广度优先搜索的实质是从指定顶点出发，按照到该顶点路径长度由短到长的顺序访问图中其余的所有顶点。

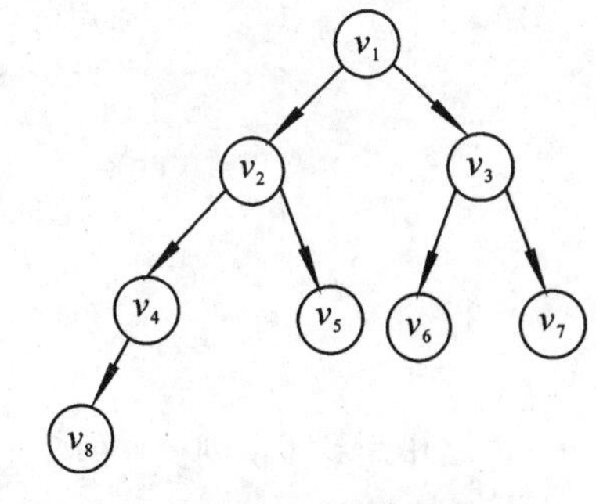

图 7-19　有向图

广度优先搜索遍历图的过程以 v_0 起始点，由近及远，顺次访问和 v_0 有路径相通且路径长度不为0的顶点。例如，对图 7-19 所示的有向图进行广度优先搜索法遍历，首先访问 v_1 和 v_1 的邻接点 v_2、v_3，然后依次访问 v_2 的邻接点 v_4、v_5 及 v_3 的邻接点 v_6、v_7，最后访问 v_4 的邻接点 v_8。由于这些顶点的邻接点均已被访问，并且图中所有顶点都被访问了，由此完成了图的遍历，得到顶点的访问序列为

$$v_1 \to v_2 \to v_3 \to v_4 \to v_5 \to v_6 \to v_7 \to v_8$$

对图 7-18（b）进行广度优先搜索法遍历，得到的顶点的访问序列为

$$v_5 \to v_6 \to v_7 \to v_2 \to v_4 \to v_1 \to v_3$$

在使用广度优先搜索遍历图的过程中，采用与深度优先搜索相似的方式建立一个访问标志数组，同时建立一个队列来存储已经被访问过的顶点，然后顺序访问路径长度为 2、3、…的顶点。图的广度优先遍历的算法如下：

```
#define maxnode 256                          /*图中顶点最大数*/
typedef struct arc
{
   int adjvertex;                            /*弧头结点在数组中的序号*/
   int weight;                               /*当为网时有此项*/
   struct arc *nextarc;
}arctype;
typedef struct
{
   elemtype vertex;                          /*顶点信息*/
   arctype *firstarc;
}vertextype;
typedef vertextype adjlisttype[maxnode];
/*广度优先搜索图 g 的非递归算法，k 为出发点的下标序号*/
/*visited 为顶点是否访问过的标志数组*/
void breathtraver(graph g,int k,int visited[])
{
```

```
    arctype *p;
    qqtype *qqueue;
    int w;
    InitQueue(&qqueu);                          /*初始化顺序队列*/
    /*访问顶点k并把它加入队列*/
    visited[k]=1;
    printf("%d\n",g[k].vertex);
    Enqueue(qqueue,k);                          /*顶点k入队列*/
    /*当队列不为空时，取出队头元素并访问队头元素的所有邻接点*/
    while(queueempty(qqueue)!=0)                /*判断队列是否为空*/
    {
        w=Dequeue(qqueue);                      /*队头元素出队并置为w*/
        p=g[w].firstarc;
        while(p!=NULL)
        {
            if(visited[p->adjvertex]==0)
            {
                visited[p->adjvertex]=1;
                printf("%d\n",g[p->adjvertex].vertex);
                Enqueue(qqueue,p->adjvertex);/*将被访问的顶点入队*/
            }
            p=p->nextarc;
        }
    }
}
```

算法中用到了队列操作的几个函数，可参考队列一章中的相关内容。遍历函数BFS()与深度优先搜索中的相同，这里不再赘述。

分析算法的实质，每个顶点至多只能有一次机会进入队列。遍历图的过程实际上就是以边或弧为线索，寻找邻接点的过程。图的广度优先遍历算法的时间复杂度和深度优先搜索相同，采用邻接矩阵存储结构时，其时间复杂度为$O(n^2)$，而采用邻接表存储结构时，其时间复杂度为$O(n+e)$，e为图中边的个数。

需要注意的是，无论采用深度优先搜索法还是广度优先搜索法进行图的遍历，如果选定的出发点不同，或是所建立的存储结构不一致，则可能得到不同的遍历结果。只有当选取的出发点、采用的存储结构及遍历图的方式都是确定的，遍历的结果才是唯一的。

7.4 图的应用

本节从生成树、最短路径和拓扑排序等方面介绍图的应用。

7.4.1 生成树

设$G(V,E)$是一个连通的无向图，从图中任意一个顶点出发，可以访问到全部的顶点。在遍历的过程中，所经过的边集设为$T(G)$，未经过的边集设为$B(G)$。显然，$T\cup B=E$，且$T\cap B=\phi$。考虑一个新图$G'=(V,T)$，由于$V(G')=V(G)$，$E(G')\subset E(G)$，则G'是G的连通子图，且G'中含有G的全部顶点。把图中的顶点加上遍历时经过的所有边所构成的子图称为生成树，如G'是G的生成树。显然，n个顶点的连通图至少有$n-1$条边。由于生成树有$n-1$条边，所以生成树是连通图的极小连通子图。对于一个非连通图和不是强连通的有向图，从任意一点出发，不能访问到图中所有顶点，只能得到连通分量的生成树，所有连通分量的生成树组成生成森林。

一个连通图的生成树并不是唯一的，这是因为遍历图时选择的起始点不同，遍历的策略不同，因此遍历所经过的边也就不同，故而产生不同的生成树。图 7-20 所示的是几种不同的生成树。

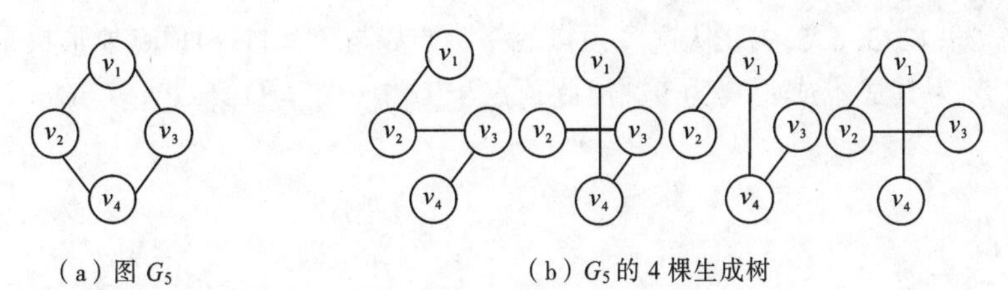

图 7-20　图 G_5 及其 4 棵生成树

因为网的边带权，而生成树不唯一，于是就产生了这样一个问题，如何找到一个各边的权数总和最小的生成树，对于实际应用有很大的意义。例如，如果想在几个城市之间进行通信联络，首先需要建设一个基础通信网络，如果城市数量是 n 个，要想实现各个城市间的通信则至少需要 n–1 条线路。当选择具体的通信线路时，首先应该考虑通信经费问题。任意两个城市之间的通信线路都相应地存在通信代价权值。对于 n 个城市，如果任意两个城市之间均有线路，则最多可设置 $n(n-1)/2$ 条线路，如何在这 $n(n-1)/2$ 条线路中选择 n–1 条，使得总的耗费最低，这是一个需要考虑的问题。

对于 n 个城市之间的基础通信网络可以用连通网来表示，其中，网的顶点表示城市，边表示两城市之间的线路，边的权值表示相应线路上的通信代价。依据这个连通网可以建立多棵生成树，每棵生成树都可以形成一个通信网方案。生成树的代价是各个边的代价之和，如果选择生成树的目标是使总体的通信费用最小，这个问题就是构造连通网的最小代价生成树，简称最小生成树的问题。

利用最小生成树的 MST 性质可以建立多种构造最小生成树的算法。如果 $N=(V,E)$是一个连通网，U 是顶点集 V 的一个非空子集。假设边(u,v)具有的权值最小，即代价最小，其中 $u \in U$，$v \in V-U$，则必定存在一棵包含边(u,v)的最小生成树。可以用反证法证明。

假设网 N 中的任何一棵最小生成树都不包含最小权值的边(u,v)。设 T 是连通网上的一棵最小生成树，当将边(u,v)加入 T 中时，由生成树的定义，在最小生成树 T 中必然存在一条包含(u,v)的回路。另一方面，由于 T 是生成树，则在 T 上存在另一条边(u',v')，其中 $u' \in U$，$v' \in V-U$，且 u 和 u'之间、v 和 v'之间均有路径相通。如果果将边(u',v')删除，就可以消除上述回路，同时得到另一棵生成树 T'。因为(u,v)的权小于等于(u',v')的权，故 T'的权也不高于 T 的权，因此，T'也是包含(u,v)的一棵最小生成树。这与前提假设矛盾。

下面介绍如何通过 Prim 算法、Kruskal 算法和 Sollin 算法来构造最小生成树。

1．Prim 算法

有一个网络 $G=(V,E)$，其中 $V=\{1, 2, 3,\cdots, n\}$，起初设定 $U=\{1\}$，U 及 V 是两个顶点的集合，然后从 $V-U$ 集合中找一顶点 x，能与 U 集合中的某顶点形成最小的边，把这一顶点 x 加入 U 集合，继续此步骤，直到 U 集合等于 V 集合为止。

例如，该网络如图 7-21 所示。

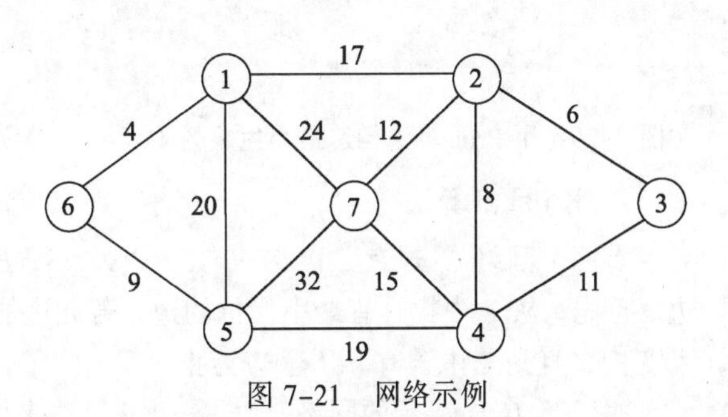

图 7-21　网络示例

若以 Prim 算法来构造最小生成树，其过程如下：

① $V = \{1, 2, 3, 4, 5, 6\}$，$U = \{1\}$。

② 从 $V-U = \{2, 3, 4, 5, 6, 7\}$中找一个顶点，与 $U = \{1\}$顶点能形成最小成本的边；发现是顶点6，然后加此顶点于 U 中，$U = \{1, 6\}$，如图 7-22 所示。

③ 此时 $V-U = \{2, 3, 4, 5, 7\}$，从这些顶点找一顶点，与 $U = \{1, 6\}$顶点能形成最小成本的边，答案是顶点 5，因为其成本或距离为 9；加此顶点于 U 中，$U = \{1, 5, 6\}$，$V-U = \{2, 3, 4, 7\}$，如图 7-23 所示。

图 7-22　用 Prim 算法构造最小生成树（一）　　图 7-23　用 Prim 算法构造最小生成树（二）

④ 以同样方法找到顶点 2，能与 V 中的顶点 1 形成最小的边，加此顶点于 U 中，$U = \{1, 2, 5, 6\}$，$V-U = \{3, 4, 7\}$，如图 7-24 所示。

⑤ 用同样的方法将顶点 3 加入 U 中，$U = \{1, 2, 3, 5, 6\}$，$V-U = \{4, 7\}$，如图 7-25 所示。

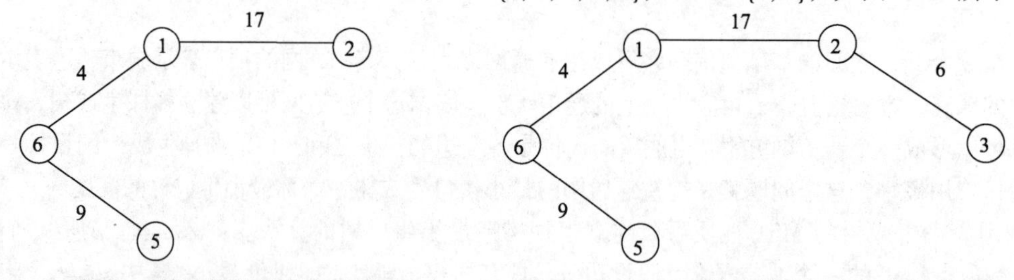

图 7-24　用 Prim 算法构造最小生成树（三）　　图 7-25　用 Prim 算法构造最小生成树（四）

⑥ 用同样的方法将顶点 4 加入 U 中，$U = \{1, 2, 3, 4, 5, 6\}$，$V-U = \{7\}$，如图 7-26 所示。

⑦ 用同样的方法将顶点 7 加入 U 中，$U = \{1, 2, 3, 4, 5, 6, 7\}$，$V-U = \phi$，$V = U$，此时的图就是最小生成树，如图 7-27 所示。

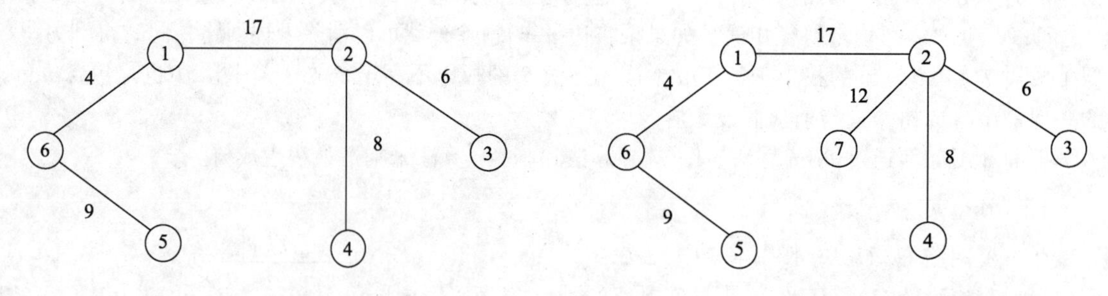

图 7-26　用 Prim 算法构造最小生成树（五）　　图 7-27　用 Prim 算法构造最小生成树（六）

2. Kruskal 算法

有一个网络 $G = (V, E)$，$V= P\{1, 2, 3,\cdots, n\}$，$E$ 中每条边都有权，$T = (V,\phi)$表示开始时 T 没有边。首先，从 E 中找具有最小代价的边，若此边加入 T 中不会形成循环，则将此边从 E 删除并加入 T 中，直到 T 中含有 $n-1$ 个边为止。

对于图 7-21 所示的网络，以 Kruskal 算法来构造最小生成树，其过程如下：

① 在图 7-21 中从顶点 1 到顶点 6 的边有最小代价，如图 7-28 所示。

② 以同样的方法可知顶点 2 到顶点 3 的边有最小代价，如图 7–29 所示。

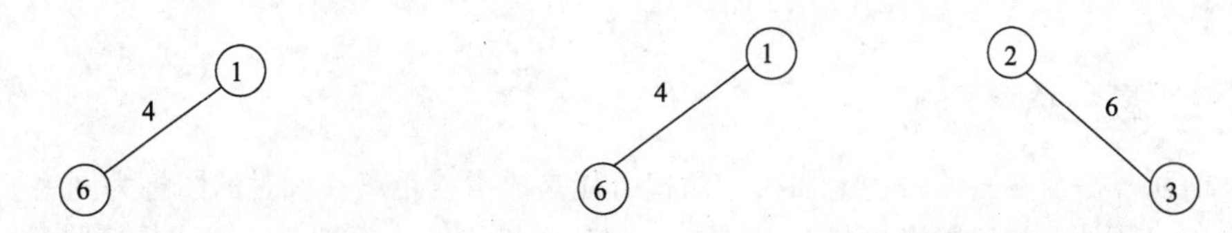

图 7–28　用 Kruskal 算法构造最小生成树（一）　　图 7–29　用 Kruskal 算法构造最小生成树（二）

③ 以同样的方法可知顶点 2 到顶点 4 的边有最小代价，如图 7–30 所示。

④ 以同样的方法可知顶点 5 到顶点 6 的边有最小代价，如图 7–31 所示。

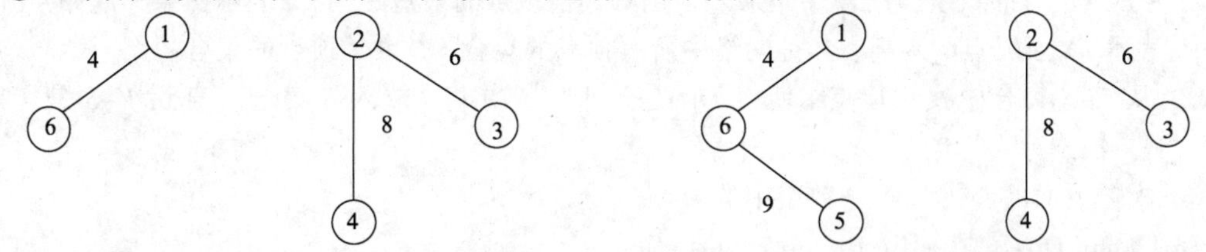

图 7–30　用 Kruskal 算法构造最小生成树（三）　　图 7–31　用 Kruskal 算法构造最小生成树（四）

⑤ 从其余的边中可知顶点 3 到顶点 4 具有最小代价，但此边加入 *T* 后会形成循环，故不考虑，而以顶点 2 到顶点 7 边加入 *T* 中，如图 7–32 所示。

⑥ 由于顶点 4 到顶点 7 的边会使 *T* 形成循环，故不考虑，最后最小生成树如图 7–33 所示。

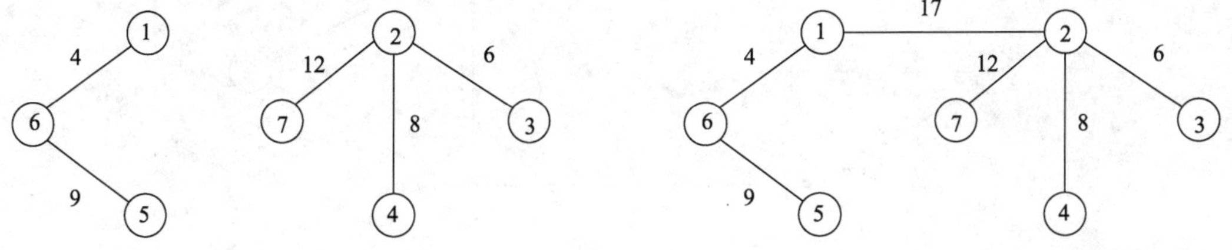

图 7–32　用 Kruskal 算法构造最小生成树（五）　　图 7–33　用 Kruskal 算法构造最小生成树（六）

因此可发现不论由 Prim 算法或 Kruskal 算法来求最小生成树，所得到的图都是一样的。

3. Sollin 算法

除了上述 Prim 和 Kruskal 算法外，还有一种算法也可以求出最小生成树，那就是 Sollin 算法，其过程如下：

① 在图 7–21 中分别由结点 1,2,3,4,5,6,7 出发，即分别以这些为起点，找出一边为最短，结果分别为(1, 6)，(2, 3)，(3, 2)，(4, 2)，(5, 6)，(6, 1)，(7, 2)。

② 在上述找出的边中加以过滤，去掉相同的边，如(1,6)和(6,1)是相同的，只要取(1, 6)即可，因此只剩下(1, 6)，(2, 3)，(4, 2)，(5, 6)，(7, 2)这 5 条边，如图 7–34 所示。

③ 接下来，将图 7–34 所示的两棵树（分别由 1,5,6 和 2,3,4,7 所组成）用最小边将这两棵树连起来，发现(1, 2)最小，故最后的最小生成树，如图 7–35 所示。

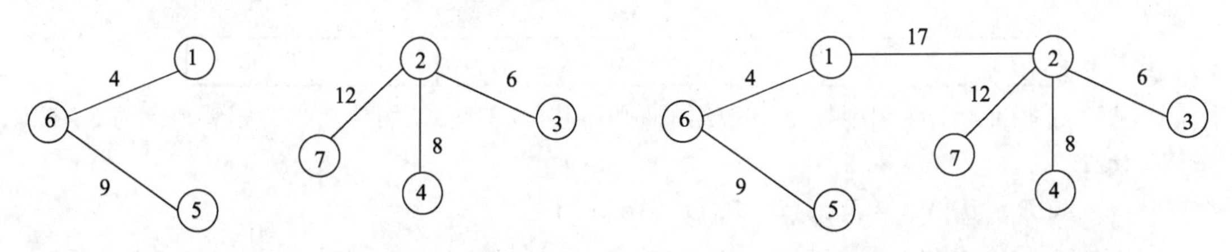

图 7–34　用 Sollin 算法构造最小生成树（一）　　图 7–35　用 Sollin 算法构造最小生成树（二）

因此可发现，不论由 Prim 算法、Kruskal 算法或 Sollin 算法来求最小生成树，所得到的图都是一样的。

7.4.2 最短路径

前面曾提及在图的每边上加权，此权可能是成本或距离，这时的图称为网络。而网络最基本的应用问题是：如何求出从某一起始点 v_s 到某一终止点 v_t 的最短距离或最短路径。

要找出某一顶点到其他结点的最短路径，可以利用 Dijkstra 算法求得。其过程如下：

① 已知 $D[i] = A[f, i]\ (i = 1, n)$；$S = \{f\}$，$V = \{1, 2, \cdots, n\}$。

D 为 n 个位置的数组，用来存储某一顶点到其他顶点的最短距离，f 表示由某一起始点开始，$A[f, i]$是表示 f 点到 i 点的距离，V 是网络中所有顶点的集合，S 也是顶点的集合。

② 从 $V–S$ 集合中找一顶点 t 使得 $D[t]$是最小值，并将 t 放入 S 集合，直到 $V–S$ 是空集合为止。

③ 根据下面的公式调整 D 数组中的值。

$D[i] = \min(D[i], D[t] + A[t, i])\quad ((i, t) \in e)$

此处 i 是指 t 的相邻各顶点。继续回到步骤②执行。

图 7–36 中的顶点表示城市，边表示两城市之间所需花费的成本。

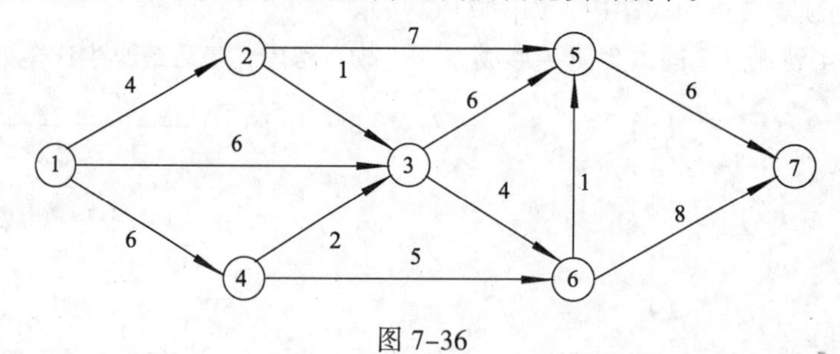

图 7–36

① 已知 $F = 1$；$S = \{1\}$，$V = \{1, 2, 3, 4, 5, 6, 7\}$。图 7–36 所示的网络对应的数组 D 如下：

1	2	3	4	5	6	7
0	4	6	6	∞	∞	∞

其中，$D[1] = 0$，$D[2] = 4$ 表示从顶点 1 到顶点 2 的距离为 4，$D[3] = 6$ 表示从顶点 1 到顶点 3 的距离为 6，$D[4] = 5$ 表示顶点 1 到顶点 4 的距离为 5，其余的∞表示顶点 1 无法抵达此顶点。很清楚地看出 D 数组中 $D[2] = 4$ 最少，因此，将顶点 2 加入到 S 集合中，$S = \{1, 2\}$，$V–S = \{3, 4, 5, 6, 7\}$，而且和顶点 2 相邻顶点有 3 和 5，所以：

$D[3] = \min(D[3],D[2] + A[2,3]) = \min(6,4+1) = 5$；

$D[5] = \min(D[5],D[2] + A[2,5]) = \min(\infty,4+7) = 11$。

此时，D 数组如下：

1	2	3	4	5	6	7
0	4	5	6	11	∞	∞

② 从 $V–S = \{3, 4, 5, 6, 7\}$中找出 D 数组的最小值是 $D[3] = 5$，而顶点 3 的相邻顶点为 5、6。

$S = \{1, 2, 3\}$，$V– S = \{4, 5, 6, 7\}$；

$D[5] = \min(D[5], D[3] + A[3, 5]) = \min(11, 5+6) = 11$；

$D[6] = \min(D[6], D[6] + A[3, 6]) = \min(\infty, 5+4) = 9$。

所以，D 数组如下：

1	2	3	4	5	6	7
0	4	5	6	11	9	∞

③ 从 $V-S=\{4, 5, 6, 7\}$中挑出最小为 $D[4]=6$，而顶点 4 的相邻顶点为 3、6。

$D[3]=\min(D[3], D[4]+A[4, 3])=\min(5, 6+2)=5$；

$D[6]=\min(D[6], D[4]+A[4, 6])=\min(9, 6+5)=9$。

所以，D 数组如下：

1	2	3	4	5	6	7
0	4	5	6	11	9	∞

④ 加入 S 集合中，从 $V-S=\{5, 6, 7\}$中得知 $D[6]=9$ 为最小，而顶点 6 与顶点 5、7 相邻。

$D[5]=\min(D[5], D[6]+A[6, 5])=\min(11, 9+1)=10$；

$D[7]=\min(D[7], D[6]+A[6, 7])=\min(\infty, 9+8)=17$。

所以，D 数组如下：

1	2	3	4	5	6	7
0	4	5	6	10	9	17

将 6 加入 S 集合后，$V-S=\{5, 7\}$。

⑤ 从 $V-S=\{5, 7\}$集合中，得知 $D[5]=10$ 最小，而顶点 5 的相邻顶点为 7。将 5 加入 S，$V-S=\{7\}$。

$D[7]=\min(D[7], D[5]+A[5, 7])=\min(17, 10+6)=16$。

由于顶点 7 为最终顶点，将其加入 S 集合后，$V-S=\{\phi\}$，最后 D 数组如下：

1	2	3	4	5	6	7
0	4	5	6	10	9	16

此数组表示从顶点 1 到任何顶点的距离，如 $D[7]$表示从顶点 1 到顶点 7 的距离为 16，依此类推。

依据上述的做法，可以整理出从顶点 1 到任何顶点的最短距离的简易表格，如表 7-1 所示。

表 7-1　从顶点 1 到任何顶点的最短距离

步　骤	S	选择的结点	距　离						
			[1]	[2]	[3]	[4]	[5]	[6]	[7]
初始时	—	1	0	4	6	6	∞	∞	∞
1	{1}	2	0	4	5	6	11	∞	∞
2	{1, 2}	3	0	4	5	6	11	9	∞
3	{1, 2, 3}	4	0	4	5	6	11	9	∞
4	{1, 2, 3, 4}	6	0	4	5	6	10	9	17
5	{1, 2, 3, 4, 6}	5	0	4	5	6	10	9	16
6	{1, 2, 3, 4, 5, 6}	7	0	4	5	6	10	9	16

从表 7-1 中也可以很清楚地看出，从顶点 1 到顶点 7 的最短距离为 16，同理由顶点 1 到顶点 5 的最短距离为 10，依此类推。

如果想知道从顶点 1 到顶点 7 所经过的顶点也很简单，首先假设有一数组 Y，其情形如下：

1	2	3	4	5	6	7
1	1	1	1	1	1	1

由于 1 为起始顶点，故将 Y 数组初始值都设为 1，然后检查上述 1～4 步骤中，如果 $D[i] > D[t] + A[t, i]$，则将 t 放入 $Y[i]$中。在步骤①中，$D[3] > D[2] + A[2, 3]$且 $D[5] > D[2] + A[2,5]$，所以将 2 分别放在 $Y[3]$和 $Y[5]$中。

1	2	3	4	5	6	7
1	1	2	1	2	1	1

在步骤②中，$D[6] > D[3] + A[3, 6]$，所以将 3 放入 $Y[6]$中。

1	2	3	4	5	6	7
1	1	2	1	2	3	1

在步骤③中，$D[5] > D[6] + A[6, 5]$，$D[7] > D[6]+A[6, 7]$，所以分别将 6 放在 $Y[5]$和 $Y[7]$中。

1	2	3	4	5	6	7
1	1	2	1	6	3	6

在步骤④中，$D[7] > D[5] + A[5, 7]$，所以将 5 放入 $Y[7]$中。

1	2	3	4	5	6	7
1	1	2	1	6	3	5

此为最后的 Y 数组，表示到达顶点 7 必须先经过顶点 5，经过顶点 5 必先经过顶点 6，经过顶点 6 必先经过顶点 3，而经过顶点 3 必须先经过顶点 2，因此经过的顶点为顶点 1→顶点 2→顶点 3→顶点 6→顶点 5→顶点 7。需注意的是，最短路径可能不唯一，也许有两条是相同的。

上述的解决方式似乎很烦琐，下面利用另一种表达方式比较，但是其基本原理是一样的，即是直接从 A 走到 B 不一定是最短的，也许从 A 通过 C 再到 B 才是最短的。

假设 u_j 是从顶点 1 到顶点 j 最短的距离，$u_i = 0$（内定），u_j 的值（$j = 1, 2, 3, \cdots, n$）计算如下：

U_j 为经过顶点 i 的最短距离，则有

$$U_j = \min_i U_i$$

d_{ij} 为从 i 到 j 的距离，则有

$$U_j = \min_i \{U_i + d_{ij}\}$$

此处的 i 为到 j 顶点的中继顶点，因此可能不止一个。

上述是计算从顶点 1 到各顶点的最短距离，其经过的顶点，也可以记录起来。顶点 j 记录标记= [u_j, n]，n 为使得 u_j 为最短距离的前一顶点。因此：

$$u_j = \min \{u_i + d_{ij}\}$$
$$= u_n + d_{nj}$$

而顶点 1 定义为[0, –1]表示顶点 1 为起始顶点。

以图 7–37 所示的网络为例，找出最短路径。

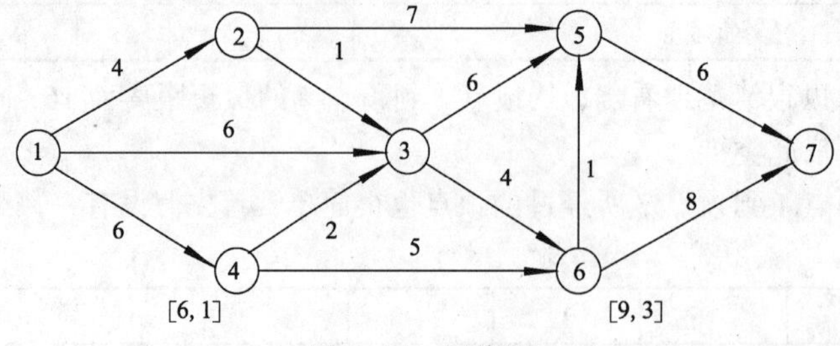

图 7–37　网络图

其计算过程如表 7–2 所示。

表 7–2　网络图的计算过程

顶点 j	u_j		记录标记
1	u_1	$= 0$	[0, –]
2	u_2	$= u_1 + d_{12} = 0 + 4 = 4$, from 1	[4, 1]
4	u_4	$= u_1 + d_{14} = 0 + 6 = 6$, from 1	[6, 1]
3	u_3	$= \min\{u_1 + d_{13}, u_2 + d_{23}, u_4 + d_{43}\}$ $= \min\{0 + 6, 4 + 1, 6 + 2\}$ $= 5$, from 2	[5, 2]
6	u_6	$= \min\{u_3 + d_{36}, u_4 + d_{46}\}$ $= \min\{5 + 4, 6 + 5\}$ $= 9$, from 3	[9, 3]
5	u_5	$= \min\{u_2 + d_{25}, u_3 + d_{35}, u_6 + d_{65}\}$ $= \min\{4 + 7, 5 + 6, 9 + 1\}$ $= 10$, from 6	[10, 6]
7	u_7	$= \min\{u_5 + d_{57}, u_6 + d_{67}\}$ $= \min\{10 + 6, 9 + 8\}$ $= 16$, from 5	[16, 5]

7.4.3　拓扑排序

在实际生活中，几乎所有的工程项目都可以分为若干个称为活动的子工程，而这些子工程之间通常受到一定条件的约束，如其中某些子工程的开始必须在另一些子工程完成之后。对整个工程和系统，关心的是两方面的问题：一方面是工程能否顺利进行；另一方面是估算整个工程完成所必需的最短时间。对应于有向图，即为进行拓扑排序和求关键路径的操作。本节和下一节将就这两个问题分别加以讨论。

在谈到拓扑排序前，先来介绍几个名词：

① AOV 网：在一个有向图中，每个顶点代表工作（Task）或活动，而边表示工作之间的优先级。即边(v_i, v_j)表示 v_i 的工作必先处理完后才能去处理 v_j 的工作，此种有向图称为 AOV 网。

② 直接前驱与直接后继：若在有向图 G 中有一边$<v_i, v_j>$，则称 v_i 是 v_j 的直接前驱，而 v_j 是 v_i 的直接后继。在图 7–38 所示的有向图中，v_7 是 v_8、v_9、v_{10} 的直接前驱，而 v_8、v_9、v_{10} 是 v_7 的直接后继。

③ 前驱与后继：在 AOV 网中，假若从顶点 v_i 到顶点 v_j 存在一条路径，则称 v_i 是 v_j 的前驱，而 v_j 是 v_i 的后继。图 7–38 中，v_3 是 v_6 的前驱，而 v_6 是 v_3 的后继。

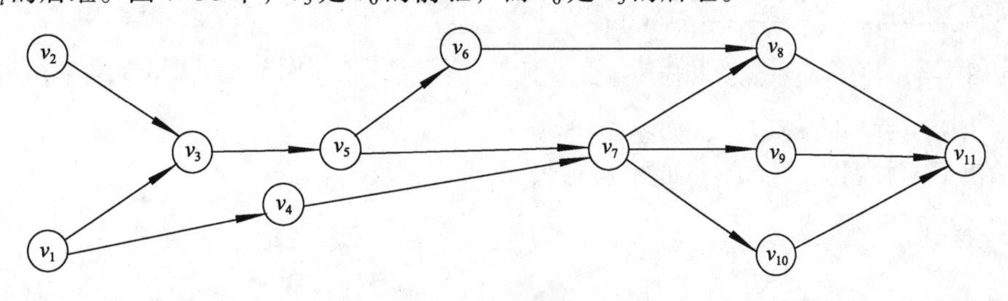

图 7–38　有向图（一）

若在 AOV 网中，v_i 是 v_j 的前驱，则在线性排列中，v_i 一定在 v_j 的前面，这种特性称为拓扑排序。寻找 AOV 网的拓扑排序的过程如下：

① 在 AOV 网中任意挑选没有前驱的顶点。

② 输出此顶点，并将此顶点所连接的边删除。重复上述过程，直到全部的顶点都输出为止。

对图 7-39 所示的有向图进行拓扑排序，过程如下：

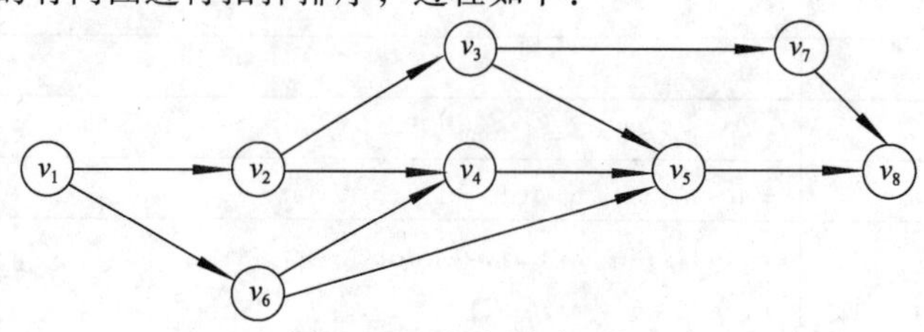

图 7-39　有向图（二）

① 输出 v_1，并删除$<v_1,v_2>$与$<v_1, v_6>$两条边，如图 7-40 所示。

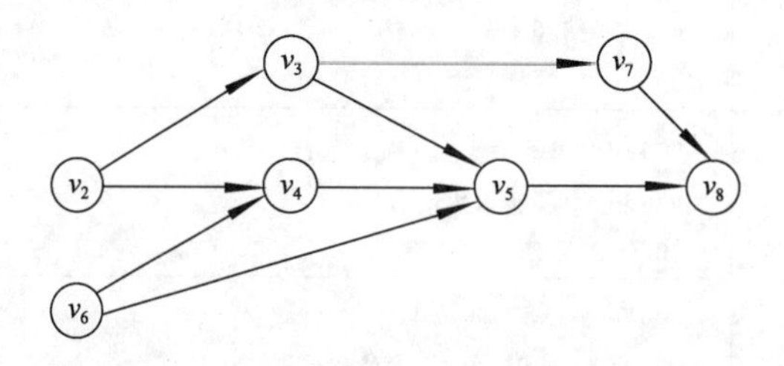

图 7-40　输出 v_1 并删除相应的边

② 此时 v_2 和 v_6 都没有前驱，若输出 v_2，则删除$<v_2, v_3>$与$<v_2, v_4>$两条边，如图 7-41 所示。

③ 同理，选择输出 v_6，并删除$<v_6,v_4>$与$<v_6, v_5>$两条边，如图 7-42 所示。

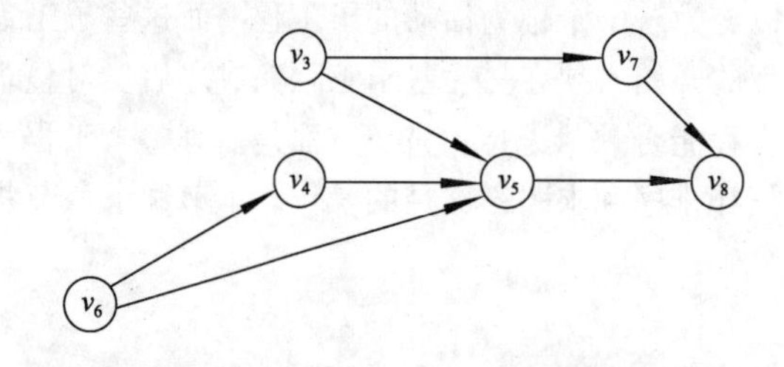

图 7-41　输出 v_2 并删除相应的边

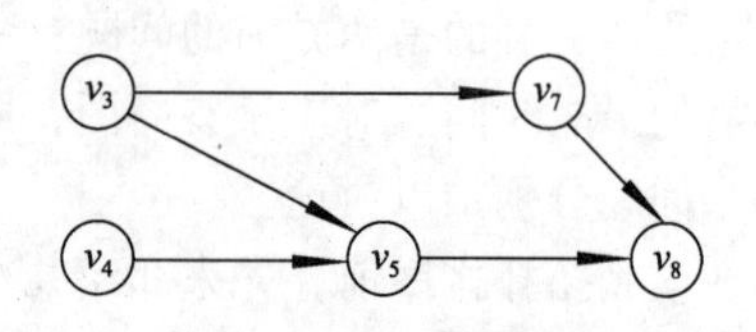

图 7-42　输出 v_6 并删除相应的边

④ 输出 v_3，并删除$<v_3, v_5>$与$<v_3, v_7>$两条边，如图 7-43 所示。

⑤ 输出 v_4，并删除$<v_4, v_5>$，如图 7-44 所示。

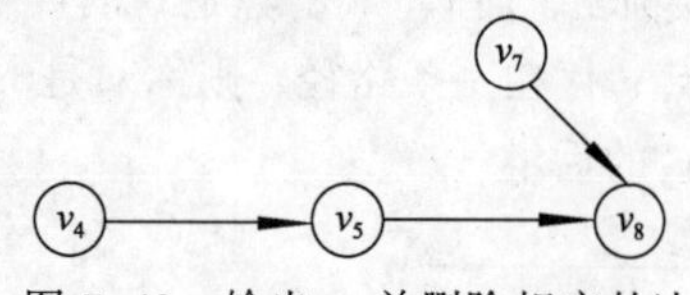

图 7-43　输出 v_3 并删除相应的边

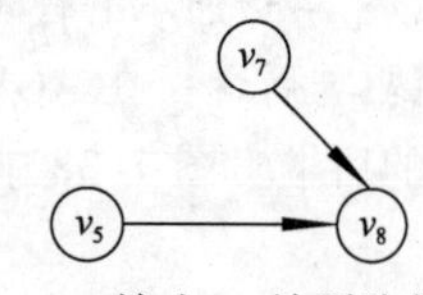

图 7-44　输出 v_4 并删除相应的边

⑥ 输出 v_5，并删除$<v_5, v_8>$，如图 7-45 所示。

⑦ 输出 v_7，并删除$<v_7, v_8>$，如图 7-46 所示。

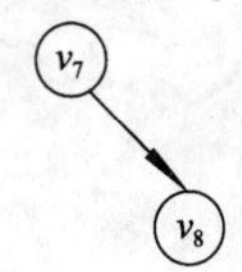

图 7-45　输出 v_5 并删除相应的边

v_8

图 7-46　输出 v_1 并删除相应的边

⑧ 输出 v_8。

所以，图 7-39 的拓扑排序并非只有一种，因为在步骤②时，假如选的顶点不是 v_2，其拓扑排序所排出来的顺序就会不一样。因此，AOV 网的拓扑排序并不唯一。若按照上述方式排序，排列的结果是 $v_1,v_2,v_6,v_3,v_4,v_5,v_7$ 及 v_8。

假如将图 7-39 以邻接表来表示，如图 7-47 所示，其中，count(i)为顶点 i 的入度。

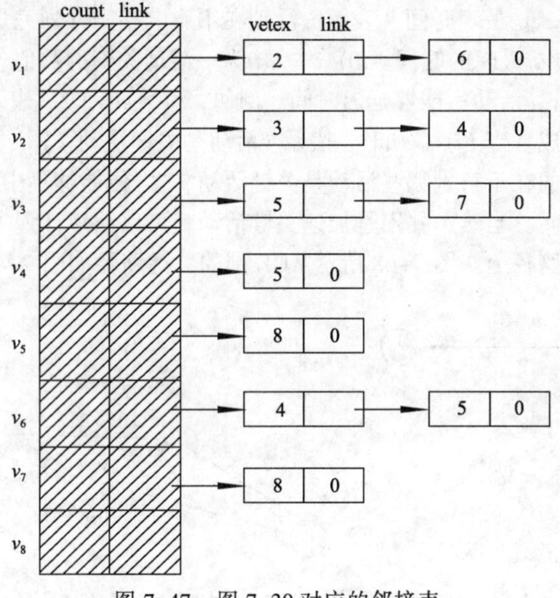

图 7-47　图 7-39 对应的邻接表

7.5　关键路径法

前面已介绍过 AOV 网，假若利用 AOV 网的边来代表某种活动，而顶点表示事件，则称此网络为 AOE 网。图 7-48 是一个 AOE 网，其中包含 7 个事件，分别是 $v_1,v_2,v_3,\cdots,v_7$，包含 11 个活动，分别为 $a_{12},a_{13},a_{15},a_{24},a_{34},a_{35},a_{45},a_{46},a_{47},a_{57},a_{67}$。而且从图中可知，$v_1$ 是这个项目的起始点，v_7 是结束点，其他（如 v_5）表示必须完成的活动。a_{13}=3 表示 v_1 到 v_3 所需的时间为 3 天，a_{35} = 2 表示 v_3 到 v_5 所需的时间为 2 天，依此类推。而 a_{45} 为虚拟活动路径其值为 0，因为假设 v_5 需要 v_1、v_3 及 v_4 事件完成之后才可进行。

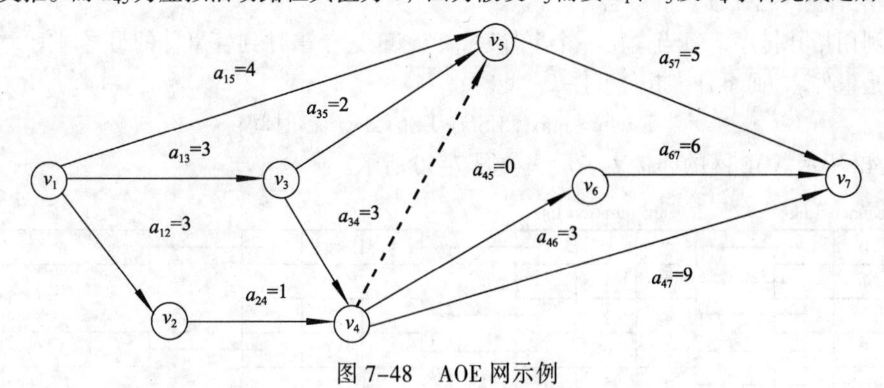

图 7-48　AOE 网示例

AOE 网已被用在某些类型的计划成效评估当中。评估的范围包括：

① 完成计划所需最短的时间。

② 为缩短整个计划而应加速哪些活动。

AOE 网上的活动是可以并行处理的，而一个计划所需完成的最短时间是从起始点到结束点间最长的路径来计算。长度为最长的路径称为关键路径。从图 7-48 所示的 AOE 网可以看出其关键路径是 v_1,v_3,v_4,v_6,v_7，长度为 15。注意，AOE 网上的关键路径可能不止一条，如 v_1,v_3,v_4,v_7 也是关键路径。

在 AOE 网上所有的活动都有两种时间：一是最早时间 7 表示一活动最早开始的时间，以 $e(i)$ 表示活动 a_i 最早时间；二是最晚时间 7 表示一活动在不影响整个计划完成情况下，能够开始进行的时间，以 $l(i)$表示活动 a_i 最晚的时间。$l(i)$减去 $e(i)$为一活动关键的数值，它表示在不耽误或增加整个计划完成的时间下，i 活动所能够延迟时间。例如，$l(i)-e(i)=3$，表示 i 活动可以延迟 3 天也不会影响整个计划的完成。当 $l(i)=e(i)$时，表示 i 活动是关键活动 7。

关键路径分析的目的在于辨别哪些活动是关键活动 7，以便能够集中资源在这些关键活动上，进而缩短计划完成的时间。当然，并不是加速关键活动就可以缩短计划完成的时间，除非这个关键活动是在全部的关键路径上。图 7-48 所示 AOE 网的关键路径如图 7-49 所示。

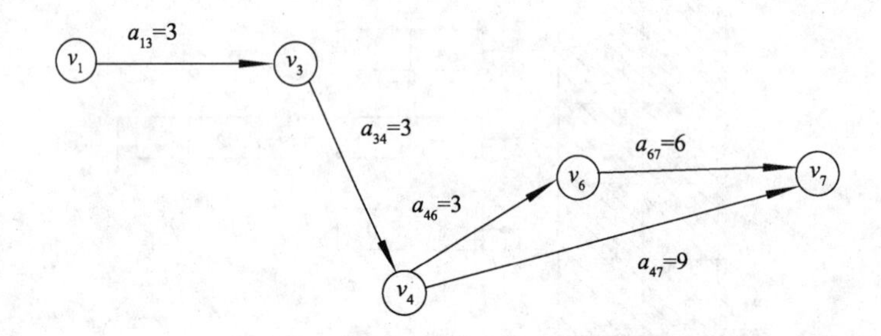

图 7-49　图 7-48 所示 AOE 网的关键路径

若将图 7-48 中 a_{47} 的活动速度提高，由原来的 3 天提前到 2 天完成，并不会使整个计划提前 1 天，它仍需要 15 天才可完成。因为还有一条关键路径 v_1,v_3,v_4,v_6,v_7，其不包括 a_{47}，故不会缩短计划完成的时间。但若将 a_{13} 由原来的 3 天加快速度，使其 1 天完成，此时整个计划就可以提前 2 天完成，即只需要 13 天就可完成。

如何求得 AOE 网的关键路径呢？首先要计算事件最早发生的时间 ES(j)及事件最晚发生的时间 LS(j)，其中：

$$\mathrm{ES}(j)=\max\{\mathrm{ES}(i)+<i,j>\text{时间}\}\quad (i\in p(j))$$

$p(j)$是所有与 j 相邻顶点的集合。

假如利用拓扑排序，每当输出一个事件时，就修正这个事件到各事件的最早时间，如果拓扑排序输出是事件 j，而事件 j 指向事件 k，此时：

$$\mathrm{ES}(k)=\max\{\mathrm{ES}(k),\mathrm{ES}(j)+<j,k>\text{时间}\}$$

图 7-48 所示 AOE 网的邻接表表示法如图 7-50 所示。

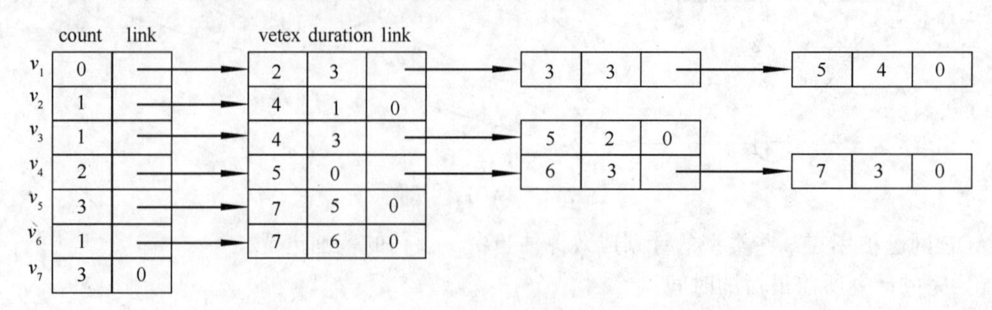

图 7-50　图 7-48 所示 AOE 网对应的邻接表

其中，count 表示某事件前驱的数目，duration 表示时间。首先，设 ES(i)=0（$1 \leqslant i \leqslant 9$），如下所示：

ES	(1)	(2)	(3)	(4)	(5)	(6)	(7)
开始	0	0	0	0	0	0	0

① 由于 1 没有前驱，故输出 v_1，此时 v_2、v_3 都没有前驱，将 v_2、v_3 放入栈中，并计算：

$ES(2) = \max\{ ES(2), ES(1) + <1, 2> \} = \max\{ 0, 0+3 \} = 3$；

$ES(3) = \max\{ ES(3), ES(1) + <1, 3> \} = \max\{ 0, 0+3 \} = 3$；

$ES(5) = \max\{ ES(5), ES(1) + <1, 5> \} = \max\{ 0, 0+4 \} = 4$。

ES	(1)	(2)	(3)	(4)	(5)	(6)	(7)
	0	3	3	0	4	0	0

② v_3 出栈，但并没有使哪一顶点为无前驱，故只计算与其相邻的顶点 v_4、v_5，并计算：

$ES(4) = \max\{ ES(4), ES(3) + <3, 4> \} = \max\{ 0, 3+3 \} = 6$；

$ES(5) = \max\{ ES(5), ES(3) + <3, 5> \} = \max\{ 0, 3+2 \} = 5$。

ES	(1)	(2)	(3)	(4)	(5)	(6)	(7)
	0	3	3	6	5	0	0

③ v_2 出栈，此时 v_4 为无前驱，故将 v_4 放入栈中，并计算：

$ES(4) = \max\{ ES(4), ES(2) + <2, 4> \} = \max\{ 6, 3+1 \} = 6$。

ES	(1)	(2)	(3)	(4)	(5)	(6)	(7)
	0	3	3	6	5	0	0

④ v_4 出栈，删除$<v_4, v_5>$，$<v_4, v_6>$和$<v_4, v_7>$三条边后，v_5 及 v_6 为无前驱，所以将 v_5、v_6 放入栈中，并计算：

$ES(5) = \max\{ ES(5), ES(4) + <4,5> \} = \max\{ 5,6+0 \} = 6$；

$ES(6) = \max\{ ES(6), ES(4) + <4,6> \} = \max\{ 0,6+3 \} = 9$；

$ES(7) = \max\{ ES(7), ES(4) + <4,7> \} = \max\{ 0,6+3 \} = 9$。

ES	(1)	(2)	(3)	(4)	(5)	(6)	(7)
	0	3	3	6	6	9	9

⑤ v_6 出栈，此时也没有使任一顶点为无前驱，计算：

$ES(7) = \max\{ ES(7), ES(6) + <6, 7> \} = \max\{ 5, 9+6 \} = 15$

ES	(1)	(2)	(3)	(4)	(5)	(6)	(7)
	0	3	3	6	6	9	15

⑥ 将栈中的 v_5 出栈，此时 v_7 变成没有前驱，所以将 v_7 入栈，并计算：

$ES(7) = \max\{ ES(7), ES(5) + <5, 7> \} = \max\{ 15, 6+5 \} = 15$。

ES	(1)	(2)	(3)	(4)	(5)	(6)	(7)
	0	3	3	6	6	9	15

⑦ 输出 v_7。

可以将上面叙述的整理成表 7-3。

表 7-3　图 7-48 的邻接表表示法转换过程

ES	顶点							栈
	(1)	(2)	(3)	(4)	(5)	(6)	(7)	
开始	0	0	0	0	0	0	0	1
1 出栈	0	3	3	0	4	0	0	3 2
3 出栈	0	3	3	6	5	0	0	2
2 出栈	0	3	3	6	5	0	0	4
4 出栈	0	3	3	6	6	9	9	3 2
6 出栈	0	3	3	6	6	9	15	5
5 出栈	0	3	3	6	6	9	15	7
7 出栈	0	3	3	6	6	9	15	空

计算完事件最早发生的时间 ES(j)后，再继续计算事件最晚发生的时间 LS(j)。开始时，每个事件的 LS 都是过程(8)的 ES(7) = 15。

$$LS(j) = \min\{LS(j), LS(i) - <j, i>\ 时间\} \qquad (i \in s(j))$$

$s(j)$是所有顶点 j 的相邻顶点。

若借拓扑排序，将每个事件一一输出时，然后利用 LS(k) = min{LS(k), LS(j) − <j, k>}，此时需要先将图 7-50 所示的邻接表转为反邻接表。过程如下：

LS	(1)	(2)	(3)	(4)	(5)	(6)	(7)
开始	15	15	15	15	15	15	15

① v_7 出栈，因为在反邻接表中，由于 v_7 没有前驱，所以删除<v_7, v_4>, <v_7, v_5>及<v_7, v_6>三条边，此时 v_6、v_5 没有前驱，将它入栈，并计算：

LS(4) = min{ LS(4), LS(7) −<7, 4> } = min{ 15, 15−3 } = 12；

LS(5) = min{ LS(5), LS(7) −<7, 5> } = min{ 15, 15−5 } = 10；

LS(6) = min{ LS(6), LS(7) −<7, 6> } = min{ 15, 15−6 } = 9。

LS	(1)	(2)	(3)	(4)	(5)	(6)	(7)
	15	15	15	12	10	9	15

② v_5 出栈，删除<v_5, v_4>、<v_5, v_3>和<v_5, v_1>三条边，并计算：

LS(1) = min { LS(1), LS(5) −<5, 1> } = min{15, 10 −4 } = 6；

LS(3) = min { LS(3), LS(5) −<5, 3> } = min{15, 10 −2 } = 8；

LS(4) = min { LS(4), LS(5) −<5, 4> } = min{12, 10 −0 } = 10。

LS	(1)	(2)	(3)	(4)	(5)	(6)	(7)
	6	15	8	10	10	9	15

③ v_6 出栈，删除 $<v_6, v_4>$ 边后，使得 v_4 无前驱，因此将其入栈，并计算：
LS(4) = min{ LS(4), LS(6) −<6, 4> } = min{ 10, 9−3 } = 6。

LS	(1)	(2)	(3)	(4)	(5)	(6)	(7)
	6	15	8	6	10	9	15

④ v_4 出栈，删除 $<v_4, v_3>$ 及 $<v_4, v_2>$ 两条边，使得 v_3 和 v_2 同时无前驱，因此将它们入栈，并计算：
LS(2) = min{ LS(2), LS(4)−<4, 2> } = min{ 15, 6−1 } = 5；
LS(3) = min{ LS(3), LS(4)−<4, 3> } = min{ 8, 6−3 } = 3。

LS	(1)	(2)	(3)	(4)	(5)	(6)	(7)
	6	5	3	6	10	9	15

⑤ v_2 出栈，删除 $<v_2, v_1>$ 边，并计算：
LS(1) = min{ LS(1), LS(2)−<2, 1> } = min{ 6, 5−3 } = 2。

LS	(1)	(2)	(3)	(4)	(5)	(6)	(7)
	2	5	3	6	10	9	15

⑥ v_3 出栈，删除 $<v_3, v_1>$ 边后，v_1 为无前驱，将其入栈，并计算：
LS(1) = min{ LS(1), LS(3)−<3, 1> } = min{ 2, 3−3 } = 0。

LS	(1)	(2)	(3)	(4)	(5)	(6)	(7)
	0	5	3	6	10	9	15

可以将上面叙述的整理成表 7–4。

表 7-4　将图 7-50 邻接表转为反邻接表过程

LS	顶点							栈
	(1)	(2)	(3)	(4)	(5)	(6)	(7)	
开始	15	15	15	15	15	15	15	7
7 出栈	15	15	15	6	10	9	15	5 6
5 出栈	6	15	8	6	10	9	15	6
6 出栈	6	15	8	6	10	9	15	4
4 出栈	6	5	3	6	10	9	15	2 3
2 出栈	2	5	3	6	10	9	15	3
3 出栈	0	5	3	6	10	9	15	1
1 出栈	0	5	3	6	10	9	15	空

然后，将 ES(i)以□的方式，LS(i)以△的方式标识，如图 7-51 所示。

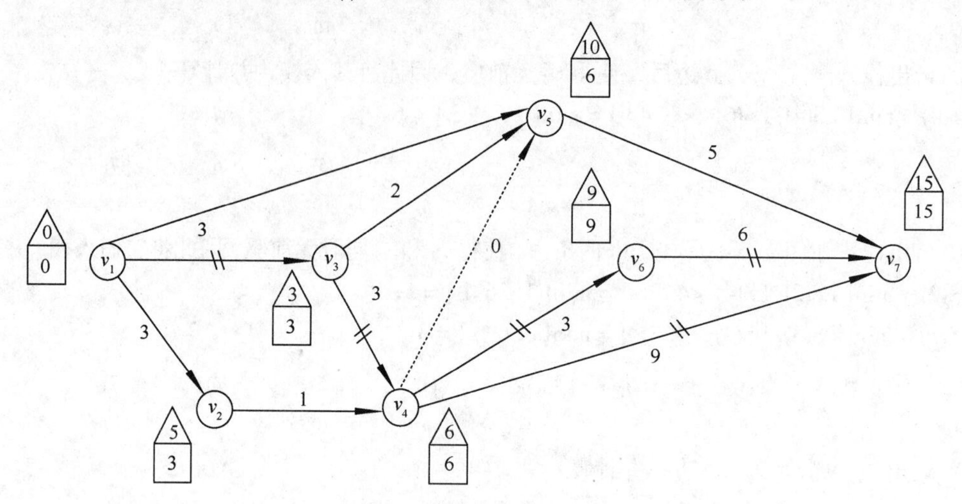

图 7-51　时间标识图

取 ES(i) = LS(i)，ES(j) = LS(j)，(ES(j) − ES(i) = LS(j) − LS(i) = a_{ij}。

当满足上述 3 个条件时，称这条路径为关键路径（Critical Path）。

如 v_1 到 v_3 就是关键路径，因为 3-0 = 3-0 = a_{13} = 3。

而 v_1 到 v_2 不是关键路径，因为 3-0≠5-0≠a_{12} = 3

依此类推。

上述步骤是为了方便，所以使用了栈存放无前驱的顶点（即下一次开始的顶点 0），当然也可以加以简化，利用不同的角度解释。

假设 ES_i 是事件 i 最早开始的时间（Early Start Time），i = 1 的 $ES_1 = 0$，而 A_{ij} 为事件 i 到事件 j 所需花费的时间，所以对所有的(i, j)活动而言，$ES_j = \max\{ES_i + a_{ij}\}$。

事件 2 只有一个活动 a_{12} 进入，$ES_2 = ES_1 + a_{12} = 0 + 3 = 3$；

事件 3 也只有一个活动 a_{13} 进入，$ES_3 = ES_1 + a_{13} = 0 + 3 = 3$；

事件 4 有两个活动进入，分别为 a_{24} 和 a_{34}，$ES_4 = \max\{ES_i + a_{i4}\} = \max\{3+1, 3+3\} = 6$（$i$=2,3）。

同理：

$ES_5 = \max\{ES_i + a_{i5}\} = \max\{0+4, 3+2, 6+0\} = 6$（$i$=1,3,4）；

$ES_6 = \max\{ES_i + a_{i6}\} = \max\{6+3\} = 9$（$i$ = 4）；

$ES_7 = \max\{ES_i + a_{i7}\} = \max\{6+3, 6+5, 9+6\} = 15$（$i$=4,5,6）。

而最晚开始的时间（Latest Start Time）以 LS 表示，对所有(i, j)活动而言，$LS_i = \min\{LS_j - a_{ij}\}$。

开始 $i = n$ 是结束点，$LS_n = ES_n$。

$LS_7 = ES_7 = 15$

$LS_6 = LS_7 - a_{67} = 15 - 6 = 9$；

$LS_5 = LS_7 - a_{57} = 15 - 5 = 10$；

$LS_4 = \min\{LS_j - a_{4j}\} = \min\{10-0, 9-3, 15-9\} = 6$（$j$ = 5, 6, 7）；

$LS_3 = \min\{LS_j - a_{3j}\} = \min\{6-3, 6-2\} = 3$（$j$ = 4, 5）；

$LS_2 = LS_4 - a_{24} = 6 - 1 = 5$；

$LS_1 = \min\{LS_j - a_{1j}\} = \min\{5-3, 3-3, 10-4\} = 0$（$j$ =2, 3, 5）。

最后关键路径要满足下列 3 个条件：

① $ES_i = LS_i$；

② $ES_j = LS_j$；

③ $ES_j - ES_i = LS_j - LS_i = a_{ij}$。

小　　结

图是一种复杂的非线性结构，具有广泛的应用前景。本章介绍了图的有关基本概念和4种常用的存储结构，对图的遍历、最小生成树、最短路径、拓扑排序及关键路径等问题做了较详细的讨论，并给出了相应的求解算法，有的算法采用自顶向下、逐步求精的方法加以介绍，也许能便于读者更好的理解它们。

与其他章比较而言，本章的内容较难，需要有较好的离散数学基础。通过理解本章所介绍的算法实质，掌握图的有关概念和存储结构表示。在分析实际问题时，学会运用本章的有关内容。

习　题　7

1．判断题（判断下列各题是否正确，如果正确在括号内打“√”，否则打“×”）

（1）用相邻接矩阵法存储一个图时，在不考虑压缩存储的情况下，所占用的存储空间大小只与图中结点个数有关，而与图的边数无关。　（　　）

（2）对任意一个图，从它的某个顶点出发进行一次深度优先或广度优先搜索遍历可访问到该图的每个顶点。　（　　）

（3）如果从某顶点开始对有向图 G 进行深度遍历，所得的遍历序列唯一，则可断定其弧数为 $n-1$。　（　　）

（4）邻接表法只能用于有向图的存储，而相邻矩阵法对于有向图和无向图的存储都适用。　（　　）

（5）任何有向图网络（AOV 网）拓扑排序的结果是唯一的。　（　　）

（6）有回路的图不能进行拓扑排序。　（　　）

（7）存储无向图的相邻矩阵是对称的，因此只要存储相邻矩阵的下（或上）三角部分即可。　（　　）

（8）用相邻矩阵 $\boldsymbol{A}$ 表示图，判定任意两个结点 v_i 和 v_j 之间是否有长度为 m 的路径相连，则只要检查 $\boldsymbol{A}^m$ 的第 i 行第 j 列的元素是否为0即可。　（　　）

（9）在 AOV 网中一定只有一条关键路径。　（　　）

（10）连通分量是有向图的极小连通子图。　（　　）

（11）强连通分量是有向图中的极大强连通子图。　（　　）

（12）如果图 G 的最小生成树不唯一，则 G 的边数一定多于 $n-1$，并且权值最小的边有多条（其中 n 为 G 的顶点数）。　（　　）

（13）图 G 的一棵最小代价生成树的代价未必小于 G 的其他任何一棵生成树的代价。　（　　）

2．选择题（请从下列选项中选择正确的答案）

（1）n 个顶点的强连通图至少有（　　）条边。

A．n　　B．$n+1$　　C．$n-1$　　D．$n(n-1)$

（2）如果带权有向图 G 采用邻接矩阵存储结构来存储，设其邻接矩阵为 $\boldsymbol{A}$，那么顶点 i 的入度等于 $\boldsymbol{A}$ 中（　　）。

A．第 i 行非无穷的元素之和　　B．第 i 列非无穷的元素之和

C．第 i 行非无穷且0的元素个数　　D．第 i 列非无穷且0的元素个数

（3）对于含有 n 个顶点 e 条边的无向连通图，利用Prim算法生成最小代价生成树其时间复杂度为（　　）。

A. $O(n)$　　B. $O(n*n)$　　C. $O(n*e)$　　D. $O(e\log_2 e)$

（4）设有向图有 n 个顶点和 e 条边，进行拓扑排序时，总的计算时间为（　　）。

A. $O(en)$　　B. $O(n+e)$　　C. $O(n\log_2 e)$　　D. $O(e\log_2 n)$

（5）任何一个无向连通图的最小生成树（　　）。

A. 只有一棵　　B. 有一棵或多棵　　C. 一定有多棵　　D. 可能不存在

（6）图的生成树________，一个连通图的生成树是一个________连通子图，n 个顶点的生成树有________条边，最小代价生成树________。下列选项中，正确的是（　　）。

A. 是唯一的、最大、n、不是唯一的

B. 不是唯一的、最小、$n+1$、唯一性不能确定

C. 唯一性不能确定、最小、$n-1$、是唯一的

D. 不是唯一的、最小、$n-1$、不是唯一的

（7）对于含有 n 个顶点 e 条边的无向连通图，利用Kruskal算法生成最小代价生成树其时间复杂度为（　　）。

A. $O(\log_2 n)$　　B. $O(n\log_2 n)$　　C. $O(e\log_2 e)$　　D. $O(n\log_2 e)$

（8）设无向图 G 中顶点数为 n，则①图最少有（　　）条边；②图最多有（　　）条边。

A. $n(n+1)/2$　　B. $n(n-1)$　　C. $n(n-1)/2$　　D. $n(n+1)$

（9）n个顶点的无向完全图的边数为（　　）。

A. $n(n-1)$　　B. $n(n+1)$　　C. $n(n+1)/2$　　D. $n(n-1)/2$

（10）设 T 是树图，则 T 中最长路径的起点和终点的度数为（　　）。

A. 1　　B. 2　　C. n　　D. 不确定

3. 综合题

（1）对于图7-52所示的有向图，完成如下操作：

① 计算各个顶点的出度和入度。

② 指出它的强连通分量。

③ 将该图改造为一个有向完全图。

④ 写出它的邻接矩阵。

⑤ 写出它的邻接表。

⑥ 写出它的逆邻接表。

⑦ 写出它的十字链表。

（2）图7-53中的有向图是连通图吗？分别用深度优先搜索法和广度优先搜索法，列出遍历图中顶点的次序。

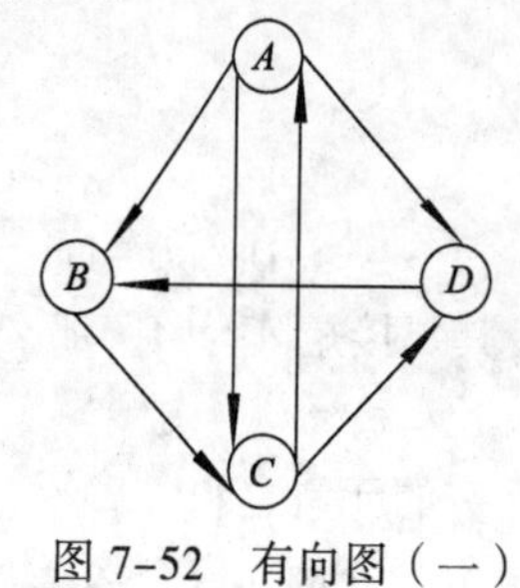

图7-52　有向图（一）

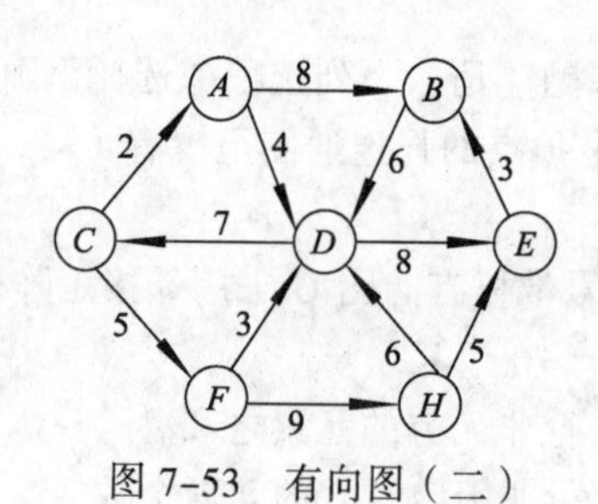

图7-53　有向图（二）

（3）对于无向图（见图 7–54），完成如下操作：

① 用 Prim 算法构造其最小生成树的过程。

② 用 Kruskal 算法构造其最小生成树的过程。

（4）对图 7–55 中的有向网，求：

① 各活动的最早开始时间和最迟开始时间。

② 完成工程的最短时间。

③ 网中的关键活动。

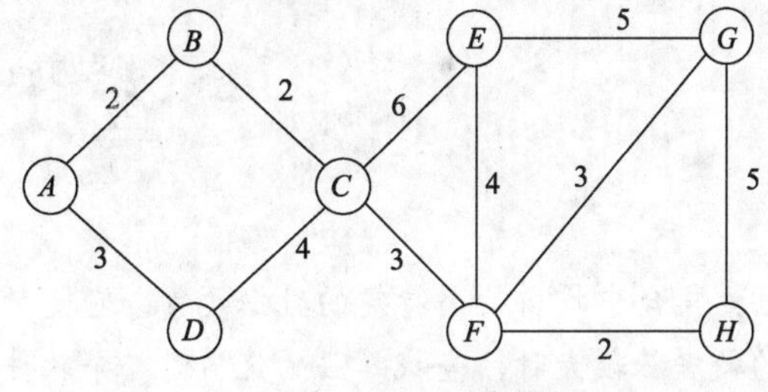

图 7–54　无向图

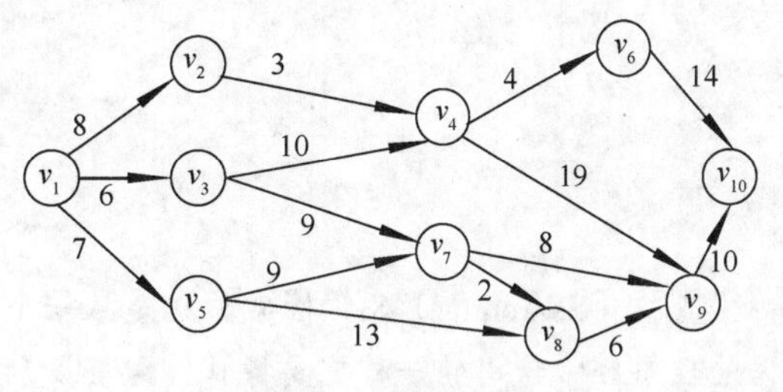

图 7–55　有向网

（5）给出建立有向图的邻接表的算法。

（6）给出建立有向图的十字链表的算法。

（7）如果有向图采用邻接表作为存储结构，试给出计算图中各个顶点的入度的算法。

（8）试给出求有向图的强连通分量的算法。

（9）以邻接表为存储结构，写一个基于 DFS 遍历策略的算法，求图中通过某顶点 v_k 的简单回路（如果存在）。

（10）利用拓扑排序算法的思想写一算法判别有向图中是否存在有向环，当有向环存在时，输出构成环的顶点。

（11）有一个有向图如图 7–56 所示，试求顶点 1 到顶点 7 的最短距离及经过的顶点。

（12）有一个网络如图 7–57 所示，请分别利用 Prim、Kruskal 及 Sollin 算法求出其最小生成树。

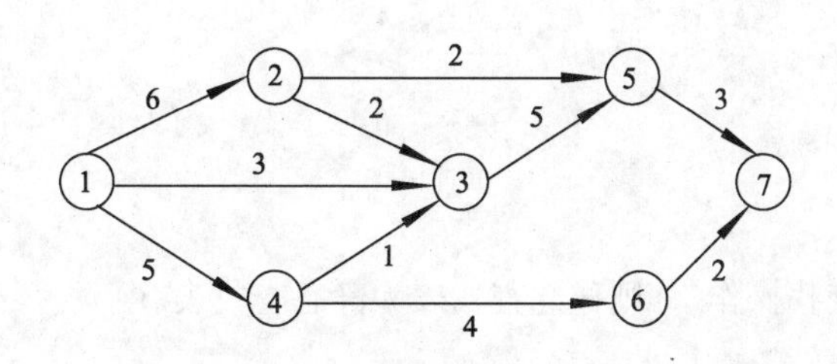

图 7–56　练习题（11）图

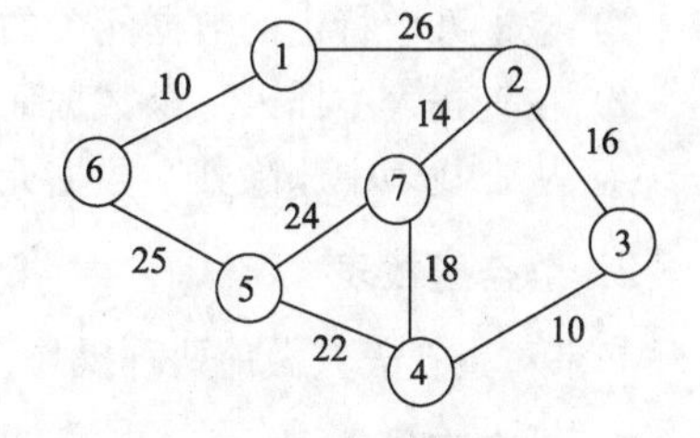

图 7–57　练习题（12）图

（13）有一个 AOE 网如图 7–58 所示，试求出关键路径。

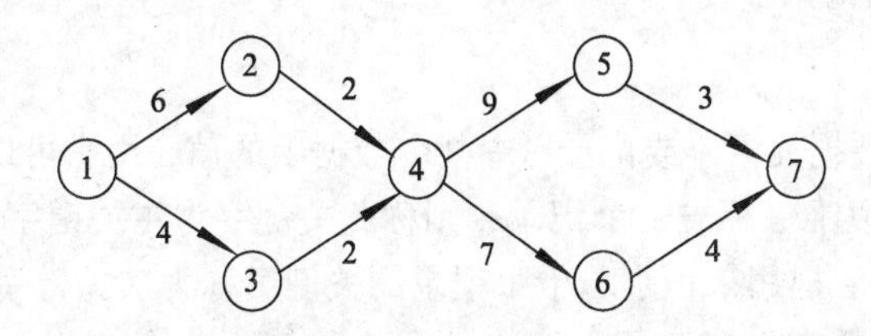

图 7–58　练习题（13）题

第8章 查找

查找（Searching）又称检索，就是从一个数据元素集合中找出某个特定的数据元素。它是数据处理中经常使用的一种重要操作，尤其是所涉及的数据量较大时，查找算法的优劣对整个软件系统的效率影响很大。

本章先介绍关于查找的基本概念，然后讨论线性表、树表和哈希表查找的各种方法，最后对各种查找方法进行比较。

8.1 基本概念

1. 查找表

查找表是由同一类型数据元素（或记录）构成的集合。由于“集合中的数据元素之间存在着完全松散的关系”，因此查找表是一种非常灵便的数据结构。

对查找表进行的操作有以下4种：

① 查询某个特定的数据元素是否在查找表中。

② 检索某个特定的数据元素的各种属性。

③ 在查找表中插入一个数据元素。

④ 从查找表中删除某个数据元素。

2. 静态查找表

如果对查找表只做前两种操作，统称为“查找操作”，则称此查找表为静态查找表。

3. 动态查找表

如果在查找过程中同时插入查找表中不存在的数据元素，或者从查找表中删除已存在的某个数据元素，则称此类表为动态查找表。

4. 关键字

关键字（Key）标志数据元素（或记录）中某个数据项的值，用它可以标识一个数据元素（或记录）。如果此关键字可以唯一标志一个记录，则称此关键字为主关键字（Primary Key），不同记录的主关键字不同。反之，把用来识别若干个记录的关键字称为次关键字（Secondary Key）。当数据元素只有一个数据项时，其关键字即为该数据元素的值。

5. 查找

查找是指根据给定的某个值，在查找表中确定是否存在一个数据元素的关键字等于给定值的记录或数据元素。如果表中存在这样一个记录，那么查找成功，此时查找的结果为给出的整个记录的信息，指示该记录在查找表中的位置或其他信息；如果表中不存在关键字等于给定值的记录，那么查找不成功，此时查找的结果为给出相应的信息（如一个“空”记录或“空“指针），或者把该记录插入到表中适当的位置。

查找算法的优劣对系统的效率影响很大，好的查找方法可以极大地提高程序的运行速度。由于查找运算的主要操作是关键字的比较，所以通常把查找过程中对关键字需要执行的平均比较次数（又称平均查找长度）作为衡量一个查找算法效率的标准。

6. 平均查找长度

平均查找长度（Average Search Length，ASL）定义为

$$\mathrm{ASL}=\sum_{i=1}^{n}P_iC_i$$

其中，n 是结点的个数；P_i 是查找第 i 个结点的概率，如果没有特别说明，则认为各结点的查找概率是相同的，即 $P_1=P_2=\ldots=P_n=1/n$；C_i 是找到第 i 个结点所需比较的次数。

8.2　线性表的查找

线性表是表的最简单的组织方式之一，一个线性表含有若干个记录（结点），各记录由若干个数据项组成。

例如，表 8-1 是职工名册，其中存放着全体职工的记录，每个职工记录包括职工号、姓名、年龄、性别、籍贯这 5 个数据项。其中，职工号是主关键字，因为一个职工有且仅有一个与众不同的职工号，是唯一标志一个记录的数据项；姓名是次关键字，因为人们不能排除重名的可能性，同样，年龄、性别和籍贯也是次关键字。

表 8-1　职 工 名 册

职　工　号	姓　　名	年　　龄	性　　别	籍　　贯
20001	张明	35	男	山东济南
20002	李力	22	女	河北沧州
20003	赵兰	31	女	北京
20004	王威	47	男	上海
⋮	⋮	⋮	⋮	⋮

如果在线性表中找到关键字值与给定值相同的记录，则称查找成功；否则，称为查找失败。一般来说，查找成功时返回该记录在线性表中的位置，查找失败时返回一个失败标志。当查找作为插入、删除、修改的前驱工作时，查找返回的信息由其后继工作决定。

本节将介绍 3 种在线性表上进行查找的方法，分别是顺序查找、折半查找和分块查找。

8.2.1　顺序查找

顺序查找又称线性查找，是一种最简单的查找方法，属于静态查找。它的基本思想是：从表

的一端开始，顺序扫描线性表，依次用待查找的关键字值与线性表中各结点的关键字值进行比较，如果在表中找到某个记录的关键字与待查找的关键字值相等，则表明查找成功；如果找遍所有结点也没有找到与待查找的关键字值相等，则表明查找失败。执行顺序查找时存储方式既可以是顺序存储结构，也可以是链式存储结构。顺序查找的算法非常简单，查找前对结点之间并没有排序要求，因此在实际中经常使用顺序查找。顺序查找的算法描述如下：

```
typedef struct
{
   keytype key;                /*关键项*/
   elemtype other;             /*其他域*/
   int length                  /*表长度*/
} SSTable;
/*在 ST 中顺序查找关键字为 key 的结点*/
int Search-Seq(SSTable ST,Keytype key)
{
   ST.elem[0].key=key;        /*设置监视哨*/
   for(i=ST.length;ST.ELEM[i].key!=key;--i);
   /*如果找到，返回元素的位置；如果找不到，则返回 0*/
     return i;
   if(i==0)
      printf("Searching Fail!\n");
   else
      printf("Searching Success!\n");
}
```

分析上述算法，将 key 的值赋予 ST.elem[0].key，目的在于免除查找过程中每一步都要检测整个表是否查找完毕，起到了监视哨的作用。如果整个向量 ST.elem[n]（n 为顺序表的长度）扫描完之后都没有找到关键字为 key 的结点，则最后终止于 ST.elem[0]，即返回 i=0，如果找到了关键字等于 key 的结点，则返回结点的位置 i。如果查找每个结点的概率是相等的，即 $p_i=1/n$，显然，如果找到的是 ST.elem[n]，比较次数为 $c_n=1$；如果找到的是 ST.elem[i]（$0<i<n$），比较的次数为 $c_i=n-i+1$，则顺序查找的平均查找长度为

$$\text{ASLsp}=\sum_{i=1}^{n}P_iC_i=\sum_{i=1}^{n}(n-i+1)/n=(n+1)/2$$

这就是说，查找成功的平均查找长度约为表长的一半。如果 key 值不在表中，则必须进行 $n+1$ 次比较之后才能确定查找是否失败。需要注意的是，在实际情况下，有时表中各结点的查找概率并不相同，这时应将表中结点按查找概率由大到小的顺序存放，以便提高顺序查找的效率。例如在职工记录中，那些重要人物和新闻人物会经常被查询，而有的人却很少被问津，因此，在设计线性表的过程中，把访问概率高的记录尽量排在访问概率低的记录前面，这样将会大大提高顺序查找的效率。

在不等概率的情况下，顺序查找的平均查找长度为

$$\text{ASLsq}=n\times p_1+(n-1)\times p_2+\cdots+2\times p_{n-1}+p_n$$

总之，顺序查找的优点是算法简单，且对表的结构没有任何要求，无论是用向量还是用链表存储结点，也无论结点之间是否有序，它都适用。它的缺点是查找效率低，因此当表的结点数目比较多时，不宜采用顺序查找。

8.2.2　折半查找

折半查找又称二分查找，是一种效率较高的查找方法，查找时要求表中的结点按关键字的大小排序，并且要求线性表顺序存储。这里假设按照从小到大的顺序存放结点。

折半查找的基本思想：首先用要查找的关键字值与中间位置结点的关键字值相比较（这个中间结点把线性表分成两个子表）。如果比较结果相等，则查找完成；如果不相等且待查关键字大于中间结点的关键字值，则应查找中间结点以后的子表；否则，查找中间结点以前的子表。这样递归地进行下去，直到找到满足条件的结点，或者确定表中没有这样的结点。可以看出，由于搜索范围成指数缩小，因此折半查找的速度明显快于顺序查找。

算法开始时，数组 table 中顺序存放被查找的线性表，并已按关键码值从小到大排序，变量 k 中存放要查找的关键码。算法结束时，i 给出查找结果。如果 i=0，则表示查找失败；否则，i 为查找到的结点的下标。

例如，已知如下 11 个数据元素的有序表（关键字即为数据元素的值）：

（5，14，19，22，37，56，64，75，80，89，92）

现要查找关键字为 22 和 86 的数据元素。

假设指针 low 和 high 分别指示待查元素所在范围的下界和上界，指针 mid 指示区间的中间位置，即 mid=[(high+low)/2]。在此例中，low 和 high 的初值分别为 1 和 11，即[1,11]为待查范围。

下面先看给定值 key=22 的查找过程：

5　13　19　22　37　56　64　75　80　88　92

↑low　↑mid　↑high

首先，令查找范围中间位置的数据元素的关键字 ST.elem[mid].key 与给定值 key 比较，因为 ST.elem[mid].key>key，说明待查元素如果存在，必在区间[low,mid−1]的范围内，则令指针 high 指向第 mid−1 个元素，重新求得 mid=[(1+5)/2]=3。

5　14　19　22　37　56　64　75　80　88　92

↑low　↑mid　↑high

仍以 ST.elem[mid].key 和 key 相比，因为 ST.elem[mid].key<key，说明待查元素如果存在，必在[mid+1,high]范围内，则令指针 low 指向第 mid+1 个元素，求得 mid 的新值为 4，比较 ST.elem[mid].key 和 key，因为相等，表明查找成功，所查元素在表中序号等于指针 mid 的值。

5　14　19　22　37　56　64　75　80　88　92

↑low　↑high

↑mid

再看查找 86 的过程：

5　14　19　22　37　56　64　75　80　88　92

↑low　↑mid　↑high

ST.elem[mid].key<86，则 low=mid+1。

5　14　19　22　37　56　64　75　80　88　92

↑low　↑mid　↑high

ST.elem[mid].key<86，则 low=mid+1。

5　14　19　22　37　56　64　75　80　88　92

↑low　↑high

↑mid

ST.elem[mid].key>86，则 high=mid-1。

5	14	19	22	37	56	64	75	80	88	92
								↑high	↑low	

此时，因为下界 low>上界 high，则说明表中没有关键字等于 86 的元素，查找不成功。

从上面两个例子可以看到，折半查找过程是以处于区间中间位置记录的关键字和给定值比较，如果相等，则查找成功；如果不等，则缩小范围，直至新的区间中间位置记录的关键字等于给定值，或者查找区间的大小小于零时（表明查找不成功）为止。从上述叙述中可以很容易理解折半的意义及此种方法只适用于顺序存储结构的含义。具体算法描述如下：

```
/*在有序表 ST 中进行二分查找，成功时返回结点的位置，失败时返回 0*/
int Search_Bin(SSTable ST,int key)
{
    int low,high,mid;
    low=1;
    high=ST.length;                  /*置区间初值*/
    while(low<=high)
    {
        mid=(low+high)/2;
        if(key==ST.elem[mid].key)
            return mid;              /*找到了待查的结点，返回其所在位置*/
        else  if(key<ST.elem[mid].key)
            high=mid-1;              /*继续在前半区间进行查找*/
        else
           low=mid+1;                /*继续在后半区间进行查找*/
    }
    return 0;                        /*查找不成功，返回 0 值*/
}
```

折半查找过程可用二叉树来形象描述，把当前查找区间的中间位置上的结点作为根，左子表和右子表中的结点分别作为根的左子树和右子树，由此得到的二叉树称为描述折半查找的判定树，如图 8-1 所示。

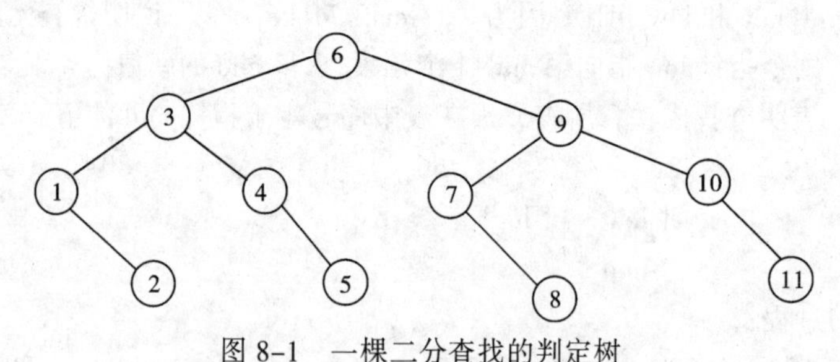

图 8-1 一棵二分查找的判定树

在上述 11 个元素的表中可以看到，找到第六个元素，仅仅需要比较一次；找到第三个和第九个元素需要比较两次；找到第一个、第四个、第七个和第十个元素需要比较三次；找到第二个、第五个、第八个和第十一个元素需要比较四次。于是，这 11 个结点的有序表可用图 8-1 所示的判定树表示，树中结点内的数字表示该结点在有序表中的位置，查找树中结点所在的层数恰巧与在表中折半查找该结点比较的次数相同。由此可见，折半查找过程恰好是走一条从判定树的根到被查结点的一条路径，经历比较的关键字个数恰为该结点在判定树中的层次。

根据二叉树的性质，折半查找在查找失败的情况下，所需比较的次数不会超过判定树的深度，因此它的查找效率较高。尤其在记录量很大时，它的优越性很为明显。可以证明，折半查找的平均查找长度是：

$$ASLbs = (n+1)/n\log_2(n+1)-1$$

需要注意的是，折半查找虽然有较高的查找速度，但是要求被查表要按关键字有序，而排序也是一种很费时间的运算。另外，折半查找只适用于顺序存储结构，为保持表的有序性，在进行插入和删除操作时必须移动大量的结点，因此，折半查找的高查找率是以牺牲排序为代价的，它特别适合于那种一经建立就很少移动且又经常需要查找的线性表。而对于较少查找又经常需要改动的线性表，适宜采用链式存储，使用顺序查找。

8.2.3　分块查找

分块查找又称索引顺序表，它是一种性能介于顺序查找和二分查找之间的查找方法。如果要处理的线性表既希望有较快的查找速度，又需要动态变化，则可以采用分块查找的方法。

这一方法在实际生活中的应用非常广泛，最常见的如词典的编排及查找，对一本含量巨大的厚厚的词典，人们把它按 a,b,c,d,...,z 的顺序进行分块，以便在查找单词时能根据其第一个字母直接确定查找的子范围，在每一个字母的子范围中，再按照顺序进行查找，这样就是一个分块查找的过程。

分块查找要求把线性表分成若干块，在每块中结点的存放是任意的，但是块与块之间必须排序。假设这种排序是按关键字值递增排序的，也就是说，在第一块中任意一个结点的关键字值都小于第二块中所有结点的关键码值，第二块中任意一个结点的关键字值都小于第三块中所有结点的关键字值…。另外，还要求建立一个索引表，把每块中最大的关键字值按块的顺序存放在一个辅助数组中，显然这个数组也是按升序排列。查找时首先用要查找的关键字值在索引表中查找，确定如果满足条件的结点存在时，可以采用折半查找法查找该结点的位置，也可以采用顺序查找，然后再到相应的块中顺序查找，即可得到要查找的结果。

例如，图 8-2 所示为一个表及其索引表，表中含有 18 个记录，可分成 3 个块（子表）：$(R_1,R_2,\ldots,R_6)$、$(R_7,R_8,\ldots,R_{12})$、$(R_{13},R_{14},\ldots,R_{18})$，对每个子表（或称块）建立一个索引项，其中包括两项内容：关键字项（其值为该子表内的最大关键字）和指针项（指示该子表的第一个记录在表中位置）。索引表按关键字有序，则表有序或分块有序。所谓“分块有序”，是指第二个子表中所有记录的关键字均大于第一个子表中的最大关键字，第三个子表中的所有关键字均大于第二个子表中的关键字，...，依此类推。

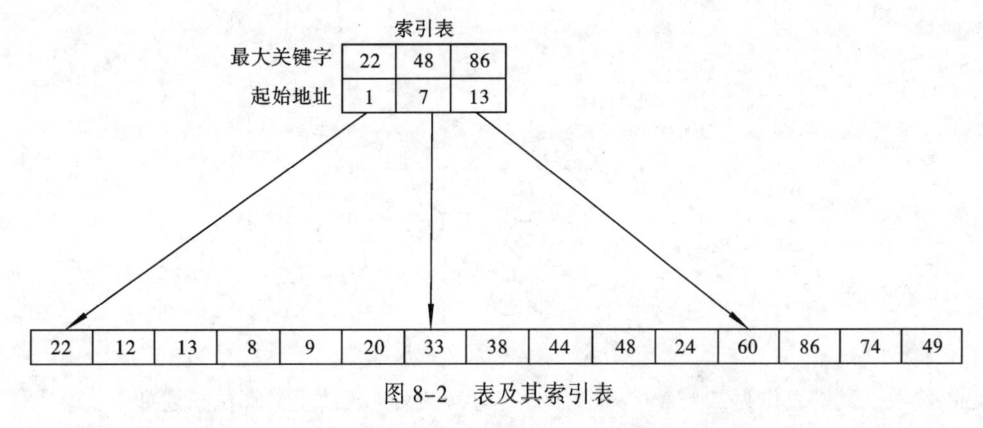

图 8-2　表及其索引表

分块查找过程需要分两步进行。首先需要确定待查记录所在的块（子表），然后在块中顺序查找。假设给定值 key = 38，则先将 key 依次和索引表中各个关键字进行比较，因为 22 < key < 48，所以说明关键字为 38 的记录如果存在，必定在第二个子表中，由于同一索引项中的指针指示第二个子表中的第一个记录是表中第七个记录，则自第七个记录起进行顺序查找，直到 ST.elem[8].key=key 为止。假如此子表中没有关键字等于 key 的记录，如果 key=32，类似地，先确定第二块，然后在该块中查找，查找不成功，说明表中不存在关键字为 32 的结点。

由于由索引项组成的索引表按关键字有序，所以确定块的查找可以用顺序查找，也可用折半查找，而块中的记录是任意排列的，则在块中只能用顺序查找。

分块查找的效率介于顺序查找和折半查找之间，对于数据量巨大的线性表，它不失为一种较好的方法。分块查找方法中不一定要将线性表分成大小相等的若干块，而应根据表的特征进行分块，这在实际生活中更具一般性，如词典的编排。其优点还体现在，在表中插入或删除一个记录时，只要找到该记录所属的块，就可以在该块内进行插入和删除运算。因块内记录的存放是任意的，所以插入和删除无须移动大量记录。分块查找的主要代价是增加一个辅助数组的存储空间和将初始表分块排序的运算。

8.3　二叉查找树

在 8.1 节中讨论了线性表的 3 种表示方法，其中折半查找效率最高。如果在采用折半查找时查找结果失败，想把待查关键字所对应的元素插入到原有序表；或者说在查找成功时，想把待查元素从原表中删除，让有序表随着查找算法的进行动态地变化起来。此时折半查找就需要花费大量时间调整有序表中的元素，使之仍然有序，它的效率对于动态结构是很低的。为了更好地解决表的动态变化时的查找问题，本节中将介绍树表中的二叉查找树。

如果一棵二叉树的每个结点对应一个关键字，整个二叉树各结点对应的关键字组成一个关键字集合，并且此关键字集合中的各个关键字在二叉树中是按一定顺序排列的，这时称此二叉树为二叉查找树，又称二叉排序树。

二叉查找树或者是一棵空树，或者是具有如下性质的二叉树：

① 如果二叉树的左子树非空，则左子树上所有结点的值均小于根结点的值；

② 如果二叉树的右子树非空，则右子树上所有结点的值均大于根结点的值；

③ 左子树和右子树又均是一棵二叉查找树。

例如，对应于关键字集合 K={66,15,25,80,77,35,10,3,88,85,98}的二叉查找树，如图 8-3 所示。

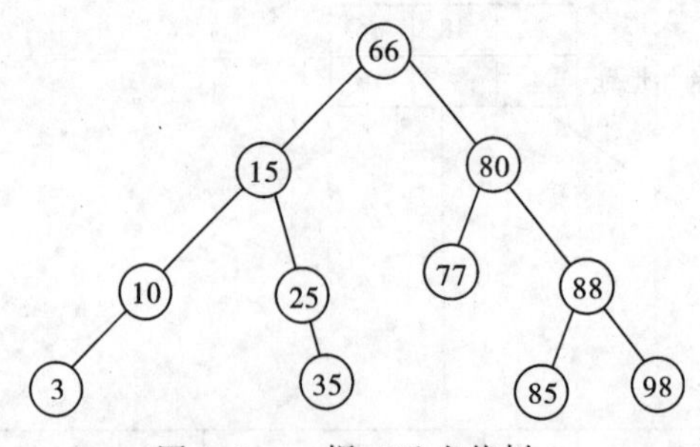

图 8-3　一棵二叉查找树

可以选取二叉链表作为二叉查找树的存储结构，二叉链表的定义算法描述如下：

```
typedef struct Bitnode
{
```

```
    int key;
    struct Bitnode *lchild,*rchild;
}*Bitree;              /*二叉链表的定义*/
```

1. 二叉查找树的查找

在记录集合用二叉查找树表示时，查找集合中记录的关键字等于某个给定值的方法是：

① 当二叉查找树为空时，查找失败。

② 如果二叉查找树根结点记录的关键字等于 key，则查找成功。

③ 如果二叉查找树根结点记录的关键字小于 key，则用同样的方法继续在根结点的右子树上查找。

④ 如果二叉查找树根结点记录的关键字大于 key，则用同样的方法继续在根结点的左子树上查找。

显然，这是一个递归查找过程。那么在二叉查找树中，查找一个关键字为 key 的元素的查找过程描述如下：

```
/*在根指针 T 所指二叉排序树中递归地查找某关键字等于 key 的数据，如果查找成功，则返回指向该
数据元素结点的指针，否则返回空指针*/
Bitree SearchB(Bitree T,int key)
{
    if(!T)
      if(key==T->key)          /*如果根结点等于 key，则查找成功*/
         return T;
    /*如果 key 小于根结点的关键值，则在二叉树的左子树继续查找*/
      else if(key<T->key)
         return(SearchB(T->lchild,key));
   /*如果 key 大于根结点的关键值，则在二叉树的右子树继续查找*/
    else
      return(SearchB(T->rchild,key));
}
/*在根指针 T 所指二叉树中递归地查找其关键字等于 key 的数据元素，如果查找成功，指针 p 指向该
数据元素结点，并返回 1；否则，指针 p 指向查找路径上访问的最后一个结点并返回 0，指针 f 指向 T
的双亲，其初始调用值为 NULL*/
int SearchB(Bitree T,int key,Bitree f,Bitree p)
{
    if(!T)
    {
      p=f;
      return 0;               /*查找不成功*/
    }
    else  if(key==T->key)
      {
         p=T;
         return 1;
      }   /*查找成功*/
    else  if(key<T->key)
         return(SearchB(T->lchild,key,T,p));          /*在左子树中继续查找*/
    else
         return(SearchB(T->rchild,key,T,p));          /*在右子树中继续查找*/
}
```

2. 二叉查找树的插入

二叉查找树是一种动态树表，其特点是树的结构通常不是一次生成的，而是在查找过程中，当树中不存在关键字等于给定值的结点时再进行插入。新插入的结点一定是一个新添加的叶子结点，并且是查找不成功时查找路径上访问的最后一个结点的左孩子或右孩子结点，为此需要在查找不成功时返回插入位置。

插入过程的具体描述如下：

① 如果二叉查找树为空，则将待插入结点 *s* 作为根结点插入树中。

② 如果二叉查找树非空，将待查结点的关键字 *s*->key 和树根的关键字 *p*->key 进行比较，如果相等，则表明树中已有此结点，无须插入。

③ 如果 *s*->key 小于 *p*->key，则将待插结点 *s* 插入根的左子树中。

④ 如果 *s*->key 大于 *p*->key，则将待插结点 *s* 插入根的右子树中，而在子树中的插入过程又和在树中的插入过程相同，如此进行下去，直到把结点 *s* 作为一个新的叶子插入二叉查找树中，或者直到发现树中已有结点 *s* 为止。

显然此算法也是递归的，插入算法的实现如下：

```
int InsetB(Bitree T,int key)
{
    Bitree s,p;
    if(!SearchB(T,key,NULL,p))                /*查找不成功，即 key 不存在于二叉树 T 中*/
    {
        s=(Bitree)malloc(sizeof(Bitnode));
        s->key=key;
        s->lchild=s->rchild=NULL;
        if(!p)
            T=s;                              /*把被插结点 s 作为新的根结点*/
        else  if(key<p->key)
            p->lchild=s;                      /*把被插结点 s 作为左孩子*/
        else
            p->rchild=s;                      /*把被插结点 s 作为右孩子*/
        return 1;
    }
    else
        return 0;                             /*二叉树 T 中已有关键字相同的结点，不再插入*/
}
```

如果从空树出发，经过一系列的查找插入操作之后，可生成一棵二叉树。设查找的关键字序列为{45,24,53,12,90}，则生成的二叉查找树如图 8-4 所示。

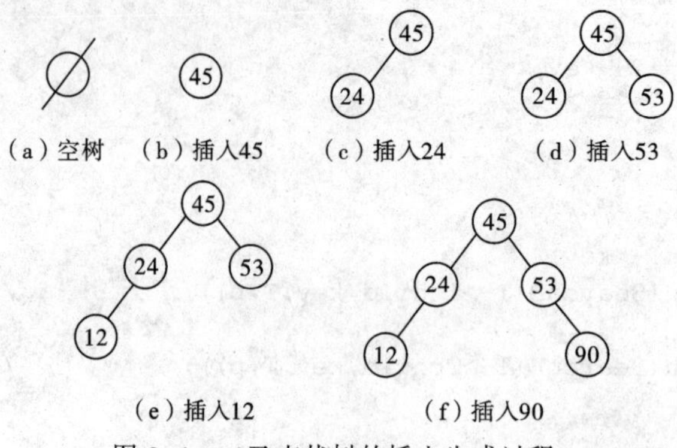

图 8-4　二叉查找树的插入生成过程

从图 8-3 和图 8-4 可以看出，对二叉查找树进行中序遍历即可得到相应数据集的有序序列。由此可见，对于一个无序集，可以通过建立其二叉查找树的方法使其成为一个有序集。不仅如此，从上面的插入过程还可以看到，每次插入的新结点都是二叉查找树上新的叶子结点，则在进行插入操作时不必移动其他结点，仅需要改动某个结点的指针，由空变为非空即可。这就相当于在一个有序序列上插入一个记录而不需要移动其他记录。这表明，二叉查找树既拥有类似于折半查找的特性，又采用链表作为存储结构，因此是动态查找表的一种比较适宜的表示。

3. 二叉查找树的删除

在二叉查找树上删去一个结点也很方便。从二叉树中删除一个结点，要保证删除后所得的二叉树仍满足二叉查找树的性质。删去二叉树上一个结点相当于删去有序序列中的一个记录。那么，如何在二叉查找树上删去一个结点呢？假设在二叉查找树上被删结点为*p（指向结点的指针为 p），f 指向其双亲结点，且不失一般性，可设*p 是*f 的左孩子，如图 8-5 所示。

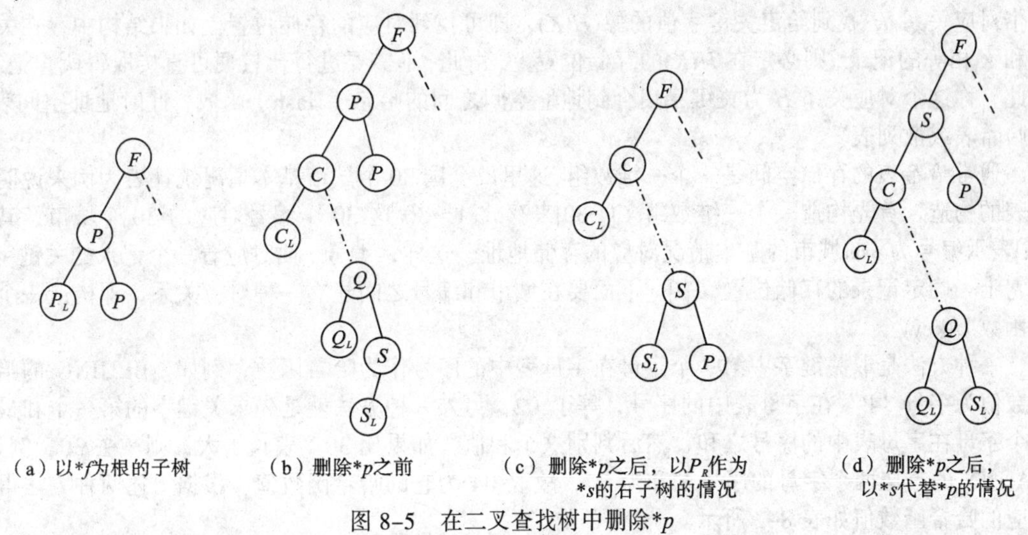

图 8-5　在二叉查找树中删除*p

下面分 4 种情况进行讨论：

① 如果*p 结点为叶子结点，即它的左子树 P_L 和右子树 P_R 均为空树。由于删去叶子结点不破坏整棵树的结构，则只需要修改其双亲结点的指针即可。

② 如果*p 结点只有左子树 P_L，而无右子树。根据二叉排序树的特点，在这种情况下，只要令 P_L 直接成为其双亲结点*f 的左子树即可。显然，此操作也不会破坏二叉查找树的特性。

③ 如果*p 结点只有右子树 P_R，而无左子树。根据二叉排序树的特点，在这种情况下，只要令 P_R 直接成为其双亲结点*f 的右子树即可。显然，此操作也不会破坏二叉查找树的特性。

④ 如果*p 结点的左子树和右子树均不空。显然，此时不能如上简单处理。从图 8-5（b）可知，在删去*p 结点之前，中序遍历该二叉树得到的序列为$\{\ldots C_LC\ldots Q_LQS_LSPP_RF\ldots\}$，在删去*$p$ 之后，为保持其他元素之间相对位置不变，可以有两种做法：其一是令*p 的左子树为*f 的左子树，而*p 的右子树为*s 的右子树，如图 8-5（c）所示；其二是令*p 的直接前驱（或直接后继）替代*p，然后再从二叉查找树中删去它的直接前驱（或直接后继）。如图 8-5（d）所示，当以直接前驱*s 代替*p 时，由于*s 只有左子树 S_L，则在删去*s 之后，只要令 S_L 为*s 的双亲*q 的右子树即可。

二叉查找树的查找和折半查找相差不大，并且二叉查找树上的插入和删除结点实现也很简单，不用每次都移动大量的结点。因此，对于需要经常进行插入、删除和查找运算的表，适宜采用二叉查找树结构。

8.4 哈希表的查找

8.4.1 哈希表

在前面讨论的查找算法中有一个共同的特点，就是以待查记录或元素的关键字 K 为基准，查找记录时要进行一系列和关键字的比较。这类查找方法建立在“比较”的基础上，查找的效率依赖于查找过程中所进行的比较次数。那么，是否可以不用比较就能直接计算出记录的存储地址，从而找到所要的结点呢？回答是肯定的，本节就来讨论这个问题。

要想不经过比较直接找到一个元素，可以利用函数的概念，函数的定义域为表中元素的关键字的集合，值域为表中元素的存储地址集合表 A。在记录的存储地址和它的关键字之间建立一个确定的对应关系 H，使每个关键字和结构中唯一一个存储位置相对应。因而在查找时，只要根据这个对应关系 H 找到给定关键字值的像 $H(K)$，即可找到对应的存储位置。如果结构中存在关键字和 K 相等的记录，则必定在 $H(K)$的存储位置上，由此，不需要进行比较便可直接取得所查记录。在此，称这个对应关系 H 为关键字集合到地址空间之间的哈希（Hash）函数，此时地址空间表 A 为哈希表或散列表。

通常哈希表的存储空间是一个一维数组，这里以全国 30 个城市基本情况统计表为例来说明哈希表的构造，首先构造一个一维数组 $C[1:30]$来存放 1～30 这 30 个编号对应的 30 个城市，其中 $C[i]$表示编号为 i 的城市的基本情况对应的存储地址。这样，编号 i 便对应着一个记录的关键字，由它唯一确定记录的存储位置 $C[i]$。下面要在城市和编号之间建立一种对应关系，即构造一个哈希函数 H(key)。

一种方法是取关键字中第一个字母在字母表中的序号作为哈希函数，例如，BEIJING 的哈希函数值为字母“B”在字母表中的序号，等于 02；另外一种方法就是先求关键字的第一个和最后一个字母在字母表中的序号之和，然后判别这个和值，如果比 30（表长）大，则减去 30。例如，TIANJIN 的首尾两个字母的序号之和为 34，故取 04 为它的哈希函数值。根据上述两种方法得到对应的哈希函数值如表 8-2 所示。

表 8-2　简单的哈希函数示例

key	BEIJING	SHIJAZHUANG	TIANJIN	SHANGHAI	CHANGCHUN	GUIYANG	KUNMING	HEFEI
H_1(key)	02	19	20	19	03	07	11	08
H_2(key)	09	26	4	28	17	14	18	17

从这个例子可以看出：首先，哈希函数是一个映像，因此哈希函数的设定比较灵活，只要使得任何关键字由此所得的哈希函数值在表长允许范围之内即可，如果在建立哈希表时，哈希函数是一个一对一的函数，则在查找时，只需要根据哈希函数对给定值进行某种运算，即可得到待查结点的存储位置，此时，查找过程无须进行关键字比较；对于不同的关键字，根据某个哈希函数可能得到同一哈希地址，即 keyl≠key2，而 H(keyl) = H(key2)，这种现象称为冲突。把具有相同函数值的关键字称为对该哈希函数的同义词。例如，关键字 SHIJAZHUANG 和 SHANGHAI 不等，但 H_1(SHIJAZHUANG)=H_1(SHANGHAI)，所以 SHIJAZHUANG 和 SHANGHAI 是一对同义词。一旦发生冲突，就出现多个记录争夺一个存储地址的问题。事实上，冲突是不可避免的，因为通常关键字的取值集合远远大于表空间的地址集，人们只能尽量减少冲突的发生。

因此，在构造哈希表时就面临两个问题：一个是构造较好的哈希函数，它能够把关键字集合中的元素尽可能均匀地分布到地址空间中，减少冲突的产生，另一个是研究解决冲突的方法。

8.4.2 构造哈希表的基本方法

一个好的哈希函数应该既易于计算，又可使冲突减少到最低的限度。显然，哈希地址分布越均匀，产生冲突的可能就越小。要使哈希函数实现均匀分布，就应使所构造的哈希函数与关键字值的所有部分都相关。也就是说，让组成关键字的值的所有部分在实现转换过程中都起作用，以反应不同关键字之间的差异。如果只用关键字值的局部作为哈希函数的变量，则会增大产生冲突的可能性。

常用的构造哈希函数的方法有以下 4 种：

1. 平方取中法

平方取中法是一种常用的哈希函数构造方法。这个方法是先取关键字的平方，然后根据可使用空间的大小，选取平方数的中间几位为哈希地址。哈希函数为

$$H(\text{key})= \text{“key}^2\text{的中间几位”}$$

这种方法的原理是通过取平方扩大差别，乘积的中间几位数和乘数的每位都相关，由此产生的哈希地址也较为均匀。例如，设有一组关键字值为 ABC、BCD、CDE、DEF，其相应的机内码分别为 010203、020304、030405、040506。假设可利用地址空间的大小为 10^3，平方后取平方数的中间三位作为相应记录的存储地址，如表 8-3 所示。

表 8-3　平方取中法关键字及其存储地址

关　键　字	机　内　码	机内码的平方数	哈　希　地　址
ABC	010203	0104101209	101
BCD	020304	0412252416	252
CDE	030405	0924464025	464
DEF	040506	1640739036	739

2. 折叠法

折叠法（Folding）是将关键字分割成位数相同的几部分（最后一部分的位数可以不同），然后取这几部分的叠加和（舍去进位）作为哈希地址。这种方法适用于关键字位数较多，且关键字中每一位上数字分布大致均匀的情况。

折叠法中数位叠加又分为移位叠加和边界叠加两种方法。移位叠加是将分割后每部分的最低位对齐，然后相加；边界叠加是从一端向另一端沿分割界来回折叠，然后对齐相加。

例如，关键字 key=1023456789，允许的地址空间为三位十进制数，则两种叠加结果分别如图 8-6（a）和图 8-6（b）所示。用移位叠加得到的哈希地址是 134，而用边界叠加所得到的哈希地址是 332。

```
    102              102
+   345          +   543
+   678          +   678
+     9          +     9
 [1]134           [1]332
（a）移位叠加     （b）边界叠加
```

图 8-6　由折叠法求哈希地址

3．除留余数法图

除留余数法是对关键字值进行取模运算

$$H(\text{key})=\text{key MOD } p \qquad (p \leqslant m)$$

即对关键字 key 用某数 p 去除，取所得余数作为哈希地址。其中，除数 p 称为模，m 是哈希表的长度，函数值 $H(\text{key})$就是关键字 key 以 p 为模的余数。

除留余数法不仅可以对关键字直接取模，也可在折叠、平方取中等运算后取模。对于除留余数法求哈希地址，关键在于模 p 的选择，它直接关系到哈希地址的均匀性。实验证明，如果选 p 为偶数，则它把奇数的关键字转换为奇数地址，把偶数关键字转换为偶数地址，显然，这也容易造成冲突；另外，如果用小质数或含有小质数因子的合数作为模，也会导致哈希地址不均匀的后果。为了获得比较均匀的地址分布，一般地，选取 p 为小于或是等于散列表长度 m 的某个最大素数较好。

例如，m=8,16,32,64,128,256,512；p =7,13,31,61,127,251,503。

由于除留余数法的地址计算方法简单，而且在许多情况下效果较好，它是一种最简单，也是一种最常用的构造哈希函数的方法。

4．直接定址法

当关键字是整型数时，可以取关键字本身或者它的线性函数作为它的哈希地址。即

$$H(K)=K \text{ 或者 } H(K)=a \times K+b$$

例如，有一个人口统计表，记录了从 1 岁到 100 岁的人口数目，其中年龄作为关键字，哈希函数取关键字自身，如表 8-4 所示。

表 8-4　直接定址法示例

地址	01	02	…	99	100
年龄	1	2	…	99	100
人数	900	800	…	495	455
⋮	⋮	⋮	…	⋮	⋮

可以看出，当需要查找某一个年龄的人数时，直接查找相应的项即可，如查找 99 岁的老人数，则直接读出第 99 项即可。这种方法的特点是哈希函数简单，并且对于不同的关键字，不会产生冲突，是一种较为特殊的哈希函数。实际生活中，关键字集合中的元素很少是连续的，用该方法产生的哈希表会造成空间的大量浪费，因此这种方法的适用性不强。

8.4.3　解决冲突的方法

前面提及均匀的哈希函数可以减少冲突，但完全避免是不可能的，因此如何处理冲突是构造哈希表的一个十分重要的问题。那么人们应如何处理冲突呢？假设哈希表的地址集为[0…(n−1)]，冲突是指由关键字得到的哈希地址为 j（$0 \leqslant j \leqslant n-1$）的位置上已存有记录，则“处理冲突”就是为该关键字的记录找到另一个“空”的哈希地址。在处理冲突的过程中可能得到一个地址序列 H_i（i=1，2，…，k），其中 $H_i \in [0,n-1]$。也就是说，在处理哈希地址的冲突时，如果得到的另一个哈希地址 H_1 仍然发生冲突，则要求下一个地址 H_2；如果 H_2 仍冲突，再求 H_3；依此类推，直至 H_k 不发生冲突为止，那么 H_k 就是记录在表中的地址。

通常用的处理冲突的方法可分为两大类：开放定址法和链地址法。

1．开放定址法

这种解决冲突方法的原则是：当冲突发生时，使用某种方法在散列表中形成一个探查序列，沿着此探查序列逐个单元查找，直到找到给定的关键字或者碰到一个开放的地址（即该地址单元为空位置）为止。插入时碰到开放的地址，则可以将待插入新结点存放在该地址单元中。

$$H_i = (H(\text{key}) + d_i)\text{MOD } m \qquad i = 1，2，\cdots，k（k \leqslant m-1）$$

其中，$H(\text{key})$为哈希函数；m 为哈希表表长；d 为增量序列，可有下列 3 种取法：

① $d_i=1，2，3，\cdots，m-1$ 时称为线性探测再散列。

② $d_i=1^2，-1^2，2^2，-2^2，3^2，\cdots，k^2，-k^2$（$k \leqslant m/2$）时称为二次探测再散列。

③ d_i=随机数序列时称为随机探测再散列。

线性探测再散列的基本思想是将散列表看成是一个环形表，如果地址为 d 的单元发生冲突，则依次查找的地址单元序列是：

$$d+1，d+2，d+3，\cdots，m+1，0，1，\cdots，d-1$$

直到找到一个空单元或查找到关键字为 key 的结点为止。显然，只要表不满，总能够查找或插入成功。

例如，在长度为 11 的哈希表中已填有关键字分别为 17、60、29 的记录（哈希函数 $H(\text{key})$ = key MOD 11），现有第四个记录，其关键字为 38，由哈希函数得到哈希地址为 5，产生冲突。如果用线性探测再散列的方法处理时，得到下一个地址为 6，仍然冲突；再求下一个地址为 7，仍然冲突；直到哈希地址为 8 的位置为"空"为止，处理冲突的过程结束，记录填入哈希表中序号为 8 的位置，如图 8-7（b）所示。

二次探测再散列的探查序列是 $1^2，-1^2，2^2，-2^2，3^2，\cdots，k^2，-k^2$（$k \leqslant m/2$），也就是说，发生冲突时，将同义词来回散列在第一个地址的两端。二次探测再散列减少了堆积的可能性，但是不容易探查到整个散列表空间，只有在哈希表长 m 为形如 $4j+3$（j 为整数）的素数时才可能，如图 8-7（c）所示。

随机线性探测再散列则取决于随机数列。在上面的例子中，如果用二次探测再散列，则应该填入序号为 4 的位置。类似地，可得到随机再散列的地址，如果随机数列为 9，得到其地址序号为 3，如图 8-7（d）所示。

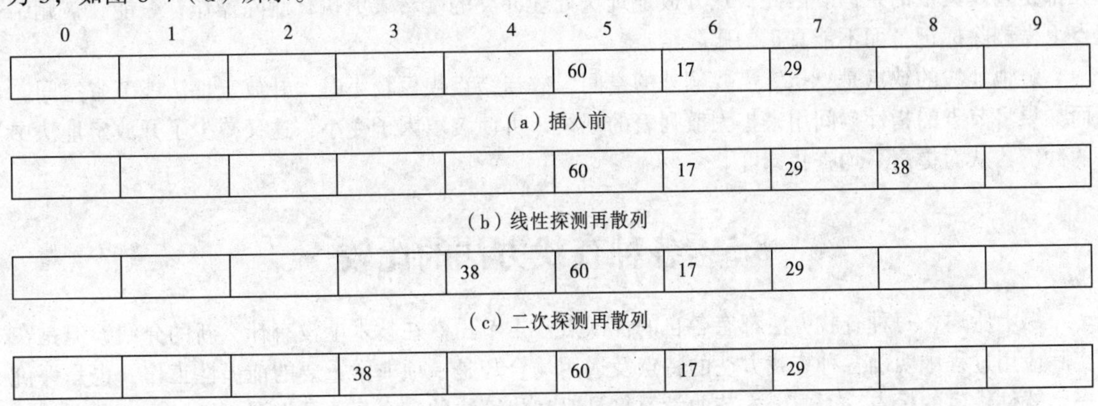

（a）插入前

（b）线性探测再散列

（c）二次探测再散列

（d）随机探测再散列

图 8-7　用开放定址法处理冲突时，关键字为 38 的记录插入前后的哈希表

2. 链地址法

这种方法是为每个哈希地址建立一个链表，当发生冲突时，就把发生冲突的记录链接到相应的哈希地址的链表上去。结果将所有关键字为同义词的记录存储在同一线性链表中。假设某哈希函数产生的哈希地址在区间[0...m-1]上，则设立一个指针型向量 Chain ChainHash[m]，其每个分量的初始态都是空指针。凡哈希地址为 i 的记录都插入到头指针为 ChainHash[i]的链表中。在链表中的插入位置可以在表头或表尾；也可以在中间，以保持同义词在同一线性链表中按关键字有序。

例如，已知一组关键字为（27，6，84，21，36，38，10，16，55，14，79），则按哈希函数 H(key)=key MOD 13 和链地址法处理冲突构造所得的哈希表如图 8-8 所示。

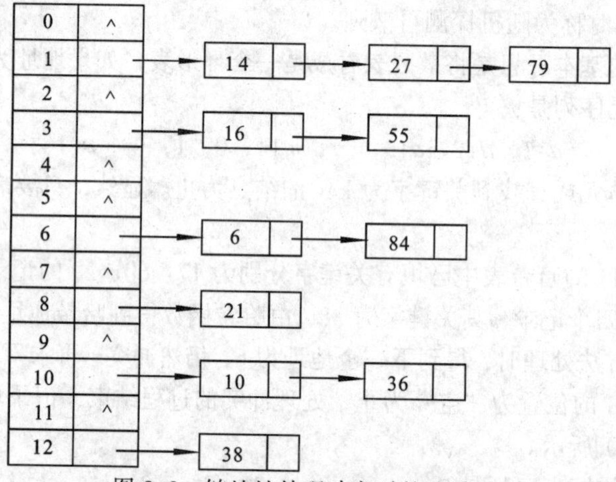

图 8-8　链地址处理冲突时的哈希表

与开放地址法相比，链地址法有下列几个优点：链地址法不会产生堆积现象，因而平均查找长度较短；由于链地址法中单个链上的结点空间是动态申请的，所以它更适合于造表前无法确定表长的情况；在用链表法构造的哈希表中，删除结点的操作易于实现，只要简单地删除链表上相应的结点即可。而对于开放地址法构造的哈希表，删除结点不能只将被删结点的空间置为空，否则将截断在它之后添入哈希表的同义词结点的查找路径，只是因为各种开放地址法中，空地址单元都是查找失败的条件。因此，在开放地址法处理冲突的哈希表上执行删除操作，只能在被删结点上做删除标记，而不能真正的删除结点。

链地址法的缺点是：指针需要额外的空间，故当结点规模较小时，开放定址法能节省空间，而如果将节省的指针空间用来扩大散列表的规模，可使装填因子变小，这又减少了开放定址法中的冲突，从而提高平均查找速度。

8.5　各种查找方法的比较

综上所述，每种查找方法都有各自的优缺点。本节虽然在技术上没有什么新的介绍，但是在实际应用过程中明确各种查找方法的特点及适用场合却是一项非常重要的前提性工作，也是评价一个软件优劣的标志。因此，本节的学习将是对查找算法的一个汇总及加深。

顺序查找的效率很低，但是对于待查的结构没有任何要求，而且算法非常简单，当待查表中的记录个数较少时，采用顺序查找较好。顺序查找既适用于顺序存储结构，又适用于链接存储结构。

折半查找法的平均查找长度小，查找速度快，但是它要求表中的记录是有序的，且只能用于顺序存储结构。如果表中的记录经常变化，为保持表的有序性，需要不断进行调整，这在一定程度上要降低查找效率。因此，对于不常变动的有序表，采用折半查找是比较理想的。

分块查找的平均查找长度介于顺序查找和折半查找之间。由于结构是分块的，所以当表中记录有变化时，只要调整相应的块即可，分块查找数据量较大的线性表优越性更突出。同顺序查找一样，分块查找可用于顺序存储结构，也可用于链接存储结构。

与上面3种查找方法不同，哈希法是一种直接计算地址的方法，客观存在通过对关键字值进行某种运算来确定待查记录的存放地址。在查找过程中不需要进行比较，因此，其查找时间与表中记录的个数无关。当所选择的哈希函数能得到均匀的地址分布时，其查找效率比顺序查找、折半查找、分块查找等3种基本查找方法要快。但实际上，由于关键字的取值范围往往大于允许的地址范围，不可避免会发生冲突，而使查找时间增加。哈希法的查找效率主要取决于发生冲突的可能性和处理冲突的方法。发生冲突的可能性与哈希表的填满程度有关，因此引进装填因子的概念。装填因子为α:

$$\alpha=\text{表中的记录数 } n/\text{表的长度 } m$$

α表示表的装满程度。直观地看，α越小，发生冲突的可能性就越小；α越大，即表越满，发生冲突的可能性就越大，查找也就越慢，如果能构造出均匀的哈希函数，并能较好地处理冲突，哈希法是十分有效的。

小　结

查找是数据处理中经常使用的一种运算。关于线性表的查找，本章介绍了顺序查找、折半查找和分块查找3种方法。如果线性表是有序表，则折半查找是一种最快的查找法。关于树表的查找，又介绍了二叉查找树，讨论了二叉查找树的基本概念、插入和删除操作及其查找过程。

上述方法都是基于关键字比较进行的查找，而哈希表方法则是直接计算出结点的地址，本章介绍了哈希表的概念、哈希函数和处理冲突的方法。最后，对几种查找方法做了比较。

习　题　8

1．判断题（判断下列各题是否正确，如果正确在括号内打“√”，否则打“×”）

（1）二叉排序的查找和折半查找的时间性能相同。（　）

（2）哈希表的结点中只包含数据元素自身的信息，不包含任何指针。（　）

（3）哈希表的查找效率主要取决于哈希表造表时选取的哈希函数和处理冲突的方法。（　）

（4）当所有的结点的权值都相等时，用这些结点构成的二叉查找树的特点是只有右子树。（　）

（5）采用线性探测法处理哈希地址的冲突时，当从哈希表删除一个记录时，不应将这个记录的所在位置置空，因为这会影响以后的查找。（　）

（6）任意一个二叉查找树的平均查找时间都小于用顺序查找同样结点的线性表的平均查找时间。（　）

（7）对二棵具有相同关键字集合的而形状不同的二叉查找树，按中序遍历它们得到的序列的顺序是一样的。（　）

（8）在二叉查找树上插入新的结点时，不必移动其他结点，只要将该结点父结点的相应的指针域置为空即可。（　）

2．选择题（从下列选项中选择正确的答案）

（1）如果要求一个线性表既能较块地查找，又能适应动态变化的要求，则可采用（　　）①查找方法。采用折半查找方法进行查找时，数据文件应为（　　）②，且限于（　　）③。要进行顺序查找，则线性表（　　）④。

①：A．分块　　B．顺序　　C．折半　　D．基于树形

②、③：A．有序表　　B．随机表　　C．散列存储结构　　D．链式存储结构

E．顺序存储结构　　F．线性表

④：A．必须以顺序方式存储

B．必须以链式方式存储

C．既可以以顺序方式存储，也可以以链式方式存储

（2）折半查找的查找速度（　　）①比顺序查找法的速度快。设有 100 个元素，用折半法查找时，最大比较次数是（　　）②，最小比较次数是（　　）③。

①　A．一定　　B．不一定

②、③：A．25　　B．50　　C．10　　D．7

E．4　　F．2　　G．1

（3）设哈希表长 m=14，哈希函数 $H(k)$=k MOD 11。表中已有 4 个记录，如果用二次探测再散列处理冲突，关键字为 49 的记录的存储地是（　　）。

0	1	2	3	4	5	6	7	8	9	10	11	12	13
				15	38	61	84						

A．8　　B．3　　C．5　　D．9

3．设计题

（1）假设线性表中结点是按关键字递增的顺序存放的，试写一顺序查找算法，将监视哨设为低下标端，然后分别求出等概率情况下查找成功和不成功的平均查找长度。

（2）设单链表的结点是按关键字从小到大排列的，试写出对此表的查找算法，并说明是否可以采用折半查找。

（3）设计递归的折半查找算法。

第9章 排序

排序（Sorting）和查找（Searching）是两种非常实用的数据处理技巧，例如，在电话簿寻找电话号码，此过程就称为查找。由于电话簿中的姓名是以字母次序排序（按照姓氏的笔画由小到大排列），因此查找相当方便省时。假如姓名没有排序，就会浪费很多时间去搜索某人的电话号码。本章将集中讨论各种排序方法。

排序的方式可以分成两种：

① 如果记录是在主存储器中进行分类，则称为内部排序。

② 假若记录太多，以致无法全部存于主存储器，需要借助辅助内存，如磁盘或磁带来进行分类，则称为外部排序。

除了上述内部排序和外部排序的区别外，也可以分成下列两类：

① 如果排序方式是比较整个关键字，称为比较排序。

② 如果是一次只比较某一个关键字，称为分配排序。

存在文件中的记录可能含有相同的关键字，对于两个关键字 $k(i)=k(j)$的记录 $r(i)$和 $r(j)$，如果在源文件中，$r(i)$排在 $r(j)$之前；在排序后，文件中的 $r(i)$仍在 $r(j)$之前，则称此排序具有稳定性。反之，如果 $r(j)$在 $r(i)$之前，则称此排序为不稳定。即表示当两个关键字相同时并不需要互换，称为稳定排序，反之，即使关键字相同仍需互换者，则称为不稳定排序。

排序是在数据处理中经常要使用的一种重要的运算。如何进行排序，特别是高效率的排序是计算机应用中的一个重要课题。排序的目的之一就是方便查找数据。本章将介绍几种常用的内部排序方法：插入排序、选择排序、交换排序和归并排序，以及各排序方法的基本思想、排序步骤及实现算法。

9.1 基本概念

1. 关键字

将记录中的某一个可以用来标识记录的数据项称为关键字项，该数据项的值称为关键字（Key）。

关键字可以作为排序运算的依据，选取哪个数据项作为关键字，应根据具体情况而定。例如考试成绩统计中，一个考生的记录包括考号、姓名、英语成绩、数学成绩、语文成绩、政治成绩、历史成绩和总分等数据项。如果要快速查找某一个考生的成绩，应该选取考号作为关键字进行排序，因为考号可以唯一标识一个考生的记录。如果想按考生的总分排名次，则应把总分作为主键字对成绩表进行排序。

2．排序

排序是指把一组记录按照记录中某个关键字进行有序（递增或递减）排列的过程。

设文件中有一组记录（r_1，r_2，…，r_n），其关键字分别为（k_1，k_2，…，k_n），通过排序可以重新构造一种排列（r_{j1}，r_{j2}，…，r_{jn}），使其关键字呈如下关系：

$$k_{j1} \leqslant k_{j2} \leqslant \cdots \leqslant k_{jn}$$

其中，j_1，j_2，…，j_n属于集合{1，2，…，n}。也就是说，排序是把一组记录按关键字值递增（或递减）的次序重新排列，使它变成一个按关键字值大小有序的序列。如果待排序的文件中存在多个关键字相同的记录，例如在（r_1，r_2，…，r_n）中，有 k_i=k_j，排序前（…r_i…r_j…），而排序后，这些记录的相对次序仍然保持不变，即（…r_i…r_j…），则称这种排序方法是稳定的，否则称这种排序方法为不稳定的。例如，表 9-1 是按年龄无序的，若将关键字年龄用某方法排序后，如表 9-2 所示。

表 9-1　无序的个人情况表

编　号	姓　名	年　龄	性　别
1	张强	27	男
2	陈华	24	男
3	Lily	32	女
4	Lucy	24	女
5	李名	25	男

表 9-2　按年龄排序的个人情况表（一）

编　号	姓　名	年　龄	性　别
2	陈华	24	男
4	Lucy	24	女
5	李名	25	男
1	张强	27	男
3	Lily	32	女

因为 2、4、5 三条记录保持原有排列顺序，则称该排序方法是稳定的。如果采用另一排序方法，按年龄排序后得到表 9-3。

表 9-3　按年龄排序的个人情况表（二）

编　号	姓　名	年　龄	性　别
4	Lucy	24	女
2	陈华	24	男
5	李名	25	男
1	张强	27	男
3	Lily	32	女

原 2、4、5 记录顺序改变，则称该排序方法是不稳定的。

排序的基本操作主要有两步：第一步是比较两个关键字的大小；第二步是根据比较结果，将记录从一个位置移到另一个位置。

由于文件大小 n 不同，排序过程中涉及的存储器不同。当 n 较小（一般小于 10^4）时，全部排序放在内存中完成，不涉及外存的排序方法称为内部排序。内部排序速度快，一般用于小型文件。当 n 较大时，排序不仅需要内存，还要使用外存，称这种排序为外部排序。外部排序是用于大型文件的排序方法，运行速度较慢。

本章主要介绍内部排序的一些方法，然后将几种内部排序方法进行比较，最后简单地介绍外部排序。本章介绍的排序算法大部分采用顺序存储结构，用一维数组实现，且按关键字递增排序。记录类型及数组定义结构如下：

```
#Define Max 90
type struct
{
   int key;                                    /*关键字项*/
   itemtype Elseitem;                          /*其他数据项*/
}Recordnode;
Recordnode  r[max+1];                          /*r[0]闲置或作为监视哨*/
```

9.2 内部排序

内部排序速度快，一般用于小型文件排序。

9.2.1 插入排序

插入排序就是按关键字大小将一个记录插入一个有序文件中的适当位置，并且插入后使文件仍然有序。因为源文件是有序的，在插入一个记录时，要寻找适当的插入位置，既可以采用顺序查找法，也可以采用折半查找法。相应的，插入排序有直接插入排序法和折半插入排序法。另外，还可以对插入排序稍加以改进，产生一种新的排序方法——希尔排序。

1. 直接插入排序

直接插入排序方法是最简单的排序方法之一。在排序中经常会遇到一个名词：一趟。所谓一趟，是指在排序过程中使一个记录有序性的操作。整个排序过程就是对一趟排序的多次重复。

直接插入排序的基本思想是：每趟将一个待排序的记录按其关键字值的大小插入到已经排序的部分文件中适当的位置上，直到全部插入完成。具体做法是：记录存放在数组 $r[1...n]$之中，先把整个数组划分为两个部分，$r[1...i-1]$是已排好序的记录；$r[i...n]$是没排序的记录。插入排序对未排序中的 $r[i]$插入到 $r[1...i-1]$之中，使 $r[1...i]$成为有序，$r[i]$的插入过程就是完成排序中的一趟。随着有序区的不断扩大，使 $r[1...n]$全部有序。其算法描述如下：

```
InsertSort(Recordnode r[],int n)
{ for(i=2;i<=n;++i)
    if(r[i]<r[i-1])
      /*如果待插表中最后一个小，则将其插入表中*/
    {
        r[0]=r[i];
        for(j=i-1;r[0]<r[j];--j)
             r[j+1]=r[j];                     /*记录后移*/
             r[j+1]=r[0];                     /*插入到正确位置*/
    }
}
```

算法中引进附加记录 $r[0]$作为监视哨，用来存放当前待插入的记录。直接插入排序为了在查找插入位置的过程中避免数组下标出界，这种做法可以大大节省循环的测试时间。

【例 9-1】 利用直接插入排序算法对数据排序。

利用直接插入排序算法，对下列数据进行插入排序，其中[…]为有序区，{…}为无序区。19_1 和 19_2 表示排序值相等的两个不同记录。过程如下：

直接插入排序过程示意：

初始序列：	[19_1]	{01	23	17	19_2	55	84	15}
第一趟：	[01	19_1]	{23	17	19_2	55	84	15}
第二趟：	[01	19_1	23]	{17	19_2	55	84	15}
第三趟：	[01	17	19_1	23]	{19_2	55	84	15}
第四趟：	[01	17	19_1	19_2	23]	{55	84	15}
第五趟：	[01	17	19_1	19_2	23	55]	{84	15}
第六趟：	[01	17	19_1	19_2	23	55	84]	{15}
第七趟：	[01	15	17	19_1	19_2	23	55	84]

从上面的例子可以看出，19_1 和 19_2 的相对位置没有变，所以直接插入排序是稳定的排序方法。

为了查找第 i 个记录的插入位置，最多比较 i 次，最少比较 1 次。因此，对于有 n 个记录的文件来说，如果每个记录插入文件中只比较一次就能找到其相应的位置，则总共只须进行 n 次比较，这是最小的次数；但在最坏的情况下，第 i 个记录比较 i 次，此时，n 个记录要进行$(n+1)n/2$次比较，则平均比较次数是$[(n+1)n/2+n]/2$。该算法的平均时间复杂度是 $O(n^2)$，直接插入排序是稳定的排序方法。算法所需的辅助空间是一个监视哨，辅助空间复杂度 $S(n)=O(1)$。

2．折半插入排序

由于插入排序的基本操作是在一个有序表中进行查找和插入，而查找这个操作可利用折半查找来实现，由此进行的插入排序称为折半插入排序，又称二分法插入排序。

“折半查找”就是用所插入记录的关键字和有序区间的中点处记录的关键字进行比较，如果两者相等则查找成功，否则可以根据比较结果来确定下次的查找区间。如果插入的记录关键字小于有序序列中点的记录关键字，那么下次查找的区间在中点记录前半部分；否则，在中点记录的后半部分。然后在新的查找区间进行同样的查找，经过多次折半查找，直到找到插入位置为止。折半插入排序算法如下：

```
BinsertSort(Recordnode r[],int n)
{
    for(i=2;i<=n;++i)
    {
        r[0]=r[i];
        low=1;high=i-1;
        while(low<=high)
        {
            m=(low+high)/2;
            if(r[0]<r[m].key)  high=m-1;         /*插入点在前半区*/
            else low=m+1;                        /*插入点在后半区*/
        }
        for(j=i-1;j>=high+1;--j)
        r[j+1]=r[j];                             /*记录后移*/
        r[high+1]=r[0];                          /*插入*/
    }
}
```

【例 9-2】 利用折半插入排序算法对数据排序。

利用折半插入排序算法，对下列数据进行插入排序，其中[…]为有序区，{…}为无序区。在序列[01　14　19　23　55　84　92]已排好序的基础上，将元素 15 插入到序列中，最后还是一个有序序列。L 即 low；h 即 high。过程如下：

初始序列：　[01　14　19　23　55　84　92]　{15}

L=1　　4　　h=7　（15<23　h=4−1=3）

第一趟排序：[01　14　19　23　55　84　92]　{15}

L=1　2　h=3　　（15>14　L=2+1=3）

第二趟排序：[01　14　19　23　55　84　92]　{15}

L=h=3　　（15<19　h=3−1 h < L 折半结束）

最后结果：[01　14　15　19　23　55　84　92]

算法分析：折半插入排序所需的附加存储空间和直接插入排序相同，从时间上比较，折半插入排序仅减少关键字间的比较次数，而记录的移动次数不变。因此，折半插入排序的时间复杂度仍为 $O(n^2)$。另外，折半插入排序也是一个稳定的排序方法。

3．希尔排序

希尔排序又称缩小增量法排序，是由希尔（Shell）在 1959 年对直接插入排序进行改进后提出的。其算法思想是：不断把待排序的一组记录按间隔值分成若干小组，然后对同一组的记录进行排序。

具体做法是：首先设置一个记录的间隔值 d_1，把全部记录按此间隔值从第一个记录起进行分组，所有相隔为 d 的元素在同一小组中，再进行组内排序。然后再设置另一个间隔值 d_2（$d_1 < d_2$），重新将整个组分成若干个组，再对各组进行组内排序，多次重复以后，直到间隔值 d<1 为止。各组的组内排序可以用直接插入排序，也可以用其他排序方法。

间隔值的取法有多种。希尔提出的方法是：$d_1=\lfloor n/2 \rfloor$，$d_{i+1}=\lfloor d_i/2 \rfloor$，克努特（Knuth）提出取 $d_{i+1}=\lceil d_{i-1}/3 \rceil$。下面对希尔排序方法进行举例说明。

【例 9-3】 利用希尔排序算法对数据排序。

设有 8 个待排序记录，对其进行希尔排序（由小到大），间隔值序列取 4、2、1。过程如下：

序号：1　2　3　4　5　6　7　8

初始关键字：46　55　13　42　17　94　05　70

d=4　{46　17}

{55　94}

{13　05}

{42　70}

第一趟排序结果 d=4：17　55　05　42　46　94　13　70

d=2　{17　05　46　13}

{55　42　94　70}

第二趟排序结果 d=2：05　42　13　55　17　70　46　94

d=1　{05　42　13　55　17　70　46　94}

第三趟排序结果 d=1：05　13　17　42　46　55　70　94

希尔排序的主要特点是：每趟以不同的间隔距离进行插入排序。当 d 较大时，被移动的记录是跳跃式进行的，到最后一次排序时（d=1），许多记录已经有序，不需要多少移动，所以提高了排序速度。需要注意的是，应使增量序列中的值没有除 1 以外的公因子，并且最后一个增量值必须等于 1。

希尔排序算法可以通过三重循环来实现。外循环是以各种不同的间隔距离 d 进行排序，直到 d=1 为止。中间循环是在某一个 d 值下对各组进行排序，它靠一个布尔变量进行控制，如果在某个 d 值下发生了记录的交换，则需要继续循环，直到各组内均无记录的交换为止。也就是说，这时各组内已完成了排序任务。内循环是从第一个记录开始，按某个 d 值为间距进行组内比较。如果有逆序，则进行交换。算法描述如下：

```
ShellSort(Recordnode r[],int n)
{    /*用希尔排序法对一个记录 r[]排序*/
     int i,j,d;
     int bool;
     int x;
     d=n;
     do{
         d=[d/2];
         bool=1;
         for(i=1;i<=L.length-d;i++)
         {
             j=i+d;
             if(r[i]>r[j])
                 x=r[i];
                 r[i]=r[j];
                 r[j]=x;
                 bool=0;
         }
       }while(d>1)
}
```

通过分析直接插入排序算法可以知道，当待排序的序列中记录个数比较少时或者序列接近有序时，直接插入排序算法的效率比较高，希尔排序法正是基于这两点考虑。开始排序时，由于选取的间隔值比较大，各组内的记录个数比较小，所以组内排序就比较快。在以后的排序中，虽然各组中的记录个数增多，但是通过前面的多次排序使组内的记录越来越接近于有序，所以各组内的排序也比较快。

希尔排序的速度一般要比直接插入排序快，希尔排序的平均比较次数和平均移动次数都是 $n^{1.3}$ 左右，但希尔排序是一个较复杂的问题，因为其时间复杂度是依赖于所取增量序列，一般认为是 $O(n\log_2 n)$。希尔排序是一种不稳定的排序。

9.2.2 冒泡排序

冒泡排序是一种比较简单常用的排序方法。其基本思想是：将待排序的序列中第一个记录的关键字 r1.key 与第二个关键字 r2.key 进行比较（从小到大），如果 r1.key>r2.key，则交换 r1 和 r2 记录序列中的位置，否则不交换，然后对当前序列中的第二个记录和第三个记录作同样的比较，依此类推，直到序列中最后两个记录处理完为止，这样一个过程就称为一次冒泡排序。

通过一次冒泡排序，使得待排序的 n 个记录中关键字最大的一个记录排在序列的最后一个位置；然后再对序列中的前 n–1 个记录进行第二次冒泡排序，使得关键字次大的记录排到序列的第 n–1 位置。重复进行冒泡排序，对于具有 n 个记录的序列进行 n–1 次冒泡排序后。序列的后 n–1 个记录已按关键字从小到大的进行排序，那么剩下的第一个记录必定是关键字最小的记录，所以此时整个序列已经是一个有序排列。另外，如果进行了某次冒泡排序后，没有记录交换位置，这就表明此序列已经是一个有序序列，此时排序即可结束。冒泡排序算法描述如下：

```
Bubblesort(Recordnode r[],int n)
/*用冒泡排序法对 r[]排序*/
{
    int i,j,flag;
    int temp;
    flag=1;
    for(i=1;i<n&&flag==1;i++)
    {
        flag=0;
        for(j=0;j<n-i;j++)
        {
            if(r[j].key>r[j+1].key)
            {
                flag=1;
                temp=r[j];
                r[j]=r[j+1];
                r[j+1]=temp;
            }
        }
    }
}
```

算法说明：在该算法中待排序的序列中的 n 个记录顺序存储在 *r*[]中，外层的 for 循环是控制排序执行的次数，内层的 for 循环用于控制在一次排序中相邻记录的比较和交换。而 flag=1 时，表示在这次循环中至少进行了一次交换；反之，如果 flag=0，表示在这次排序过程中，没有记录交换位置。

【例 9-4】利用冒泡排序算法对数据排序。

有 8 个记录，它的初始关键字序列为{5，7，3，8，2，9，1，4}，用冒泡排序对它进行排序。[…]为有序区间。过程如下：

初始关键字序列：5，7，3，8，2，9，1，4
第一次冒泡排序：5，3，7，2，8，1，4，[9]
第二次冒泡排序：3，5，2，7，1，4，[8，9]
第三次冒泡排序：3，2，5，1，4，[7，8，9]
第四次冒泡排序：2，3，1，4，[5，7，8，9]
第五次冒泡排序：2，1，3，[4，5，7，8，9]
第六次冒泡排序：1，2，[3，4，5，7，8，9]
第七次冒泡排序：1，[2，3，4，5，7，8，9]
最后结果序列：　[1，2，3，4，5，7，8，9]

算法说明：冒泡算法的执行时间与序列的初始状态有很大关系。假设在原始的序列中，记录已经是有序排列，则比较次数为 n–1，交换次数为 0；反之，如果原始序列中，记录是“反序”

排列的，则总的比较次数为 $n*(n-1)/2$，总的移动次数为 $3*n*(n-1)/2$，所以可以认为冒泡排序算法的时间复杂度为 $O(n^2)$。

9.2.3 快速排序

快速排序是由冒泡排序改进得到的，是一种分区交换排序方法。其基本思想是：一趟快速排序采用从两头向中间扫描的方法，同时交换与基准记录逆序的记录。在待排序的 n 个记录中任取一个记录（通常取第一个记录），把该记录放入最终位置后，序列被这个记录分割成两部分，所有关键字比该记录关键字小的放置在前一部分，所有比它大的放置在后一部分，并把该记录排在这两部分中间，这个过程称为一趟快速排序。之后对所分的两部分分别重复上述过程，直至每部分内只有一个记录为止。

简单来说，每趟使表第一个元素入终位，将表一分为二，对子表按递归方式继续这种划分，直至划分的子表长为 1。

具体做法是：设两个指示器 i 和 j，它们的初值分别为指向无序区中第一个和最后一个记录。假设无序区中记录为 $r[l]$，$r[l+1]$，…，$r[h]$，则 i 的初值为 l，j 的初值为 h，首先将 $r[l]$移至变量 x 中作为基准，令 j 自 h 起向左扫描至 $r[j]<x$ 时，将 $r[j]$移至 i 所指的位置上，然后令 i 自 $i+1$ 起向右扫描至 $r[i]>x$ 时，将 $r[i]$移至 j 所指的位置上，然后 j 自 $j+1$ 起向左扫描至 $r[j]<x$，依次重复，直至 $i=j$，此时所有 $r[s]$（$s=l$，$l+1$，$l+2$，…，$i-1$）的关键字都小于 x，而所有 $r[t]$（$t=j+1$，$j+2$，…，h）的关键字必大于 x，则可将 x 中的记录移至 i 所指位置 $r[i]$，它将无序中的记录分割成 $r[l \cdots i-1]$和 $r[i+1 \ldots h]$，以便分别进行排序。快速排序算法描述如下：

```
void quicksort(Recordlist &L,int low,int high)
{   /*递归实现*/
    if(low<high)
    {
      partition(L,low,high);
      if(Le_low<Le_high) quicksort(L,low,le_high);
      if(Ri_low<Ri_high) quicksort(L,Ri_low,high);
    }
    }
int Partition(Recordnode r[],int low,int high)
{   /*进行一趟快速排序，使一个记录到位*/
    int Le_low,Le_high,Ri_low,Ri_high;
    int x,i,j;                    /*定义一个临时变量*/
    i=low;
    j=high;                       /*用 r[0…m…length-1]存放关键字*/
    x=r[i];
    while(i<j)
    {
        while(i<j&&r[j].key>=r[0])
            --j;
            r[i]=r[j];            /*将关键字比 x 小的记录移到前面*/
        while(i<j&&r[j].key<=r[0])
            ++i;
            r[j]=r[i];            /*将关键字比 x 大的记录移到后面*/
    }
    L,r[i]=x;
    Le_low=m;
    Le_high=i-1;
```

```
    Ri_low=j+1;
    Ri_high=j;
    Return(Le_low,Le_high,Ri_low,Ri_high);
}
```

【例 9-5】 利用快速排序算法对数据排序。

有以下数据序列：28，19，27，48，56，12，10，25，20，50，对其进行一趟快速排序。过程如下：

初始关键字：28 19 27 48 56 12 10 25 20 50　x=28
（选 28 作为基准）
↑ i　↑ j

进行一次交换后：20 19 27 48 56 12 10 25 28 50
↑ i　↑ j

进行二次交换后：20 19 27 28 56 12 10 25 48 50
↑ i　↑ j

进行三次交换后：20 19 27 25 56 12 10 28 48 50
↑ i　↑ j

进行四次交换后：20 19 27 25 28 12 10 56 48 50
↑ i　↑ j

进行五次交换后：20 19 27 25 10 12 28 56 48 50
↑ i　↑ j

完成一趟排序后：20 19 27 25 10 12 28 56 48 50
↑↑ i j

上面数据序列快速排序的全过程示意：

① 以 28 为基准。

第一趟快速排序后：{20 19 27 25 10 12} 28 {56 48 50}

② 分别以 20、56 为基准。

快速排序后：{12 19 10} 20 {25 27} 28 {50 48} 56

③ 以 12、25、50 为基准。

快速排序后：10 12 19 20 25 27 28 48 50 56

最后排序结果为：[10 12 19 20 25 27 28 48 50 56]

通常情况下，快速排序有非常好的时间复杂度，它优于各种算法，其平均时间复杂度为 $O(n.\log_2 n)$。但是在原始数据有序的情况下，此算法就退化为冒泡排序 $O(n^2)$。原因是没有产生将表一分为二的效果，未达到预期目的，所以导致算法恶化。为避免恶化，可以改造原始数据的分布，具体做法是：每趟取"头"、"中"、"尾"三元素，将三者的值居中的放置在第一位，然后开始上述的一趟算法。实际操作时需要具体问题具体分析，对数据分布进行摸底，以决定是否进行上述措施。

在进行快速排序时，有两点需要注意的是：第一，当递归算法执行比较慢时，可转化成非递归形式；第二，当记录个数 n 很小时，用快速排序算法并不合算，一般 $n>20$ 以上才有考虑的必要。另外，快速排序是一种不稳定的排序方法。

9.2.4 选择排序

1. 直接选择排序

直接选择排序是一种简单选择排序方法，但是速度较慢。其基本思想是：从待排序的所有记录中，选取关键字最小的记录并将它与原始序列的第一个记录交换位置，然后从去掉关键字最小的记录的剩余记录中选择关键字最小的记录与原始记录的第二个记录交换位置。即每一趟排序在无序区 $n-i+1$（i=1，2，…，n-1）个记录中选取关键字最小的记录，并和第 i 个记录交换之。其算法描述如下：

```c
void SelectSort(Recordnode r[],int n)
{
    int i,j,k;
    int w;
    for(i=1;i<=n-1;i++)
    {
        k=i;
        for(j=i+1;j<=n;j++)
        {
            if(r[j]<r[k])k=j;
            w=r[i];
            r[i]=r[k];
            r[k]=w;
        }
    }
}
```

【例 9-6】 利用直接选择排序算法对数据排序。

设有 8 个待排序记录，对其进行直接选择排序。[…]为有序区间；{…}为无序区间。过程如下：

排序前初始关键字序列：	{49	34	39	34	64	3	19	40}
第一次排序结果：	[3]	{34	39	34	64	49	19	40}
第二次排序结果：	[3	19]	{39	34	64	49	34	40}
第三次排序结果：	[3	19	34]	{39	64	49	34	40}
第四次排序结果：	[3	19	34	34]	{64	49	39	40}
第五次排序结果：	[3	19	34	34	39]	{49	64	40}
第六次排序结果：	[3	19	34	34	39	40]	{64	49}
第七次排序结果：	[3	19	34	34	39	40	49]	{64}
最后结果：	[3	19	34	34	39	40	49	64]

通过上述算法，找到关键字最小的记录需要进行 $n-1$ 次比较，找出关键字次小的记录需要比较 $n-2$ 次，……，找到第 i 个记录需比较 $n-i$ 次，因此。总的比较次数为

$$(n-1)+(n-2)+\cdots+2+1=n(n-1)/2\approx n^2/2$$

故直接选择排序的时间复杂度为 $O(n^2)$。这里有一个问题值得读者思考：从 n 个元素中找出最小的比较次数为 $n-1$；而从余下的 $n-1$ 个元素中找出次小的是否一定要 $n-2$ 次比较呢？对算法

进行相应改进，可以减少比较的次数，避免重复操作。树形选择排序就是对直接排序的改进方法之一。

树形选择排序的算法思想：先将待排序的 n 个记录的关键字两两进行比较，取出较小者。然后在[n/2]个较小者中，再用同样的方法比较选出每对中的较小者，如此反复，直到选出最小关键字的记录为止。这个序列排序的过程可以用一棵树来表示：19_1，1，23，27，55，19_2，84，14，这一排序中第一趟取最小的过程如图 9-1 所示。

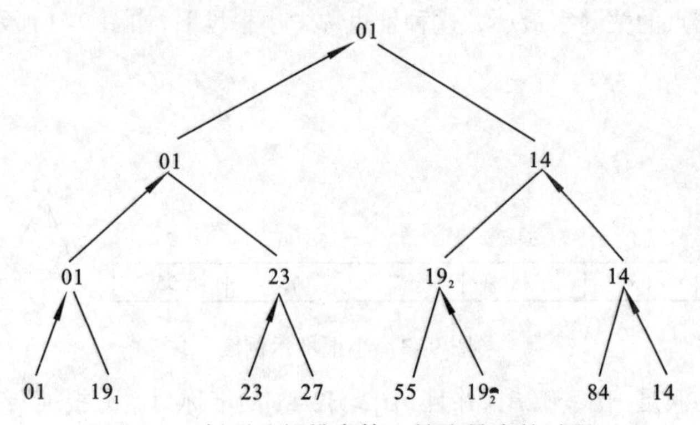

图 9-1　树形选择排序第一趟取最小的过程

树形选择排序的具体操作是：树中的叶子结点代表待排序记录的关键字。上面一层分支结点是叶子结点或下层分支结点两两比较取较小的结果，依此类推，树根表示最后选择出来的最小关键字 01。下一步在选择次小关键字时，只需要将原叶子结点中的最小关键字改为无穷大，如图 9-2 所示。

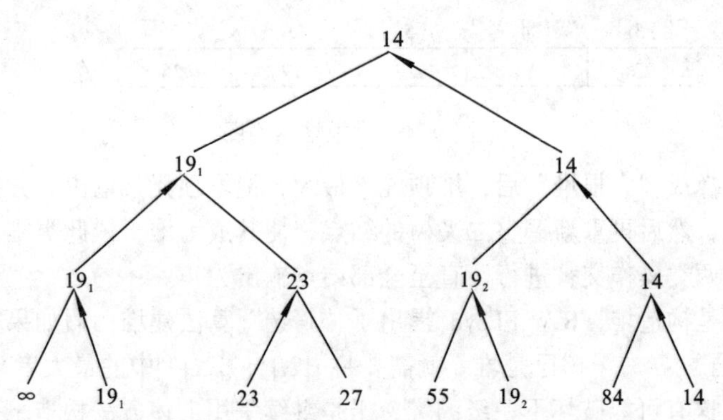

图 9-2　树形选择排序第二趟取次小的过程

重复上次的比较方法即可得到次小关键字 14……在树形选择排序的过程中，被选中的关键字都是走了一条由叶子到根的比较过程。因此，其时间复杂度为 $O(n*\log_2 n)$。但需要增加额外的存储空间存放中间比较结果和排序结果，具体实现有困难。因此，树形选择排序一般不是用来排序，而是用来证明某些问题。

2．堆排序

堆排序是在直接选择排序法的基础上利用完全二叉树结构形成的一种排序方法。从数据结构的观点看，堆排序是完全二叉树的顺序结构的应用。堆排序对树形选择排序提出了改进，其总的比较次数达到树形选择排序的水平，同时只须一个记录大小的额外辅助空间。堆排序是在排序过程中，将向量中存储的数据看成是一棵完全二叉树顺序存储结构，利用完全二叉树中的父结点和孩子结点之间的内在关系来选择关键字最小的记录。

具体做法是：把待排序文件的关键字存放在数组 $r[1...n]$中，将 r 看做一棵二叉树，每个结点表示一个记录，源文件的第一个记录 $r[1]$作为二叉树的根，以下各记录 $r[2...n]$依次逐层从左到右顺序排列，构成一棵完全二叉树，任意结点 $r[i]$的左孩子是 $r[2i]$，右孩子是 $r[2i+1]$，双亲是 $r[\lceil i/2 \rceil]$。

对这棵完全二叉树的结点进行调整，使各结点的关键字值满足下列条件：

$$r[i] \leqslant r[2i] \text{且} r[i] \leqslant r[2i+1]$$

即每个结点的值均大于或小于它的两个子结点的值，称满足这个条件的完全二叉树为堆树。显然这个"堆树"中根结点的关键字最小，这种堆也称"小根堆"，如图 9-3 所示。

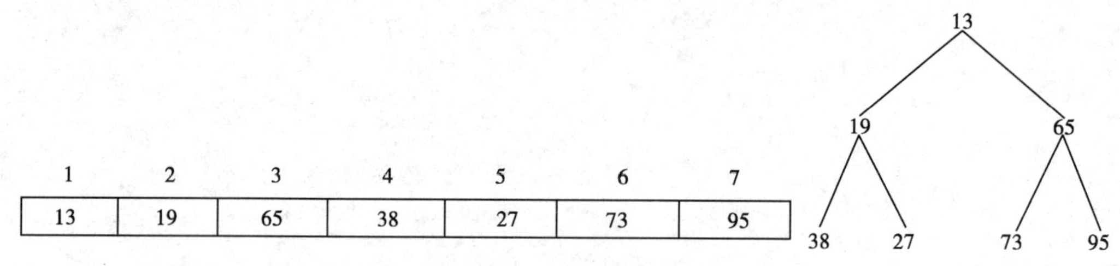

图 9-3　小根堆示例图

各结点的关键字满足 $r[i] \geqslant r[2i]$，并且 $r[i] \geqslant r[2i+1]$的堆称为"大根堆"，如图 9-4 所示。"大根堆"根结点的关键字值最大，也称堆顶元素。

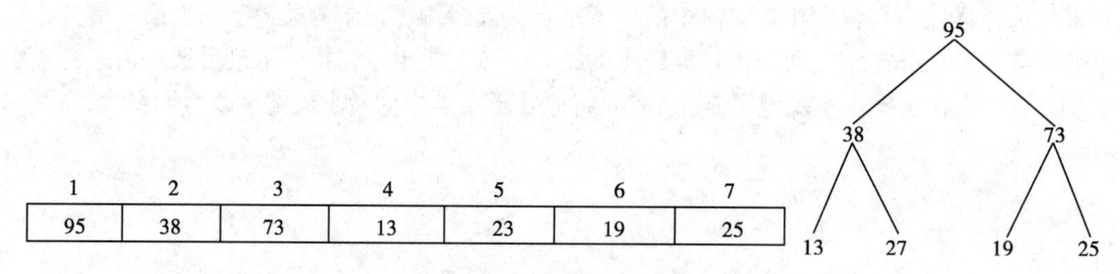

图 9-4　大根堆示例图

当把二叉树转换成"大根堆"后，堆顶元素最大，把堆顶元素输出，并把堆底最后一个元素换到二叉树的根上，然后再重新调整二叉树的结点，使其成为堆。依此类推，输出堆顶元素，而后再重新恢复堆，两类操作交替进行，直至全部结点输出为止。

堆排序的关键是构造堆，R.W.FLoyd 提出了"筛选"算法建堆：假如果完全二叉树的某一个结点 i 对于它的左子树、右子树已是堆。就需要将 $r[2i]$与 $r[2i+1]$中的最大者与 r[i].key 比较，如果 r[i].key 小则交换，这有可能破坏下一级的堆，于是继续采用上述方法构造下一级的堆。大者"上浮"，小者被"筛选"下去。

初建堆时是整体调整，而恢复堆最多是从根到叶子的局部调整。有了初建堆的筛选算法，利用此算法，将已有堆中的根与最后一个叶子交换，输出根结点后，进一步恢复堆，直到一棵树只剩一个根为止。这就是堆排序的全部过程，其算法如下：

```
void HeapSort(Recordnode r[] int n)
{
   int l;
   int w;
   for(l=n/2;l>=1;l--)
      sift(r,l,n);
   for(l=n;l>=2;l--)
      {w=r[l];
      r[l]=r[1];
      r[1]=w;
```

```
        sift(r,1,l-1);
    }
}
/*筛选算法*/
void sift(Recordnode r[],int l,int m)
{
    int i,j,x;
    i=l;j=2*i;x=r[i];
    while(j<=m)
    {
        if(j<m&&r[j]<r[j+1])  j++;
        if(x<r[j])
        {
            r[i]=r[j];
            i=j;
            j=2*i;
        }
        else  j=m+1;
    }
    r[i]=x;
}
```

【例 9-7】 利用“大根堆”排序算法对数据排序。

采用数组来存储数据，利用“大根堆”排序法将下列待排序列进行排序，假设一数组的原始数据为：

结点	①	②	③	④	⑤	⑥	⑦	⑧	⑨
数据	78	14	8	89	25	71	44	68	33

用完全二叉树表示如图 9-5 所示。

操作从[*n*/2]的位置开始，将[*n*/2]位置的元素与其他两个子结点中最大的元素相比较，如果[*n*/2]位置元素较大，则不必交换；否则，与其交换。如果操作位置为 1 则停止。

以上面的二叉树为例，从[9/2]=4 开始，将结点 4 的元素 89 分别与其子结点 8 和 9 的值 68 和 33 中较大的相比较，因为 89>69，所以不必交换。然后再检查结点 4 的上一个结点 3，因为结点 3 的值 8 小于其子结点两个值较大的 71，所以结点 3 与结点 6 需要互换。交换结果如图 9-6 所示。

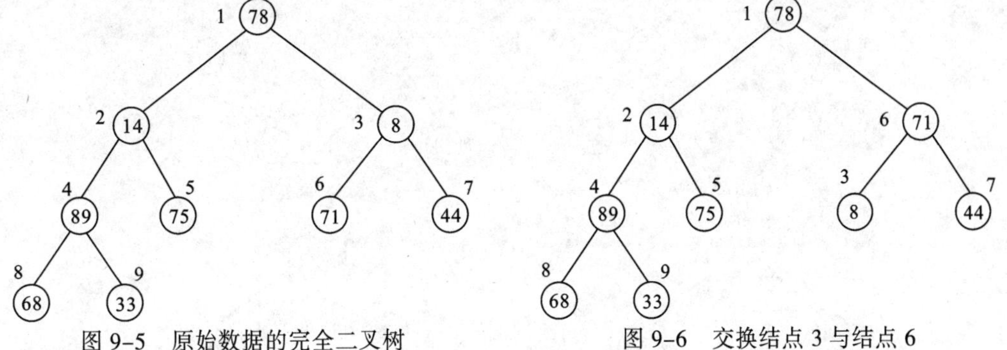

图 9-5 原始数据的完全二叉树　　图 9-6 交换结点 3 与结点 6

再检查结点 2，因为结点 2 的值 14 小于其子结点两个值较大的结点 4 的值 89，所以结点 2 与结点 4 的值需要互换，又因为结点 2 的值 14 小于结点 8 的值 68，所以交换结点 2 与结点 8 的位置交换，结果如图 9-7 所示。

接着检查结点 1，因为结点 1 的值 78 小于其子结点两个值中较大的为 89，所以结点 1 与结点 4 的值需要互换，交换结果如图 9-8 所示，最后的堆树就生成了，接下来就可以进行排序了。

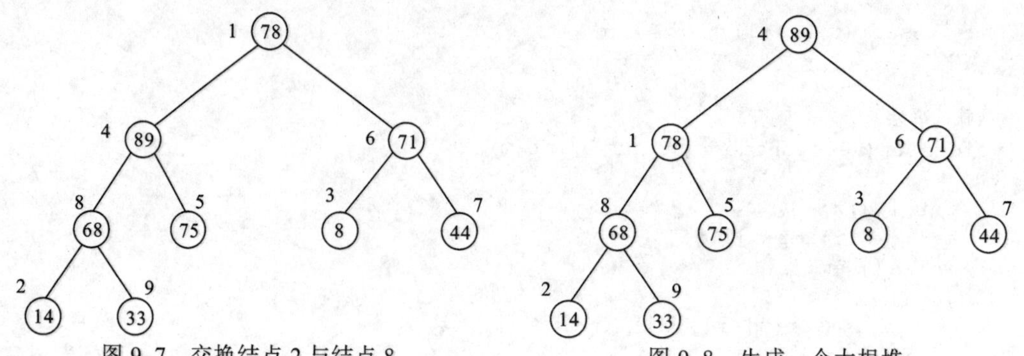

图 9-7　交换结点 2 与结点 8　　　　图 9-8　生成一个大根堆

假设从大到小排序，现在堆树的树根是整个序列最大的元素，所以要将树根输出。将树根元素输出后，再将堆树的最后一个元素交换到堆根的位置，结果如图 9-9 所示。

这时二叉树不再是一个堆树，再重复上面的操作，将树根结点 33 与其子结点的值比较，因为 33 小于其子结点的中较大值 78，所以 33 与 78 交换。又因为结点 33 比 75 小，所以 33 再与 75 交换。交换结果如图 9-10 所示，又生成了一个大根堆。

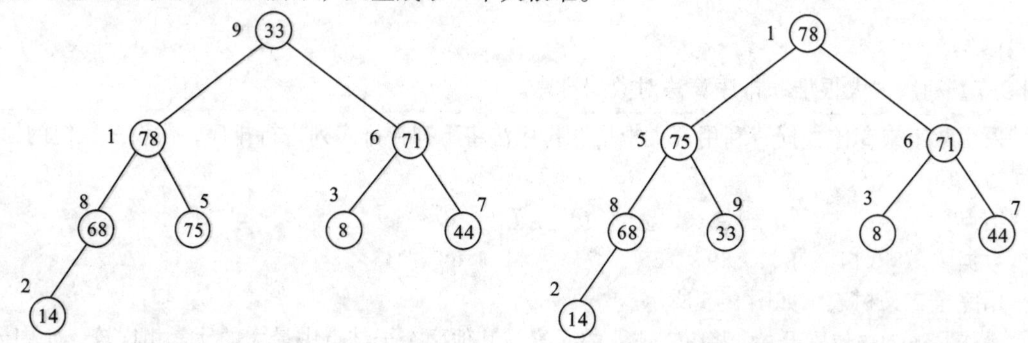

图 9-9　输出根结点 89　　　　图 9-10　重新调整成一个大根堆

再输出根结点 1 的值 78，将最后的堆树的最后一个结点 2 交换到堆根的位置。重复上面的步骤，输出结点和调整过程如图 9-11 所示。

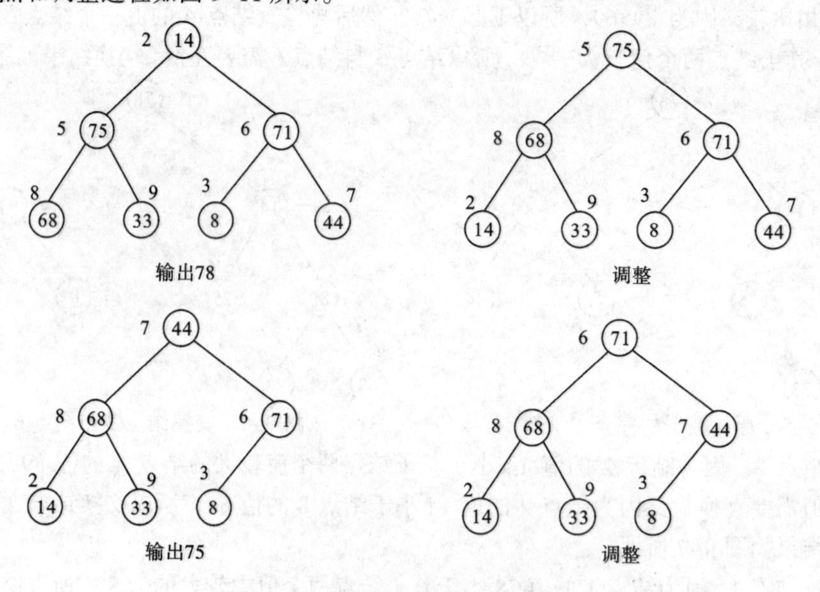

图 9-11　堆排序的输出和调整过程

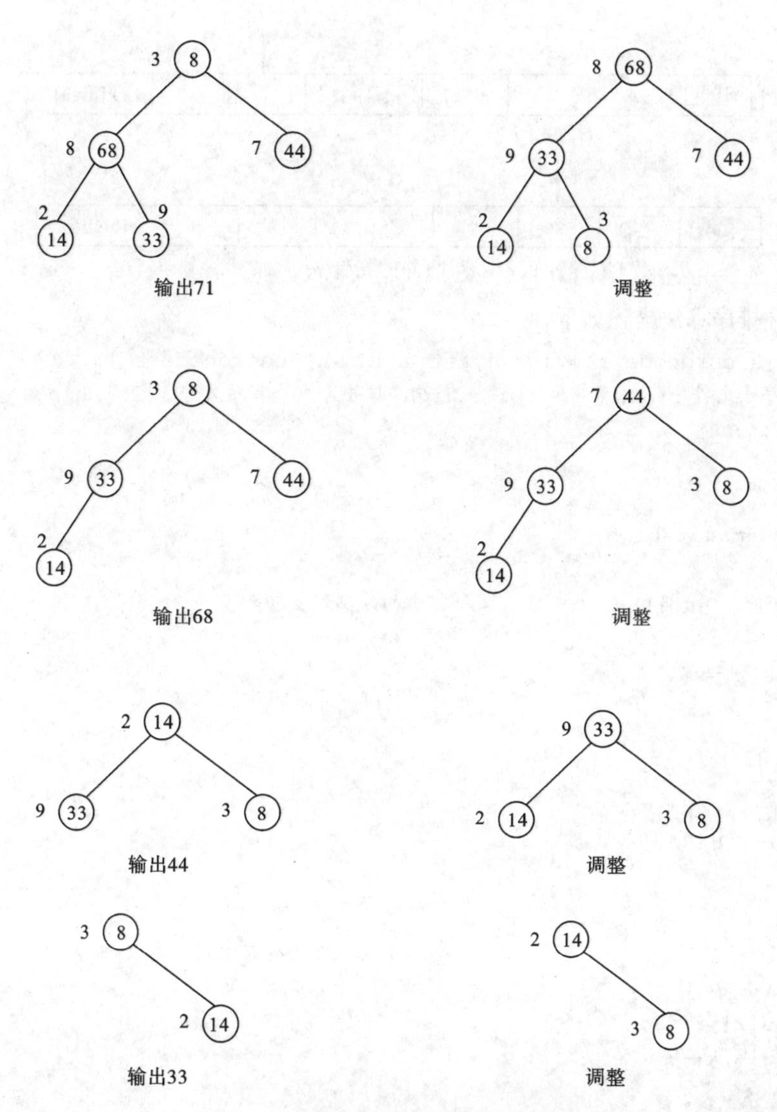

图 9-11　堆排序的输出和调整过程（续）

接着输出结点 2（14），最后输出结点 3。这样最后得到一个从大到小的序列：

（89，78，75，71，68，44，33，14，8）

堆排序的一个突出优点是：在空间方面很节约，只需要存放一个记录的辅助空间，所以称为原地排序。然而堆排序是一种不稳定的排序方法，堆排序的算法时间是由建立初始堆和不断调整堆两部分时间构成的，可以证明堆排序的时间复杂度为 $O(n*\log n)$。

9.2.5　归并排序

将两个或两个以上的已排序文件合并成一个有序文件的过程称为归并。归并排序就是用归并的方法来进行排序。因此，在介绍归并排序之前，先来看看如何把两个有序文件归并成一个有序文件。这种归并过程很简单，但需要开辟一个数组存储空间。*r*[low]到 *r*[*m*]和 *r*[m+1]到 *r*[high]时存储在同一个数组的两个有序的子文件，要将它们合并为一个有序文件 *s*[low...high]，只要设置 3 个指针 *i*、*j*、*k*，其初始值分别是这 3 个记录序列的起始位置，如图 9-12 所示。

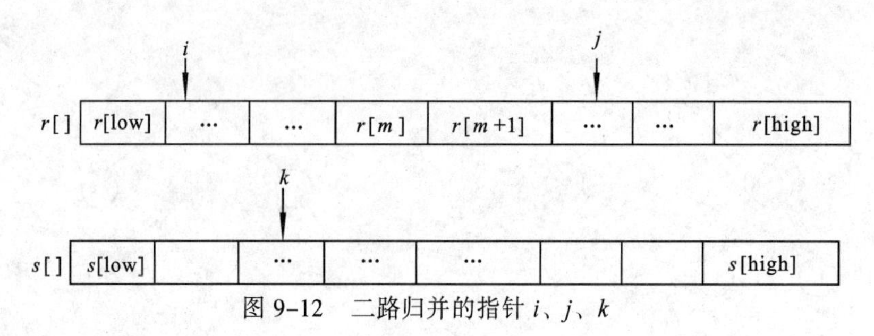

图 9-12　二路归并的指针 i、j、k

一次二路归并排序算法描述如下；

```
void Merge(Recordnode r[],int l,int m,int h,Recordnode s[])
{/*将两个有序子文件 r[low…m]和 r[m+1…high]归并为一个有序文件 s[low…high]*/
   int k,i,j;
   k=l;i=l;
   j=m+1;
   while(i<=m&&j<=high)
   {
      if(r[i]<=r[j])              /*取小的复制到 s 中*/
      {
         s[k]=r[i];
         i++;
      }
      else
      {s[k]=r[j];j++;}
      k++;
   }
   if(i>m)
      while(j<=h)                 /*第二个子文件还有剩余记录未复制*/
      {
         s[k]=r[j];
         j++;k++;
      }
   else
      while(i<=m)                 /*第一个子文件还有剩余记录未复制*/
      {
         s[k]=r[i];
         i++; k++;
      }
}
```

算法说明：合并时依次比较 $r[i]$和 $r[j]$的关键字，取关键字较小的记录复制到 s[]中，然后将指向被复制记录的指针加 1 和指向复制位置的指针加 1，重复这一过程，直至全部记录被复制到 s[low…high]中为止。

二路递归排序是对原始序列进行若干次二路归并排序。在每次二路归并排序中，其子序列的长度是上次子序列长度的两倍，当子序列的长度大于等于 n 时，排序结束。

再介绍具有 n 个记录的文件的归并排序问题，可以把源文件中的 n 个记录看成是 n 个子文件，每个文件只有一个记录，因此，这 n 个子文件都是有序的，这样便可利用归并算法把这 n 个有序文件两两归并。经过一趟归并后，每个子文件包含两个记录，如果 n 为奇数时，有一个只包含一个记录的子文件，然后继续两两归并下去，最后便得到一个包含全部 n 个记录的有序文件。一趟归并排序算法描述如下：

```
void passmerge(recordnode x[],recordnode s[],int n,int L)
{
    int i=1,j;
    while(i+2*L-1<=n)
    {/*依次对相邻有序子表进行归并*/
        merge(x,s,i,i+L-1,i+2*L-1);
        i=i+2*L;
    }
    if(i+L-1<=n)
        Merge(x,s,i,i+L-1,n);                    /*长度不足L的子表*/
    else
        for(j=i;j<=n;j++)s[j]=x[j];
}
```

二路归并算法描述如下：

```
void Mergesort(recordnode x[],recordnode s[],int n)
{
    int  i,len;
    len=1;
    while(len<n)
    {
        passmerge(r,s,n,len);
        for(i=1;<=n;i++)
        r[i]=s[i];
        len=len*2;
    }
}
```

【例 9-8】 利用归并排序算法对数据排序（一）。

有一个包含 10 个记录的待排序列，其关键字值为：26 5 77 1 61 11 59 15 48 19，采用归并算法对其排序。

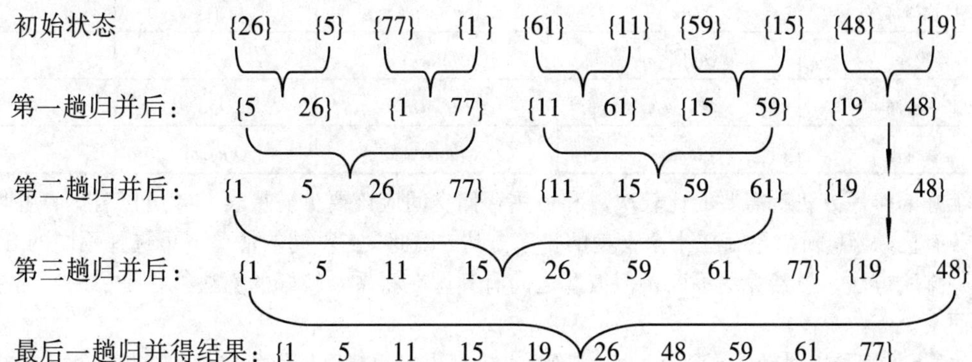

【例 9-9】 利用归并排序算法对数据排序（二）。

有一个包含 7 个记录的待排序列，其关键字值为：26 5 77 1 61 11 48，采用归并算法对其排序（n 为奇数）。

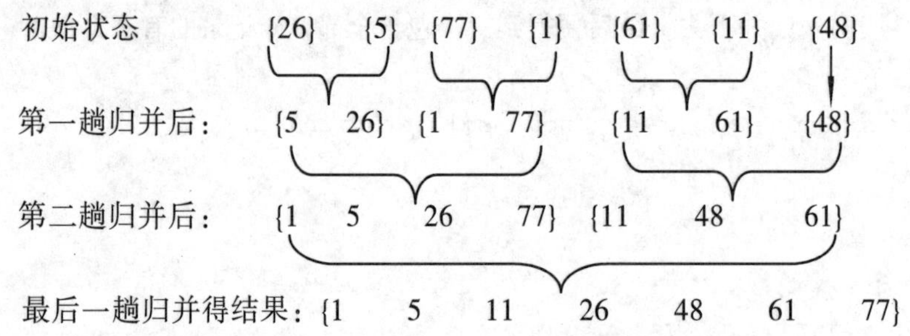

最后一趟归并得结果：{1 5 11 26 48 61 77}

由于在归并排序过程中主要操作是有秩序的复制记录，因此它是一种稳定的排序算法。上面的插入排序可以看成归并排序的一个特例。一般情况下，归并排序法的效率介于快速排序和堆排序之间，但在归并过程中需要 $O(n)$级辅助空间，这是它的不足之处。

9.3　内部排序方法比较

选取排序方法时需要考虑以下几个因素：

① 待排序的记录数 n，即参加排序的数据的规模。

② 一条记录所带的信息量大小。

③ 对排序稳定性的要求。

④ 关键字的分布情况。

⑤ 算法的时间复杂度和空间复杂度情况。

比较在 9.2 节中介绍的几种内部排序方法，其结果如表 9-4 所示。

表 9-4　几种内部排序方法的比较表

方　法	平均时间	最坏情况	辅助空间	稳定性
直接插入排序	$O(n^2)$	$O(n^2)$	$O(1)$	√
折半插入排序	$O(n^2)$	$O(n^2)$	$O(1)$	√
希尔排序	$O(n^{1.3})$	$O(n^{1.4})$	$O(1)$	×
快速排序	$O(n\log n)$	$O(n^2)$	$O(\log n)$	×
直接选择排序	$O(n^2)$	$O(n^2)$	$O(1)$	√
堆排序	$O(n\log_2 n)$	$O(n\log n)$	$O(1)$	×
归并排序	$O(n\log_2 n)$	$O(n\log n)$	$O(n)$	√
基数排序	$O(d(n+rd))$	$O(d(n+rd))$	$O(n+rd)$	√

一个好的排序方法所需要的比较次数和占用存储空间应该要少。从表 9-4 可以看出，各种排序方法各有优缺点，所以不存在十全十美的排序方法。因此，在不同的情况下可选择不同的方法。另外几种排序方法，虽然算法不同，但彼此之间有其内在联系，较好的算法往往是由一些简单算法演化而来。

① 插入排序的主要动作是移动，由直接插入排序先粗后精思想优化成希尔排序，插入排序多用于参加排序的规模比较小，关键字分布可能为正序或随机的情况，并且对排序的稳定性有要求。

② 起泡排序的主要思想是交换，经过采用分而治之演化成快速排序；快速排序多用于参加排序的数据规模比较大，关键字的分布比较随机，对排序稳定性没有要求的情况。

③ 归并排序多用于参加排序的规模比较大，内存空间又允许，并对排序稳定性没有要求的情况。

④ 选择排序经过筛选和采用树形结构变成二叉树排序，然后再对树中结点排序演化成堆排序。选择排序用于参加排序的规模较小，对排序的稳定性不作要求的情况。

以上排序都是基于比较、交换的思想，与之相对应的基数排序是基于分配、收集思想。

基数排序是一种按记录关键字的各位值逐步进行排序的方法。基数排序的过程是：把关键字 K 看成是由若干个子关键字 K_1，K_2，…，K_D 所组成，每个子关键字表示关键字的一位，其中 K_1 为最高位，K_D 为最低位，每位的取值都在 $0 \leqslant K \leqslant R$ 范围内，R 称为基数。排序时，先按最低位的值对记录排序；接着在此基础上，再按次低位进行排序，依此类推，由低位向高位。每趟都是根据一个子关键字并在前一趟的基础上对文件中所有记录进行排序，直到最高位，完成最后一趟排序后，便得到一个有序文件。

小　结

排序是数据处理中经常运用的一种重要运算。书中首先介绍了排序的概念和有关知识，然后对插入排序、交换排序、选择排序、归并排序 4 类内部排序方法进行了介绍，分别介绍了各种内部排序方法的基本思想、排序过程和实现方法，简要分析了各种算法的时间复杂度和空间复杂度，在对比各种排序方法的基础上，提出供读者选择的参考建议，最后对外部排序进行了简单的介绍。

排序运算在计算机应用中非常重要，希望读者深刻理解各种内部排序方法的基本思想和特点，熟悉内部排序的过程，熟记各种排序方法的时间复杂度、分析结果和分析方法，以便在实际应用中，根据实际问题的要求，选择合适的排序方法。

习　题　9

1．填空题

（1）下列排序方法中，________方法的比较次数与纪录的初始排列状态无关？

A．直接插入排序　　B．起泡排序　　C．快速排序　　D．直接选择排序

（2）有如下两个序列：

$L1$={25，57，48，37，92，86，12，33}

$L2$={25，37，33，12，48，57，86，92}

用冒泡排序方法分别对序列 $L1$ 和 $L2$ 进行排序，交换次序较少的是序列________。

（3）对序列（80，31，27，56，92，11，42）进行排序，使用直接插入排序方法的比较次数为________；使用冒泡排序法的比较次数________；使用直接选择排序法的比较次数为________；使用快速排序方法的比较次数为________。

2．综合题

下面给出了起泡排序算法，在横线上填写相应算法，使算法正确。

```
(1) TYPE struct
{  int key;
   datatype info;
}node;
   Int I,j;
   Int flag;
   Node X;
   node R[1..n];
```

① [每循环一次作一次起泡]

循环 i 以 1 为步长，从 1 到 n-1，执行下列语句

____

循环 j 以 1 为步长，________，执行

如果________ < R[j].key

则 flag←1;

X←R[j]; ________; R[j + 1]←X

如果________

则跳出循环。

② 算法结束。

（2）有一个关键字序列为：138，219，365，513，206，211，511，276，868，641，试用图表示下列排序方法每一趟结束时的状态。

① 直接插入排序。

② 折半插入排序。

③ 希尔排序。

（3）有一个数据序列（25，50，70，100，43，7，12）。现采用堆排序算法进行排序，写出每趟的结果。

（4）初始输入序列的键值如下：72，73，71，23，94，16，05，68，48，19，26，试采用二路归并排序法进行从小到大的排序，写出该序列在每遍扫描时的合并过程。

（5）有一个关键字序列为：15，2，17，38，9，30，5，12，22，7，19，试用图表示下列排序方法每一趟结束时的状态。

① 快速排序。

② 归并排序。

（6）试举例说明各种内部排序方法中，哪些是稳定的，哪些是不稳定的？

（7）如果待排序的关键字序列为{24，67，11，80，123，3}，给出希尔排序的过程示意图。

（8）判别以下序列是否为堆？如果是，请判断是大根堆还是小根堆；如果不是，则把它调整为堆。

① （13，60，33，65，24，56，48，92，86，56）

② （100，88，40，68，35，39，43，56，65，20）

③ （108，98，54，34，66，23，42，12，30，52，06，20）

④ （05，56，18，22，40，38，29，60，35，76，28，100）

（9）对于下列关键字序列用快速排序法进行排序时，哪种情况速度最快？哪种情况最慢？考虑有 7 个关键字的序列，进行快速排序，最快的情况下需要多少次比较？请说出理由。

① （19，23，3，15，7，21，28）

② （23，21，28，15，19，3，7）

③ （19，7，15，28，23，21，3）

④ （3，7，15，19，21，23，28）

⑤ （15，21，3，7，19，28，23）

（10）证明快速排序是一种不稳定的排序。

（11）如果待排序的关键字序列为（113，96，55，43，67，32，46，11，30，51），给出用归并排序进行排序的过程示意图。

（12）从时间代价和空间代价出发，说明本章中各种排序方法的特点。

第10章 递归

递归是软件设计中算法设计的一个重要方法和技术，是一种功能强大的解决问题的工具，使用递归能更容易地表示算法，但要注意不要产生无限循环的循环逻辑。递归子程序是通过调用自身来完成与自身要求相同的子问题的求解，并利用系统内部功能自动实现调用过程中信息的保存与恢复，因而省略了程序设计中的许多细节操作，简化了程序设计过程，使程序设计人员可以集中注意力于主要问题的求解上。在数据结构的后续课程中将会遇到许多关于递归的算法。

10.1 递归的定义与类型

递归是一种功能很强的程序设计工具，许多程序设计语言都支持递归。

10.1.1 递归的定义

递归就是一个事件或对象部分的由自己组成，或者按它自己定义，递归构成应具备两个条件:

① 子问题与原始问题作同样的事情。

② 不能无限制地调用本身，必须有一个出口。

举一个简单的例子。例如，定义一个人的后代如下：

① 这个人的子女是他的后代。

② 这个人的子女的后代也是他的后代。

这个定义不只是对这个人和他的子女适用，对他子女的后代也适用。

递归算法包括递推和回归两部分：

① 递推：为得到一个问题的解，将其转变为比原来问题简单的问题的求解。使用递推时应注意到，递推应有终止时，如 $n!$，当 $n=0$，$0!=1$ 为递推的终止条件。

② 回归：是指当简单问题得到解后，回归到原问题的解上。例如：在求 $n!$ 时，当计算完 $(n-1)!$ 后，回归到计算 $n*(n-1)!$ 上。但是在使用回归时应注意，递归算法所涉及的参数与局部变量是有层次的，回归并不引起其他动作。

10.1.2 递归的类型

递归函数又称自调用函数，递归函数（或过程）通过直接或间接调用自己的算法，又称递归算法。递归过程是利用栈的技术，通过系统自动完成的。常见的递归方法有两种：一是间接递归，二是直接递归。

1. 直接递归

直接递归是指函数直接调用本身，如图 10-1 所示。

```
A()
{…
    CALL  A()
          …}
```

图 10-1　直接递归

2. 间接递归

间接递归是指一个函数如果在调用其他函数时，又产生了对自身的调用，如图 10-2 所示。

```
A()                    B()
{…                     {…
    CALL  B()              CALL  A()
       …  }                   … }
```

图 10-2　间接递归

递归的工作方式是将原始问题分割成较小的问题，解决问题的步骤是自上而下。每个小问题与原始问题具有相同的结构和解决方式，只是处理时参数不同。

10.2　递归应用举例

在这里介绍两种较典型的递归方法的应用。

10.2.1　汉诺塔问题

汉诺塔问题是一个比较典型的递归问题，设有 3 个命名为 *A*、*B*、*C* 的塔座，在塔座 *A* 上插有 *n* 个直径各不相同从小到大依次编号为 1,2,3,…,*n* 的圆盘，编号越大的圆盘直径越大。现要求将 *A* 轴上的 *n* 个圆盘全部移至塔座 *C* 上并仍按同样顺序叠放，并且圆盘移动时必须遵循下列规则：

① 每次只能移动一个圆盘。

② 圆盘可以插入在 *A*、*B*、*C* 的任一个塔座上。

③ 移动圆盘时大圆盘不能压在小圆盘之上。

这个问题可以用递归方法考虑，设 n=3，当 n 等于 1，问题可直接求解，即将编号为 1 的圆盘从塔座 *A* 直接移至 *C*，当 n=3 时，则按照上述的移动规则，其移动的过程如图 10-3 所示。

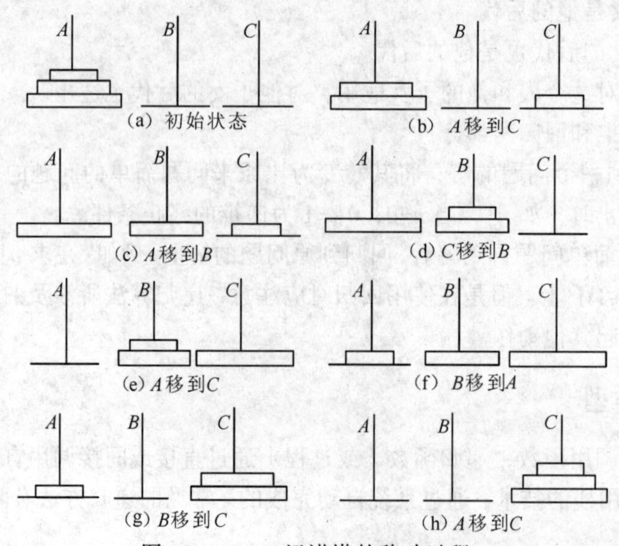

图 10-3　n=3 汉诺塔的移动过程

因此，当 n=3 时，移动次序如下：

① 将圆盘从塔座 *A* 移动到塔座 *C* 上。

② 将圆盘从塔座 *A* 移动到塔座 *B* 上。

③ 将圆盘从塔座 *C* 移动到塔座 *B* 上。

④ 将圆盘从塔座 *A* 移动到塔座 *C* 上。

⑤ 将圆盘从塔座 *B* 移动到塔座 *A* 上。

⑥ 将圆盘从塔座 *B* 移动到塔座 *C* 上。

⑦ 将圆盘从塔座 *A* 移动到塔座 *C* 上。

对于 n>1 的问题，可以分解成下列 3 个子问题：

① 将塔座 *A* 顶端的 n–1 个圆盘通过塔座 *C* 移动到塔座 *B*。

② 将塔座最后一个圆盘，移到塔座 *C*：*A*->*C*。

③ 将塔座 *B* 顶端的 n–1 个圆盘通过 *A* 移到塔座 *C*。

用 n=6 来说明这个问题，将塔座 *A* 的塔座顶端的 5 个圆盘移到塔座 *B*，然后将塔座 *A* 的最后一个圆盘移到塔座 *C*，再将塔座 *B* 顶端的 5 个圆盘移到塔座 *C* 上，移动过程如图 10–4 所示。

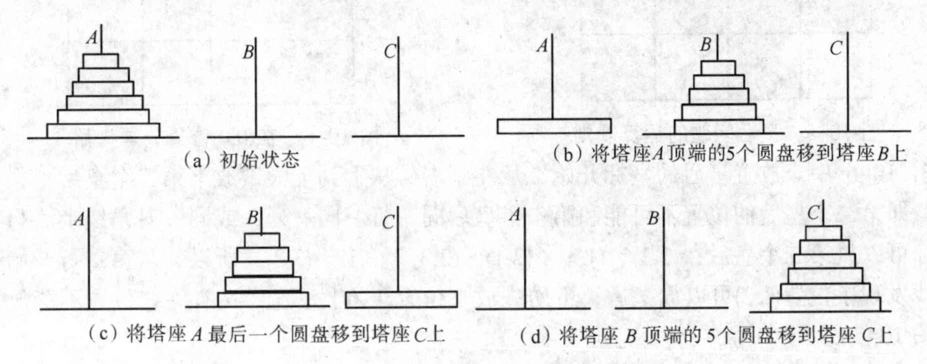

图 10–4　n=6 时圆盘的移动过程

由上面 3 个子问题可以看出，第一个问题和第三个问题已经构成递归调用，且问题也比较简单，即从 n 个圆盘变成了 n–1 个圆盘的问题。而递归的终止条件，也就是在 n=1 时，就是在第二个子问题上，不必继续递归下去了，直接输出移动方向即可，所以整个过程可以分成两类操作：

① 将 n–1 个盘子从一个塔座移到另一个塔座上，这是一个递归过程。

② 将 1 个盘子从一个塔座移到另一个塔座上。

分别用两个函数来实现上面的两类操作，用 hanoi()函数实现上面的第一类操作，用 move()函数实现第二类操作，hanoi(n,x,y,z)表示“将 n 个盘子，借助 y 塔座，从 x 塔座移到 z 塔座”；move()函数表示将 1 个盘子从一个塔座移到另一个塔座。汉诺塔问题的递归算法如下：

```
void hanoi(int n,char x,char y,char z)
{    /*递归算法*/
     if(n==1)  move(x,z);
     else
     {
          hanoi(n-1,x,y,z);              /*把n-1个盘子从x借助y移到z*/
          printf("%c-→%c\n",x,z);  /*把盘子n从x直接移到z*/
          hanoi(n-1,y,x,z);              /*把n-1个盘子从Y借助X移到Z*/
     }
}
```

10.2.2 八皇后问题

八皇后问题就是在一个 8×8 的棋盘上放置 8 个皇后，那么 n 个皇后的问题就是在 $n\times n$ 的棋盘上放置 n 个皇后。它的规则是：不允许两个皇后在同一行、同一列或同一对角线上，换句话说，任意两位皇后不能在同一对角线上，且在每列、每行中只能同时有一个皇后。如图 10-5 所示，如果在有一皇后放置在坐标(i,j)，则图中标有“×”的位置都不能再放置皇后，否则就会被攻击。

用这个规则来解决这样一个问题，就是将 n 个皇后放置于一个 $n\times n$ 的棋盘上且所有的皇后不会互相攻击。为了方便说明问题，以 4 个皇后放置为例。假设将第一个皇后放置在 4×4 棋盘的(0,0)位置，棋盘中一些位置已经不能再放皇后了，如图 10-6 所示。

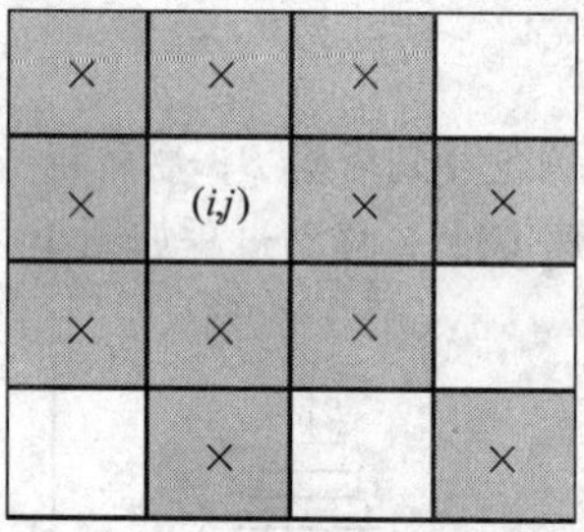

图 10-5　皇后问题的运算规则

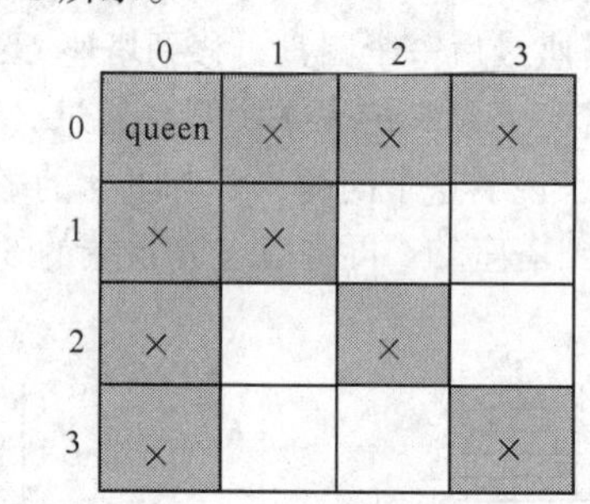

图 10-6　在(0,0)位置放置皇后

在图 10-6 中未放置皇后的坐标开始，从左到右、从上到下尝试放下第二个皇后，根据前面的规则，即第二个皇后的位置不可能和第一个皇后同一行、同一列，或同一对角线上。只有以下几个坐标可以放第二个皇后：(1,2)、(1,3)、(2,1)、(2,3)、(3,1)、(3,2)。所以，从第二行开始查找，经过查找发现了位置(1,2)可以放皇后，不妨先放在位置(1,2)上，这样又有一些位置不能放置皇后了，如图 10-7 所示。

接着要放第三个皇后，按规则经过查找，发现了只有位置(3,1)可以放置皇后了。

在放置第四个皇后时，发现已经没有位置可放了。这说明第三个皇后放在位置(3,1)上，使问题出现了无解的情况。所以，应改变第三个皇后的位置，但是又没有其他位置可放。所以需要回溯到第二个皇后放的位置，那就是第二个皇后的位置不合适，导致了问题无解。所以要改变第二个皇后的位置，然后尝试放另一个位置(1,3)，如图 10-8 所示。

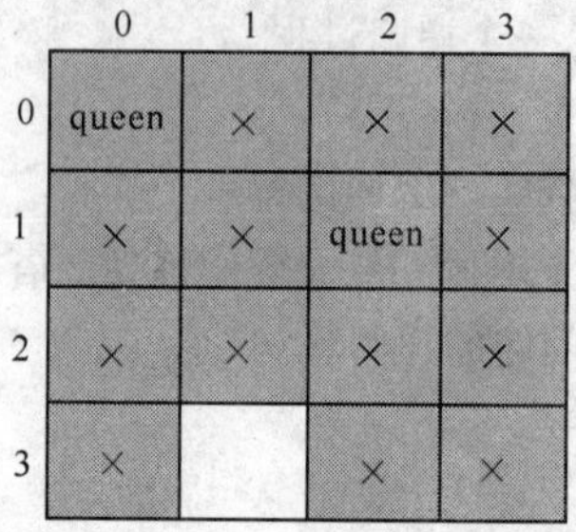

图 10-7　在位置(0,0)和(1,2)放置皇后

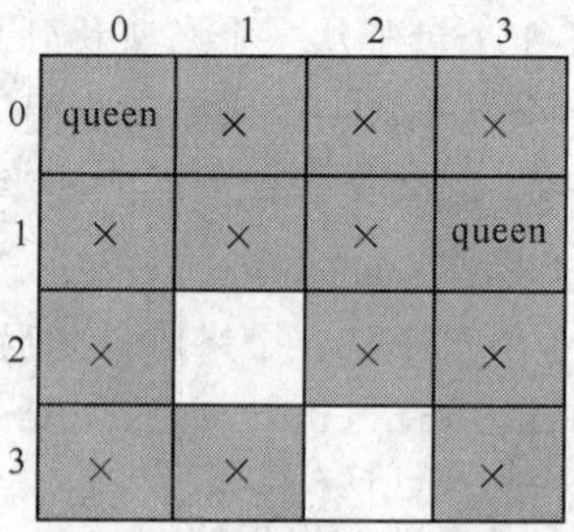

图 10-8　在位置(0,0)和(1,3)放置皇后

第三个皇后的选择放置位置(2,1)、(3,2)，无论放在这两个位置的那个位置都将导致第四个皇后不能放置，所以就要再回溯到第二个皇后的位置选择上。如果第二个皇后的所有位置都已经试过，仍不能将 4 个皇后放好，那就在回溯到上一层，一直重复上述这个过程，直到找到一组解，如图 10-9 所示。

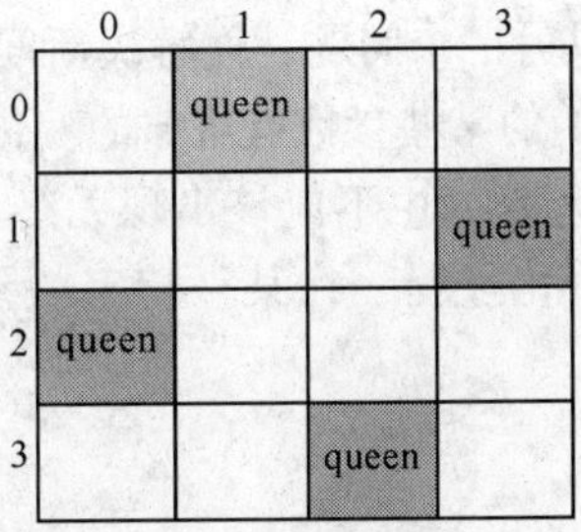

	0	1	2	3
0		queen		
1				queen
2	queen			
3			queen	

图 10-9　四皇后问题的一组解

如果用计算机来模拟实现放置皇后的过程，需要建立一个一维数组 queen[]，对皇后的位置进行存储。数组元素的下标代表皇后所在的行数，数组元素存储的值代表皇后所在的列数。八皇后问题算法如下：

```
void Eight_que(int q)
{
    int i,j;
    while(i<max_N)
    {
        if(search(q,i)!=null)
        {
            queen[q]=j;
            if(q=max_n-1)
            {
                for(j=1;j<max_n;j++)
                printf("%d,%d",j,queen(j));
            }
            else Eight_que(q+1);
        }
        i++;
    }/*while*/
}/*Eight_que*/
int search(int x,int i)
/*查找函数*/
{  int j,m,atk;
   atk=0;
   j=1;
   while((atk==0)&&(j<x))
   {
       m=queen[j];
       atk=(m= =i)||(abs(m-i)==abs(j-x));
       j++;
   }
   return(atk);
}/*search*/
```

10.3　递归的实现

1. 采用递归算法具备的条件

并不是所有的问题都可以采用递归，采用递归算法必须具备以下两个条件：

① 所需解决的问题可以转化成另一个问题，而解决新问题的方法与原始问题的解决方法相同，只是处理的对象不同，并且它们的某些参数有规律的变化。

② 必须具备终止递归的条件。程序中不应该出现无终止的递归调用，而只能出现有限次的，有终止的递归调用。即通过转化过程，在某一特定的条件下可以得到定解，而不再使用递归定义。

2．递归的实现机制

在算法 func()中有一个调用语句 func1(*a*)，其中 func1 是一个已经定义的函数 func1(int x)，*x* 为 func1 函数的形参，*a* 为 func1 的实参。在计算机中实现函数调用时，需要先完成如下工作：

（1）分配调用过程函数所需的数据区

函数的数据区中有函数所需的各种局部变量。这些变量不仅包括函数的形参，还包括函数执行过程中所需的临时变量。举个简单例子，在计算表达式 $x+y+z$ 时，系统就要分配一个临时的变量 w 存放 $x+y$ 的值，这样才能把 w 和 z 值相加。

（2）保存返回地址，传递参数信息

这步是把实参 a 复制到形参 x 的工作单元中，形参 x 的工作单元就是在第一步中系统分配给函数的数据区中。

（3）把控制权转移给被调用函数

完成上面的工作以后，下一步就是把控制权转移给被调用的函数，在转移控制权之前，系统先要把返回地址存储到函数的数据区中。

在被调用函数 func(*a*)运行结束，返回到主调用函数时，需要完成以下工作：

① 保存返回时的有关信息，如计算结果等，返回主调用函数的地址。

② 释放被调有函数占用的数据区。

③ 把控制权按调用时保存的返回地址转移到主调用函数中的调用语句的下一条语句。

上面表示的是一个非递归的函数调用过程。在递归函数调用和返回时，程序执行的次序是先调用后返回，即最先开始调用的递归函数需要最后返回，所以能够进行递归函数的程序设计语言的数据区应以栈的形式出现。这样每次递归调用时都把当前的调用参数、返回地址等压入栈形式的递归函数数据区；当本次调用结束时，系统退栈，并转移控制权到主调用函数继续执行，直到栈空退出递归函数，返回调用函数。

计算机在执行递归算法时，系统首先为递归调用建立一个栈，称为递归工作栈。该栈的数据元素包括参数、局部变量和调用后的返回地址等信息域。

① 在每次调用递归之前，把本次算法中所有的参数、局部变量的当前值和调用后的返回地址等压入栈顶。

② 在每次执行递归调用结束之后，又把栈顶元素的信息弹出，分别赋给相应的参数和局部变量，以便恢复到调用前的状态，然后返回地址所指定的位置，继续执行后续的指令。

子程序的调用与返回处理是利用栈完成的。当要去执行调用的子程序前，先将下一条指令的地址（返回地址）保存到栈中，然后再执行子程序。当子程序执行完成后，再从栈中取出返回地址。其过程如图 10-10 所示，当主程序 A 调用子程序 B 时，首先将返回地址 b 压入栈中，同样，在子程序 B 调用子程序 C 时，需要将返回地址 c 压入栈中，当子程序 C 执行完毕后，就从栈中弹出返回地址 c，回到子程序 B，当子程序 B 执行完毕后，就从栈中弹出返回地址 b，回到主程序 A。

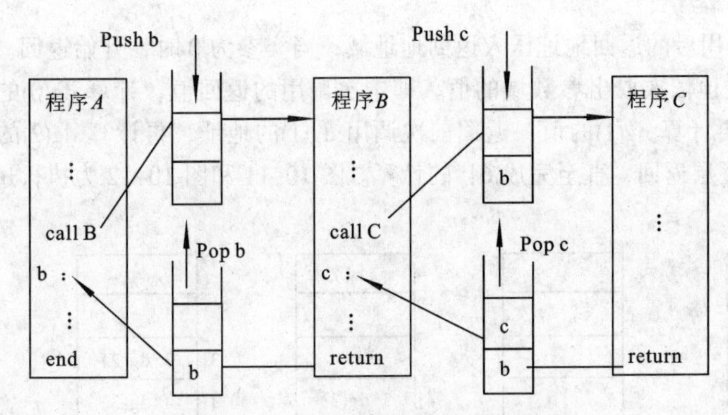

图 10-10　递归调用中栈的变化过程

下面用求 n 阶乘和斐波那契数列（Fibonacci Number）为例来说明递归的实现。

使用递归方法求 $n!$的算法：

$n! = n \times (n-1)!$

$(n-1)!=(n-1) \times (n-2)!$

$(n-2)!=(n-2) \times (n-3)!$

⋮

$1! = 1$

从上述公式可得知其相同的规则为：某一数 A 的阶乘为本身 A 乘以$(A-1)$的阶乘。

根据阶乘的定义它可以表示为

$$n!\begin{cases}1 & n=0,1 \\ n(n-1) & n>1\end{cases}$$

由 n 阶乘的定义可以看出它是一种递归的定义，$n=0$ 为递归子程序的终止条件。用 C 语言描述算法如下：

```
int Dg(int n)
{    /*递归调用函数*/
     long y;
     int x;
     x=n-1;
     if(n<0)
         return error;
     else if(n==0||n==1)
         return(1);
     else
         y=Dg(x)
         return(Dg(x)*n);
}
```

【例】 调用 dg(n)，求 6!。

计算机系统将为其递归调用建立一个递归工作栈，该栈的每个元素包含两个域，分别为参数域和返回地址域。

运行开始，首先将实参 6 压入参数域，将 dg(5)返回地址压入返回地址域；在第二次递归调用时，又将实参 5 压入参数域，将 dg(4)返回地址域，以后每次调用都将实参 n 的当前值压入工作栈的参数域中，将调用后的返回地址压入返回地址域，当实参为0时，开始返回。

从工作栈的栈顶依次取出参数域的值，即本次调用的返回值，计算dg(0)的值，返回前次调用dg(0)的地址；再计算dg(1)的值，返回前次调用dg(1)的地址，再计算dg(2)的值，返回前次调用dg(2)的地址，逐层返回，直至完成6！的计算。图10-11和图10-12为执行过程中栈的变化情况示意图。

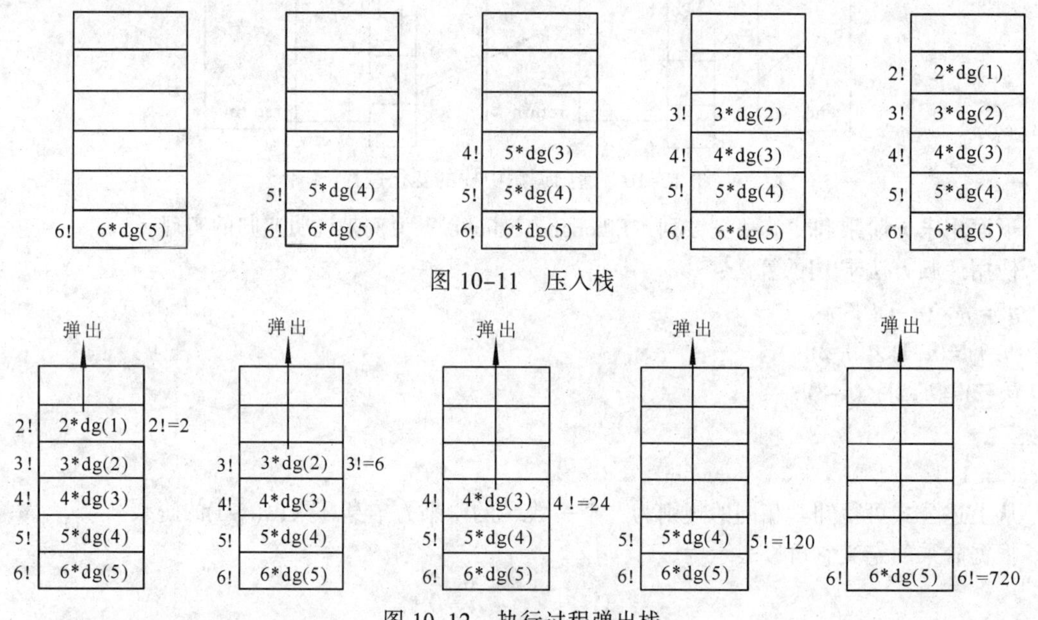

图10-11　压入栈

图10-12　执行过程弹出栈

斐波那契数列（Fibonacci Number）的定义如下：

Fib(*n*)的下一项为其前两项之和，如下表所示：

n	0	1	2	3	4	5	6	7	8	9
Fib(*n*)	0	1	1	2	3	5	8	13	21	34

斐波那契数列的问题可以用递归来解决。它的终止条件是：当n=0和n=1时，直接返回0和1；也可以将这两个条件合成一个，就是当$n \leqslant 1$时，就返回n；当n>1时，要求出其前两项之和，即需要调用Fib(n-1)和Fib(n-2)，于是就用到了递归。

求斐波那契数列的递归算法如下：

```
int Fib(int n)
{
    if(n<=1)
            return(n);
    else
            return(Fib(n-1)+Fib(n-2));
}
```

如果用Fib(5)来调用此函数程序，则这个子程序总共调用了15次，分别是Fib(0)三次，Fib(1)五次，Fib(2)三次，Fib(3)两次，Fib(4)一次，Fib(5)一次，具体过程如图10-13所示。

对上面的过程进行以下说明，首先求Fib(5)的值，必须调用Fib(4)和Fib(3)，而要找到Fib(4)又要调用Fib(3)及Fib(2)，这样Fib(3)就调用两次，而在求Fib(5)的过程中Fib(1)就调用了五次。

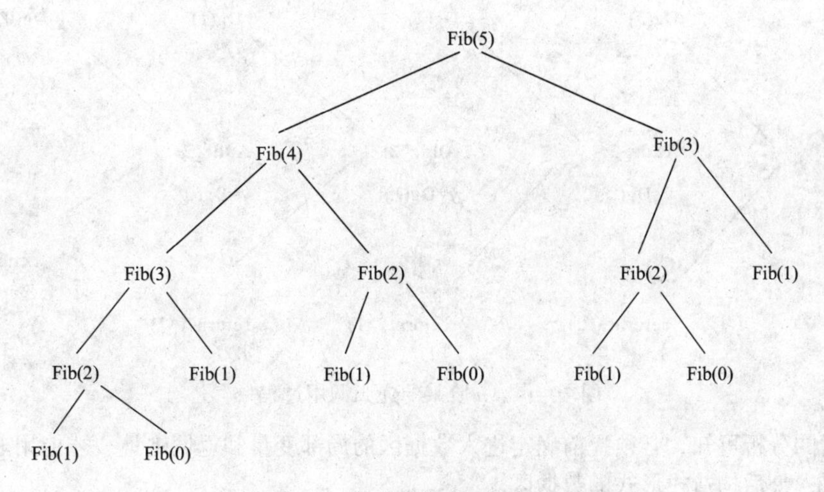

图 10-13　斐波那契数列的调用过程

10.4　递归到非递归的转换过程

并不是所有的高级程序设计语言都能提供递归功能。常见的计算机语言中，具备此功能的语言有 C、Pascal、QBASIC、PL/等，而在编译程序时必须决定所有相关信息的程序语言，如 Fortran、COBOL、BASIC 等，还有一些低级语言都不能用递归概念编写程序。另外，一个递归算法在空间和时间上的需求都比非递归算法要高。

虽然由递归算法用非递归模拟有很多方法，模拟转换递归为非递归是一种比直接由问题叙述去求解容易的途径。如果用非递归算法来模拟递归算法，那就要自己构造栈形式的数据区。其步骤如下：先写出问题的递归形式，然后转换成模拟形态，包括准备所有栈和临时地址，接着除去多余的栈和变量，最后得到一个有效的非递归程序。

用非递归过程算法来模拟 n 阶乘的递归算法如下：

```
int Dg(int n)
{   /*递归调用函数*/
    long y;
    int x;
    x=n-1;
    if(n<0)
            return  error;
    else if(n==0||n==1)
            f=1;
    else
            y=Dg(x)
            return(Dg(x)*n);
}
```

其递归调用过程如图 10-14 所示。

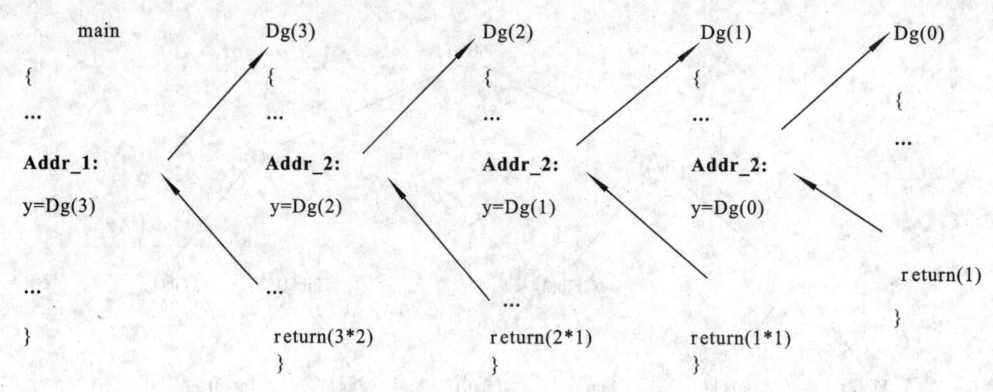

图 10-14　*n* 阶乘的递归调用过程

根据前面的分析可知，必须提前确定进入数据区的局部变量和返回地址，才能用非递归算法模拟递归算法，最后构造栈形式的数据区。

阶乘问题需要在数据区中保存的局部变量包括虚参 *n*、局部变量 *x* 和 *y*。阶乘问题中有两个返回地址：

① 返回主调用过程的返回地址（返回地址 1），递归算法中的对应语句为 return(n*y)。

② 递归调用 dg(*x*)函数执行后的返回地址（返回地址 2），递归算法中对应的语句为 y=dg(x)。

可以在递归算法中设置两个带标号的对应语句：

```
addr_1: return(result); /*返回地址 1*/
addr_2: y=result;       /*返回地址 2*/
```

其中，result 表示本次过程执行完后的函数值，返回地址以整数形式保存在数据区。因此，非递归算法中的栈数据区定义如下：

```
#define max 50
typedef struct
{   /*栈数据区的结构体类型*/
    int param;
    int x;
    long y;
    short return_addr;/*返回地址*/
}elemtype;
typedef struct
{
    int top;
    elemtype item(max);
}qstype;
```

另外，非递归算法还要定义当前工作区以模拟对当前递归函数操作。定义如下：

```
elemtype curr_area;
```

栈数据区的进栈和出栈函数定义如下:

```
int pushQ(qtype *s,elemtype curr_area)
elemtype popQ(qtype *s)
```

其中，*s* 为栈数据区的指针，curr_area 为当前数据区的指针。设已经设计好的栈数据类型存放在文件的 stack.h 中，用#include 语句把该文件包含进程序，即可定义数据类型和调用其操作。阶乘问题的用非递归算法模拟递归算法的算法如下：

```
#include <stdio.h>
#include stack.h
long simfact(int n);                     /*n 个数阶乘递归模拟*/
{   /*未考虑进出栈异常*/
    elemtype curr_area;                  /*当前工作区的指针*/
```

```
    qtype s;                        /*栈数据区的指针*/
    long result;                    /*传递当前执行的结果*/
    short i;                        /*判断转向的返回地址*/
    /*栈数据区初始化*/
    s.Top=-1;
    curr_area.x=0;
    curr_area.y=0;
    curr_area.Param=0;
    curr_area.return_addr=0;
    pushQ(&s,curr_area);
    /*当前工作区初始化*/
    curr_area.Param=0;
    curr_area.return_addr=1;        /*返回地址 1*/
    while(!Empty(s))
    {
       if(curr_area.Param==0)
       {
         result=1;                    /*0!=1*/
         i=curr_area.return_addr;     /*取当前返回地址*/
         Curr_area=PopQ(&s);          /*退栈*/
         Switch(i)
           {
                case 1: goto addr_1;
                case 2: goto addr_2;
           }
       }
       /*以下模拟递归自调用过程*/
       curr_area.x=curr_area.Param-1;
       PushQ(&s,(curr_area);
       Curr_area.Param=curr_area.x;
       Curr_area.return_addr=2; /*返回地址 2*/
    }
    addr_2:
    /*以下模拟返回递归调用(即返回地址 2)过程*/
    curr_area.y=result;
    result=(curr_area.Param)*(curr_area.y);
    i=curr_area.return_addr;
    Curr_area=popQ(&s);
    Switch(i)
    {
       case 1: goto addr_1;
       case 2: goto addr_2;
    }
    /*以下模拟返回主调用函数(即返回地址 1)过程*/
    addr_1:
       return(result);
 }
```

还可以对上面的程序进行简化，进而得到一个有效的非递归程序。

上述算法是对递归的形式上的模拟，下面介绍一个对递归的功能上模拟的例子。

虽然使用递归可以使斐波那契数列的算法代码很简洁，但却不是一个很好的算法。斐波那契数列的关系是第 n 项的值为第 n–1 项和第 n–2 项的值相加，所以可以在每一次得到第 n 项的值之后，就将 n 和 n–1 项的值存储起来，用来以后计算 n+1 项的值。这样，每一项斐波那契数最多只求一次，在时间上和空间上都相对节省，比用递归的方法显得效率要高多了。其算法描述如下：

```
 void fib(int n)
 {
```

```
    int prev,now,next,j;
    if(n<=1)return(n);
    else
    {
        prev=0;
        now=1;
        for(j=2;j<=n;j++)
            {
                next=prev+now;
                prev=now;
                now=next;
            }
        return(next);
    }
}
```

递归程序在运行结束时要返回数据，保存递归函数调用现场的内存需求，这是它和非递归程序的主要区别。因此，在执行递归程序时一定要注意每次递归调用一个函数以及调用完成之后的工作。在调用一个函数时，需要程序保存好前一个函数的调用现场的状态，存储好适当的返回位置，然后把现场的值设为新值。在调用完这个函数之后，需要程序返回前一个函数调用现场，找到适当位置，返回相应数据。

10.5 递归的时间和空间复杂度

通过介绍求 n 阶乘的例子来分析递归与非递归的时间复杂度和空间复杂度。用非递归算法的循环程序实现 6! 的算法如下：

```
int Dg()
{
    int i,result;
    result=1;
    for(i==1;i<6;i++)
        result=result*i;
        return result;
}
```

这个循环总计运行了六次，所以时间复杂度 $T(6)=O(1)$；这个程序只用到变量 i 和 result；占用两个存储空间复杂度为 $O(1)$。$O(1)$表示空间复杂度为常量。递归实现的算法如下：

```
int Dg(n)
{/*递归调用函数*/
    int f;
    if(n<0)
        return error;
    else if(n==0||n==1)
    f=1;
    else
          f=dg(n-1)*n;
          return(f);
     }
```

计算 6! 的时间复杂度为：共有 6 个乘法过程，6 个返回过程，时间复杂度为 $T(6)=O(f1(6))+O(f2(6))$；在存储空间上，还需要保存每次的返回地址、中间变量，所以所占空间要比非递归过程大。

通过上面的分析可以看出递归函数的主要缺点：既不省时间，也不省空间，由于在递归程序中不但要进行函数的运算，还要拿出一部分资源进行进出递归程序的操作，包括每次对调用的参数、变量和返回地址等的操作。这就造成一个非递归程序在时间及空间复杂度方面比递归程序有效率。

递归过程和递归函数的优点是对计算机程序员来说，它可以使程序显得简单易读，特别是用在递归函数求解数学上按递归定义的函数时，可以使程序的算法和数学定义形式相似，便于理解，但是并非任何情况下的递归都是最好的算法，计算机系统在执行递归函数时需要动态分配内存空间。动态分派内存空间的数量受计算机环境的影响。如果递归层次太深，或是每层需要动态分配的内存空间太多，将导致内存溢出等错误的出现。

小　结

通过本章的学习，了解了递归的定义、何时使用递归以及如何借助栈结构将递归算法转换成一个非递归的算法。在实际系统开发时经常会遇到一些复杂问题，采用递归算法可以以一种以相对直观、更易理解的方式来解决问题，递归技术使用相对简洁，而且能提高程序的开发效率，所设计的程序具有更好的可读性和可维护性。但是递归算法也有其不利之处，如溢出错误等，所以在解决问题时，也要具体问题具体分析来使用。

习　题　10

综合题

（1）什么是递归过程？列举几个使用递归的例子，并详细说明其递归的做法。

（2）用 C 语言编写一个递归程序用来计算：

$$1\times2+2\times3+3\times4+\cdots+(n-1)\times n$$

（3）阅读下列算法，写出该递归算法实现的功能，再写一个循环算法的算法实现同样的功能。

```
int func(int n)
{
    if(n==0)
    return(0);
    return(n+func(n-1));
}
```

（4）写出模拟递归算法的汉诺塔问题的非递归算法。

（5）已知 Ackerman()函数的定义如下：

$$\text{akm}(a,b)=\begin{cases}n+1 & m=0\\ \text{akm}(m-1,1) & m<>0,\ n=0\\ \text{akm}(m-1,\text{akm}(m,n-1)) & m<>0,\ n<>0\end{cases}$$

① 写出递归算法。

② 写出非递归算法。

（6）函数 $P()$以递归方式定义如下：

$$P(a,b)=\begin{cases}0 & a<b\text{且}a,b\in z^{+}\\ P(a-b)+1 & a\geqslant b\text{且 }a,b\in z^{+}\end{cases}$$

① 函数 $P()$的功能是什么？

② 用 C 语言写出此函数的递归程序。

参 考 文 献

[1] 严蔚敏，吴伟民. 数据结构：C 语言版[M]. 北京：清华大学出版社，1997.
[2] 傅清祥，王晓东. 算法与数据结构[M]. 北京：电子工业出版社，2000.
[3] 许卓群，等. 数据结构[M]. 北京：高等教育出版社，1987.
[4] 王晓东. 计算机算法设计与分析[M]. 北京：电子工业出版社，2004.
[5] 黄保和. 数据结构：C 语言版[M]. 北京：中国水利水电出版社，2000.
[6] 朱站立，刘天时. 数据结构：使用 C 语言版[M]. 2 版. 西安：西安交通大学出版社，2000.
[7] 袁蒲佳，等. 数据结构[M]. 武汉：华中理工出版社，1991.
[8] 张乃孝，等. 算法与数据结构[M]. 北京：高等教育出版社，2002.
[9] 徐孝凯. 数据结构教程：Java 语言描述[M]. 北京：清华大学出版社，2010.
[10] 徐孝凯. 数据结构实用教程：C/C++描述[M]. 北京：清华大学出版社，1999.
[11] WEISS M A. 数据结构与问题求解[M]. 陈明，译. 北京：电子工业出版社，2003.
[12] 杨正宏. 数据结构[M]. 北京：中国铁道出版社，2001.
[13] 陈明. 数据结构与算法[M]. 北京：中国铁道出版社，2012.